食料環境経済学を学ぶ

東京農業大学食料環境経済学科 編

筑波書房

はじめに

　食料、環境、健康、エネルギーの4つをキーワードとし、21世紀を見据えた研究・教育システムの構築に向けて東京農業大学が学部・学科再編を行い、新しい学部・学科体制で再出発を図ったのは1998年のことである。

　現在の東京農業大学国際食料情報学部食料環境経済学科は、かつての農学部農業経済学科（1939年創設）を母体とし、その学部・学科再編の中で大学が掲げた4つのキーワードのうちの2つ、すなわち〈食料〉と〈環境〉を取り込む形で誕生した学科である。それは、農業経済学科の約60年の歴史を通じて培ってきた教育・研究システムをベースとし、21世紀における人類全体の課題であるともいえる〈食料〉と〈環境〉をめぐる問題の究明と解決に挑み、そのことによって時代の要請に応えようとの認識によるものであった。

　こうして誕生した食料環境経済学科は、その出発に当たって、その教育・研究内容を明らかにすると同時に、新入生の基礎教育を目的としたテキストとして『食料環境経済学入門』（筑波書房、1998年）を刊行した。新学科を構成する教員スタッフ全員によって執筆された同書は、その後、学科スタッフの変動に伴って2度の改訂が加えられたものの、この間、食料環境経済学科で学ぶ学生たちのための入門書としての役割を十分に果たしてきた。しかし、食料環境経済学科の発足と同時に刊行された同書も、刊行以来10年という歳月を経るに至り、内容を一新したテキストの作成を余儀なくされることとなったのである。

　本書は、そうした要請に基づいて作成された新テキストである。全体は4つの部から構成されているが、それは食料環境経済学科のカリキュラム編成を反映したものである。

　2002年に最初の卒業生を送り出した食料環境経済学科は、それまでの4年間の教育を踏まえたうえで、カリキュラムの見直しを開始し、その結果、2005年度から新しいカリキュラムでの教育を開始することとした。その新カ

リキュラムの特長の1つは、2年次から学生各自の関心や将来像に合わせて専門性を深めるための教育を目的に、「食料経済コース」「環境経済コース」「都市・農村経済コース」「国際農業・貿易コース」という4つのコースを設けた点である。

　本書の各章は、当初からそのコース制を強く意識して執筆されたものではないが、できあがった各章の内容がほぼそのコース制に沿ったものとなっていたため、本書の編別構成はほぼそのコース制を反映させた形のものとし、「食料経済を学ぶ」「環境経済を学ぶ」「農村経済を学ぶ」「国際農業経済を学ぶ」という4つの部に整理した。

　〈食料〉と〈環境〉に対する人々の関心は、ここ数十年の間にきわめて大きな高まりを見せている。しかし、経済のグローバル化が進展していく中で、〈食料〉と〈環境〉をめぐる問題がより深刻化していく兆候も現れている。本書は、何よりもまず〈食料〉や〈環境〉に関心を持ちながら、それが提起している課題にどのように挑んでいけばよいのかを模索している多くの大学新入生に何らかの手がかりを与えることができれば、と考えて企画したものである。もちろん、そのことに加えて、本書がより多くの方々に読まれ、21世紀における人類全体の課題である〈食料〉と〈環境〉をめぐる問題に対する取組みの輪が拡がる契機となることも、いま1つの願いである。

　最後になったが、筑波書房の鶴見治彦氏には、本書の刊行を快くお引き受けいただくとともに、編集作業に関して大変なお世話をいただいた。記して御礼を申し上げたい。

2007年6月

編集委員会を代表して
應和　邦昭

食料環境経済学を学ぶ
目　次

はじめに ………………………………………………………………………… *iii*

第1部　食料経済を学ぶ

第1章　国際化と食料経済 …………………………………………………2
1　農業問題と食料問題 ……*2*
2　経済発展と食生活の変化……*5*
3　食料消費の経済学 ……*8*
4　食料市場の国際化 ……*11*

第2章　わが国の食料消費構造の変化 …………………………………17
1　はじめに ……*17*
2　第2次世界大戦後のわが国の食生活 ……*18*
3　需要理論における食料消費の変化要因 ……*20*
4　日本の食料消費構造の変化——年齢・世代からのアプローチ——……*21*
5　2010年のわが国食生活の予測——世代からのアプローチ——……*25*
6　おわりに ……*32*

第3章　食料品の流通システム ……………………………………………34
1　流通と流通システム ……*34*
2　今日の食料品流通システム ……*35*
3　食料品流通システムの課題 ……*39*

第4章　食生活を支える食品産業 …………………………………………42
1　生産者と消費者を結ぶ食品産業 ……*42*
2　今日の食品産業 ……*43*
3　食品産業の課題 ……*47*

第5章　食料政策と協同組合・NPOの役割
　　　　──フードシステムとの関連で──……………………………50
　1　フードシステムにおける食料政策と協同組合・NPOの基本課題 ……50
　2　WTOとEPA/FTAにおける農業交渉 ……52
　3　食料・農業・農村基本法とその基本計画の意義 ……54
　4　食料の安心・安全システムづくりに向けての持続的政策構想 ……56
　5　フードシステムの担い手支援を目指した持続型政策プログラム
　　　　──協同組合などNPOの役割に注目して── ……58
　6　品目横断的な経営安定対策 ……59
　7　フードシステムと21世紀の持続型食料政策の展望 ……60

第6章　食の社会史 ………………………………………………63
　1　はじめに ……63
　2　食のグローバル・ネットワークと近代世界システム ……64
　3　江戸の食と物質循環システム ……68
　4　風土・複合生業・伝統食 ……73
　5　おわりに ……74

第2部　環境経済を学ぶ

第7章　環境政策の経済学的基礎 ………………………………78
　1　環境政策とは何か ……78
　2　環境問題の経済学的理解 ……79
　3　市場の失敗と環境問題 ……83
　4　環境政策の手段 ……87

第8章　地域農林業資源の公益的機能 …………………………93
　1　地域農林業資源のもつ公益的機能評価の必要性 ……93
　2　地域農林業資源の多面的機能 ……94
　3　地域農林業資源の公益的機能評価手法 ……98
　4　地域農林業資源の公益的機能評価 ……100
　5　地域農林業資源の維持・保全にむけて ……103

第9章 農業・農村の多面的機能に関する環境経済評価の現状 …… *105*
    1 はじめに …… *105*
    2 環境経済評価に関する調査 …… *106*
    3 CVMによる評価 …… *108*
    4 CVMの適用例 …… *111*
    5 むすび …… *113*

第10章 「環境と地域の社会学」を学ぶ──新しい視点と方法── … *115*
    1 「環境と地域の社会学」を学ぶ意義とは何か …… *115*
    2 農村・地域社会学から生まれた環境社会学 …… *118*
    3 悲劇を抱えた「地域社会・水俣市」の実像 …… *122*
    4 言葉の功罪──「公害」から「環境」へ、そして「地域」
        から「地球」へ── …… *126*

第3部　農村経済を学ぶ

第11章 日本農業の特質と構造 …… *132*
    1 はじめに …… *132*
    2 稲作灌漑農業と農地改革 …… *132*
    3 土地改良事業の展開と農業生産力の向上──日本の経験── …… *136*
    4 日本の農村工業化政策と農工間所得格差、地域格差の是正 …… *138*
    5 日本型社会の特質 …… *142*

第12章 農業経営学の方法と課題 …… *143*
    1 農業生産をめぐる経営学的視点 …… *143*
    2 農業経営学の体系化 …… *147*
    3 日本の農業経営学と農業経営の育成 …… *149*
    4 経営学の基本概念と現代的課題 …… *153*

第13章 農政の展開過程と農業法 …… *157*
    1 はじめに …… *157*
    2 農地改革と自作農体制確立 …… *158*

3　農業基本法下の農政展開とその矛盾 ……*161*
　　4　経営政策の推進を含む新時代の農政展開 ……*164*
　　5　総　括 ……*168*

第 14 章　農村政策の役割と展開 …………………………………………*171*
　　1　農村とは何か ……*171*
　　2　農村政策とは何か ……*172*
　　3　農村政策のあゆみ ……*174*
　　4　農村政策の必要性 ……*177*
　　5　農村政策の内容 ……*179*
　　6　農村政策における基本計画の内容と変化 ……*179*

第 15 章　農村社会の変動と地域社会の再編 ……………………………*187*
　　1　はじめに ……*187*
　　2　わが国の伝統的な農村社会 ……*189*
　　3　農村社会の変化の諸相 ……*192*
　　4　住民参画による新たな地域社会づくり ……*196*

第 16 章　「新時代」の農村計画の方向性と方法 …………………………*199*
　　1　はじめに ……*199*
　　2　農村計画の実際と研究の現段階──今日の到達点── ……*199*
　　3　「新時代」の農村計画の方向性 ……*204*
　　4　中山間地域の農村計画 ……*206*
　　5　都市隣接農村地域の農村計画 ……*209*
　　6　農村計画の合意形成、実施、マネジメント ……*211*
　　7　農村計画の経済学 ……*213*

第 4 部　国際農業経済を学ぶ

第 17 章　立地論とグローバル経済 ………………………………………*216*
　　1　農業と工業の相違 ……*216*
　　2　立地論の考え方 ……*219*
　　3　フード・システムのグローバル化 ……*226*

4　グローバル経済への対抗……232

第18章　WTOと農業貿易 …………………………………………234
　　　1　はじめに──経済のグローバル化と農業貿易の自由化──……234
　　　2　ウルグアイ・ラウンド貿易交渉とWTOの成立 ……236
　　　3　ウルグアイ・ラウンド農業合意（WTO農業協定）の概要 ……238
　　　4　世界各国の食料自給と農業貿易の自由化 ……240
　　　5　食の安全性と農業貿易の自由化……243
　　　6　新たな貿易システムの模索と経済のローカル化の追求 ……245

第19章　世界の食料需給 …………………………………………248
　　　1　どのような問題があるか ……248
　　　2　食料需給と貿易のモデル ……249
　　　3　食料需給と貿易の変動 ……255

第20章　アメリカ・EUの農業と農業政策 ………………………263
　　　1　はじめに ……263
　　　2　アメリカの農業と農政 ……264
　　　3　EUの農業政策 ……270
　　　4　おわりに──アメリカ・EUにおける農業と農政の課題── ……275

キーワード・索引 ……………………………………………………277

第1部

食料経済を学ぶ

第1章
国際化と食料経済

1　農業問題と食料問題

人口増加と食料生産　　かつてマルサス（Malthus, T. R.）は『人口論』のなかで、人口は幾何級数的に増加するが食料生産は算術級数的にしか増加しないと述べ、人口の増加に対し将来的な危惧を抱いた。彼の人口抑制に対する考え方は多くの批判を招いたが、人口と食料の増加の仕方についてはその特徴をうまくつかんでいた。

　世界の人口は15～16世紀まではきわめて緩やかな増加をたどり、5億人に満たなかったが、18世紀にはいると6億人を超えたとみられている。このころから人口増加は大きくなり、世界の人口増加数は18世紀に3億人、19世紀には10億人となった。20世紀に入ると人口は著しく増加し、1920年代の20億人から2006年には65億人へと、この1世紀足らずの間に45億人の増加となり、まさに幾何級数的な増加を示してきた。

　こうした人口増加の過程は、いうまでもなく基本的には食料生産増加の過程に規定されている。したがって、20世紀はたしかに食料生産も驚異的な増加を示した。表面的には**食料問題**はすでに解決されたかにみえるが、果たしてそうであろうか。高出生率と高死亡率という図式が人類を長い間支配してきた。この高死亡率は、食料不足も直接・間接に大きな要因となっていた。20世紀の人口増加は死亡率の低下によってもたらされた。食料増産による基

表1-1　開発途上地域における栄養不足人口の推移
(単位：100万人)

地　域	1980	1991	1999	2002
アジア・太平洋諸国	727	567	508	
ラテンアメリカ・カリブ諸国	46	59	55	614
中近東・北アメリカ	22	26	40	
サハラ以南アフリカ	125	166	196	206
合計	920	818	799	820

注：年次は3ヵ年平均の中央年次で示した。
出所：FAO, *The State of Food Insecurity in the World*.

礎食料の確保と栄養面での改善、医学や薬学の発達、衛生面での改善などが死亡率低下に大きく寄与してきた。しかし、世界に目を転じれば、たしかに死亡率は低下しているものの、食料不足や栄養不足に直面している多くの人々がいることもまた事実である（表1-1）。この意味で、先進国は別として、開発途上にある多くの国は未だに食料問題から解き放たれていない。

地域別食料生産　2005年の世界の穀物収穫量（FAO統計）は22億2,890万トンである。主な作物構成比は小麦28.2％、米27.8％、とうもろこし31.2％、大麦6.2％となる。地域別にみた穀物収穫量の構成比はアジアが最大で47.7％（同じく世界に占める比率は米90.5％、小麦42.2％、とうもろこし27.0％、大麦16.5％）、北アメリカ20.3％（とうもろこし45.0％、小麦13.6％、大麦13.0％）、ヨーロッパ19.1％（小麦33.1％、大麦60.6％、とうもろこし12.0％）の順で、アフリカ、南アメリカ、オセアニアがそれに続く。

食料の地域別生産量は、基本的にはその地域の人口及び食習慣と強い関係を有してきたが、人口急増、経済発展の格差、生産性の格差、食生活の変化、交易圏の拡大などに伴い、その関係は大きな地域間格差をもたらしている。2005年の人口1人当たり穀物生産量を上記の地域でみると、アジア272キログラム、北アメリカ1,367キログラム、ヨーロッパ583キログラム、アフリカ144キログラム、南アメリカ216キログラム、オセアニア1,086キログラムと地域間格差はきわめて大きい。なお、全世界平均の1人当たり穀物生産量は

354キログラムとなる。

　このように、地域別生産量の格差は、先進国と開発途上国との格差に置き換えることができる。多くの将来推計によれば、開発途上国は、生産が需要に追いつかない**食料問題**が依然として継続していくことが示されている。他方、先進諸国は、需要を上回る生産構造が継続する。この先進諸国の生産構造は、供給過剰による価格の低下により、**農業問題**を惹起させてきたこともしばしばあった。

食料分配　地域的な食料生産がアンバランスであっても、公平な分配が世界的に行われれば食料問題は最小限に押さえられるか、あるいは解決するかもしれない。しかし、市場経済が大勢を占め、多くの国が存在する今日の状況においては、ことはそう簡単ではない。商品としての食料生産は、生産者にとっては経済的行為として行われており、対価を伴わない分配の強要は生産量の減少へと結びつく。生産者はまさに供給曲線で示されるような行動をとるものである。今日の食料生産と分配は、ごく一部の政治的・人道的食料援助はあるものの、ほとんどは**市場経済メカニズム**に則って行われている。したがって、食料問題はある意味で市場経済の産物でもある。

　世界の穀物生産量に占める貿易量の割合は年により変動はあるが、米で５％程度、小麦やとうもろこしで15〜20％である。市場経済からすれば、食料の輸入国は当然それなりの経済力が必要となる。食料不足で潜在的需要がいかに強くとも、それが実質的な輸入力をもった**有効需要**に結びつかなければ、まさに絵に描いた餅に終わる。市場メカニズムによる食料分配は、豊かな国と貧しい国との食生活内容に大きな格差をもたらしている。わが国の例でみると、小麦の輸入量は世界の貿易量のほぼ６％を占め、同じく大豆は８％、そしてとうもろこしは22％となっている（2004年）。

　開発途上国の食料問題の解決は、したがって、市場経済を前提とすれば食料生産を増加させるか、食料輸入力を増強させる方策のいずれかまたは双方が必要となる。この問題を解決してきた開発途上国もあれば、逆に問題が深

刻化している国もある。食料問題は今や一国の問題ではなく、国際関係の中で解決していかねばならない側面も増えている。従来の一国を中心とした食料生産に基軸がおかれた農業経済学から、流通・消費までを包含した国際的視点での食料経済学が、農業経済学の中での中心分野としての位置づけを強めている。

2　経済発展と食生活の変化

食料消費構成の変化　わが国の食料消費の内容は、経済発展とともに大きく変化してきた。その特徴を一言で表現すれば、穀類消費の減少と畜産物消費の増加である。この変化は高度経済成長以降の過程で顕著に現れはじめた。例えば、米の年間1人当たり純供給量は、1960年の114.9キログラムから1970年の95.1キログラム、1990年の70.0キログラム、そして2004年には61.5キログラムと低下してきた。これに対し肉類は同年次でそれぞれ5.2キログラム、13.4キログラム、26.0キログラム、27.8キログラムへと、また牛乳・乳製品は同じく22.2キログラム、50.1キログラム、83.2キログラム、そして93.6キログラムへと大きく増加してきた。

したがって、供給熱量の食料別構成比も大きく変化してきた。『食料需給表』による**供給熱量**（1人1日当たり）は、1960年の2,291キロカロリーから1985年の2,596キロカロリー、そして1995年には2,653キロカロリーとなったが、その後は横ばいからやや低下し、2004年には2,562キロカロリーとなっている。この熱量構成比は、1960年で米48.3％、小麦10.9％、砂糖類6.9％、豆類4.6％、油脂類4.6％の順であったが、2004年には米23.4％、油脂類14.2％、小麦12.7％、砂糖類8.1％、肉類と牛乳・乳製品がそれぞれ6.4％となり、穀類の比重の低下が目立っている。

食料消費の変化を栄養素摂取量からみると、炭水化物（C）食料の減少とたん白質（P）および脂質（F）食料の増加である。栄養学的にみるとこれら三大栄養素はバランスのとれた摂取が望まれる。この1つの目安として

表1-2 PFC供給熱量比率の日米比較

(単位:%)

国名	項目		1980	1988	1995	2004
日本	たん白質	(P)	13.0	13.3	13.3	13.1
	脂肪	(F)	25.5	27.4	28.1	28.7
	炭水化物	(C)	61.5	59.2	58.6	58.2
アメリカ	たん白質	(P)	11.9	12.3	—	12.5
	脂肪	(F)	45.6	45.3	—	38.9
	炭水化物	(C)	42.5	42.4	—	48.6

注:2004年のアメリカは、2002年の値である。
出所:農林水産省『食料需給表』。

PFC熱量比が計られ、適正比率と比較される。わが国では厚生労働省によってその適正比率目標が示されている(P:12〜13%、F:20〜30%、C:57〜68%)。この適正比率にはすでに1970年代中期に到達し、世界的にみた長寿化とともに、**日本型食生活**の栄養学的な素晴らしさが見直された時期でもあった。しかし、その後の食料消費構成の変化からも明らかなようにPFが増加、Cが減少しており、農林水産省の供給エネルギーでみた2004年のPFC比率は、それぞれ13.1%、28.7%、58.2%となっている(表1-2)。なお、この他に摂取エネルギーでみた厚生労働省のPFC比率がある。ここで注意すべき点は、PFC比率はあくまで平均的な数値であり、したがって年齢的な食料消費の実態からすれば、若年層ではすでに適正比率から外れている。ちなみに、欧米ではとくにFの過剰摂取が早くから健康問題との関連で問題となっており、また開発途上国では食料不足から熱量それ自体の不足とともにPFの比率が低い。

食料消費の国際的傾向 食料消費内容の変化を栄養素的にみると、国際的には炭水化物(でんぷん質)食料からたん白質・脂質食料、またビタミン食料への比重の移行が一般にみられる。これはしばしば、国民所得水準とそれぞれの栄養素摂取量との関係で図示される。横軸に1人当たり国民所得、縦軸に総熱量をとると低所得国ほど左下に、他方、高所得国ほど右上に位置する傾向が強く現れる。もちろん人間の食料摂取量には限界がある

ので、所得もある水準に達すると総熱量の増加はきわめて緩慢になるか停滞する。動物性たん白質や脂質の熱量比でみても、程度の差はあるものの同様なパターンを示す。これに対し、でんぷん質食料は逆のパターンを示す。

このように、食料消費内容の変化は国際的には国民所得の上昇とともにある一定の傾向を有するが、この傾向は一国内のある時点においても所得水準の格差により世帯間で現れる。しかし、所得水準の向上により食料消費の内容が変化するとしても、長い歴史の中で築かれた**食習慣**あるいは食文化が短期間で崩壊することは一般的には考えられない。例えば、わが国の米をみてみれば明らかなように食料消費の多様化の中でその消費は大きく減少しているものの、依然、米を基礎食料とした食生活が維持されている。

食料消費形態の変化　国民所得の上昇は、食料消費内容の変化だけでなく消費形態そのものも変化させてきた。その特徴は、食品加工産業と外食産業の発展とに関連づけられる。かつての一般家庭の食事の素材は 1 次産品そのものか、きわめて軽度の加工品（白米、小麦粉、乾物、塩蔵物など）が中心で、家庭内での調理がほとんどであった。しかし今日では多種多様な加工食品や調理器具が出回り、家庭内での調理時間は大きく軽減されてきた。さらに、外食産業の発展は食生活の内容を大きく変えた。

「内食・中食・外食」という言葉は、それぞれ家庭内調理・出来あい料理・料理店等での食事という意味であるが、このことは「食」の第 1 次産業から第 2 次および第 3 次産業への比重の移行を意味している。この移行は当然のことながら付加価値を高め、価格は上昇していく。したがって、こうした食料消費形態の変化は所得の向上が必要となる。食料消費形態の変化を担ってきたもう 1 つの産業は、関連流通業の発展である。

最終消費された飲食費が農水産業、食品工業、飲食店、それに関連流通業にどのような割合で帰属するかは、産業連関表から推計できるが、これら農業・食料関連産業の総生産額に占める農水産業の割合は、1970 年の 34% から 2003 年には 13% まで低下している。換言すれば、今日の食料支出は食の高度

化や利便性の追求によって、加工費やサービス料に仕向けられている割合がきわめて高くなっている。こうした状況を考えると、食料消費は単に農水産業だけでなく、それを基礎として発展してきた関連領域にまで拡大した**フード・ビジネス**としてとらえていくこともますます重要となっている。

3　食料消費の経済学

エンゲルの法則　すでに広く知られているエンゲルの法則は、エンゲル（Engel, C. L. E）が19世紀中期にベルギーの労働者世帯を調査した結果見い出した経験法則である。家計消費支出に占める食料費の割合が**エンゲル係数**である。エンゲル係数は、所得の高い世帯より低い世帯の方が高いというのが、エンゲルが分析した結果であるが、このことは換言すれば所得の上昇とともにエンゲル係数は低下するともいえる。

このエンゲルの法則は、経済学の別の言葉でいえば**限界効用**の理論からも説明できる。すなわち、飢えを満たすための最初の1口の食料は、その人にとって非常に高い価値を持つ。しかし、2口、3口、……と食べ飢えが満たされるにつれ、その価値は次第に低下していく。これが**限界効用逓減の法則**である。これは、人間個人でみれば食料摂取量には限界があるためである。

表1-3　エンゲル係数の国際比較

（単位：％）

	1970年	1992年	2000年
アメリカ	19.0	11.7	7.2
フランス	25.0	19.0	14.2
ドイツ	26.5	20.5	11.9
日本	30.0	19.8	14.7
イギリス	31.2	21.4	9.7
イタリア	36.1	20.9	14.4
韓国	52.6	34.2	15.3

出所：United Nation, *National Account*.

したがって、所得が上昇していくと、食料以外への支出が増大し、食料費の割合は次第に低下していくことになる。

わが国のエンゲル係数の推移は1970年の30.0％から2000年には14.7％にまで低下している（表1-3）。所得階層別にみれば同一年次では、低所得層ほど高い値を示す。また、国際比較をすれば低所得国で高い値を示す傾向が強い。しかし、注意しなければならない点は、食習慣や食文化は国により大きく異なる場合も多く、さらに調査対象や方法、定義などが異なる場合もあり、エンゲル係数の値の大小だけでその生活水準を判断することはできない。

所得および価格の弾力性　食料消費を決める大きな要因は嗜好とともに所得と価格である。消費者の嗜好や選好もある意味では所得や価格に制約される場合もある。ここでは食料消費の重要な概念である**所得弾力性**と**価格弾力性**について説明する。

消費者にとって、所得が変化すれば需要量やその内容も変化する。例えば牛肉を例にとると、ある一定期間の所得の変化率に対する牛肉の需要量の変化率を計るのが牛肉需要の所得弾力性であり、式で表すと以下のような式になる。

牛肉需要の所得弾力性＝牛肉需要量の変化率（％）／所得の変化率（％）

所得が増加している場合、その増加率より需要の増加率の方が高いときは弾力性は1より大きな値となるが、こうした消費財は**高級財**（贅沢品）と呼ばれ、またプラスの値だが1より小さい場合は**必需財**と呼ばれる。逆に所得が増加しても消費量が減少する場合は、弾力性はマイナスの値をとるが、こうした消費財は**下級財**と呼ばれる。このように、需要の所得弾力性は所得と消費意欲との関係を知るうえで重要な情報を提供する。

同様に、価格弾力性はある消費財の価格の変化率に対する需要量の変化率で計られる。牛肉を例にすると以下のような式になる。

牛肉需要の価格弾力性＝牛肉需要量の変化率（％）／牛肉価格の変化率（％）

価格弾力性は、マイナスの値をとる場合が多い。それは価格が低下（上昇）すれば購入量を増加（減少）したいという意志が働くからである。一般的にいえば、必需財的性格を有する消費財は価格の低下率に比較してその需要量の増加率は小さく、また高級財や贅沢品的な食料では需要量の増加率がその価格低下率より大きくなる。しかし、ある所得水準に達し量的に食料が満たされてくると価格水準の低下割合の大きさだけが消費選択の基準ではなくなってくる。現実的には、価格が低下しても需要量が低下する財、逆に価格が上昇しても需要量が増加する財もある。なお、価格弾力性は需要面だけでなく、供給面においても重要な概念である（供給の価格弾力性）。

　上に示した弾力性を計る式は理解を容易にするため便宜的にしばしば用いられているが、実際にそれを推定するときは多くの場合データを対数変換した最小二乗法（需要量を被説明変数として）が用いられる。

食料間の相互関係　上でみた価格弾力性は、当該財（例えば牛肉）の価格だけに関するものであった。しかし、現実的には牛肉の需要量は他の財の価格にも影響を受ける。例えば、豚肉の価格が上昇したとすれば、このとき牛肉の価格は相対的に低下したことになり、豚肉需要の一部は牛肉需要に振り向けられよう。一般的には、ある財の需要はその競争財（代替財）の価格の変化にも影響を受ける。このような、ある財の需要量変化と他の財の価格変化との関係は、**交差弾力性**という概念で説明される。上の例で、牛肉の需要弾力性を豚肉との交差弾力性でとらえるには、以下の式のように定義される。

　牛肉の豚肉との交差弾力性＝牛肉需要量の変化率(％)／豚肉価格の変化率(％)

　交差弾力性は、所得弾力性が特別大きな場合は別として、その相互の財が**競争財、補完財**、あるいは**独立財**のいずれの関係にあるかを判断する基準を与えてくれる。すなわち、理論的には競争財あるいは代替財の場合はプラス、補完財の場合はマイナスの値、また独立財の場合はゼロとなる。

　多くの場合、ある消費財の価格の変化は他の財の需要量に影響を及ぼすが、

この**価格効果**は**代替効果**と**所得効果**に分けられる。代替効果は相対的に価格が低下した財の需要量を増やし、相対的に価格が上昇した財の需要量を減らすことによって効用の最大化を図る消費行為につながる。他方、ある消費財の価格低下は実質所得の上昇であり、これは一定の所得のもとで効用を最大にする各消費財の配分がなされる意味で所得効果と呼ばれる。

4　食料市場の国際化

食料自給率

わが国の食料消費がいかに他国に依存してきたかは、**食料自給率**の変化をみれば一目瞭然である。供給熱量自給率は、1960年の79％から1980年53％、1995年43％へと大きく低下してきた。そして1998年以降は40％の水準となっている。こうした自給率は、先進諸国のなかでは最低の水準である。品目別（重量）にみた2004年の自給率でとくに低い主要農産物は、穀類、豆類、油脂類でそれぞれ27％、7％そして13％となっている。また果実類、魚介類、砂糖等も50％以下である（表1−4）。同年の輸入量でみると小麦548万トン、大麦209万トン、大豆441万トン、そして7〜8割が飼料となるとうもろこしが1,625万トンとなる。わが国の米の生産量873万トンと比較すると、このとうもろこしの輸入量がいかに大きいかが明らかとなろう。こうして、食用と飼料用を加えた穀物自給率はわずか27％にすぎない。

　2004年における農産物の輸入額は輸入総額の9％ほどに低下しているが、輸出がきわめて少ないため純輸入額は先進諸国のなかで最大となっている。食料としてみると水産物の輸入金額も世界最大（約1.7兆円）で、農産物輸入額の36％の水準となる。輸入水産物の御三家はえび、まぐろ類、さけ・ますの順で、えびの輸入額は2004年で2,380億円となり、これはとうもろこし輸入の75％の金額に相当する。

　食料自給率の低下要因としては、食生活の多様化・高度化により国内生産が絶対的に追いつかなかったこと、これはまた国内での供給が農地面積や立

表1-4 主要農産物自給率の国際比較

(単位:%)

国名	年次	穀類 1)	いも類	豆類	野菜類	果実類	肉類	卵類	牛乳・乳製品 2)	魚介類 3)	砂糖類	油脂類
オーストラリア	2002	198	97	164	100	101	168	100	223	44	567	143
カナダ	2002	120	136	129	58	16	134	95	100	90	4	118
アメリカ	2002	119	96	146	96	83	108	102	98	77	79	116
フランス	2002	186	110	87	89	74	106	99	115	40	225	70
ドイツ	2002	111	137	10	43	41	97	80	104	21	144	69
イタリア	2002	84	74	29	133	109	80	100	71	28	87	50
オランダ	2002	25	112	0	239	23	193	187	142	65	135	18
スペイン	2002	78	53	12	154	140	109	107	88	55	87	73
スウェーデン	2002	120	82	85	37	3	87	95	99	108	122	48
イギリス	2002	109	80	49	47	5	70	93	95	38	64	35
スイス	2002	59	73	23	39	79	84	50	108	2	52	26
日本	2002	28	84	7	83	44	53	96	69	47	34	13
	2003	27	83	6	82	44	54	96	69	50	35	13
	2004	27	81	7	79	41	54	94	68	50	34	13

注:1)のうち、米については玄米に換算している。
 2)は、生乳換算によるものであり、バターを含んでいる。
 3)は、飼肥料も含む魚介類全体についての自給率である。
出所:表1-2に同じ。

地的に制約を受けたこととも関連する。同時に農業は他産業との比較生産性が低いため基幹的農業労働力の流出が大きく進んだこと、さらには労賃をはじめ生産費が高いため生産費の安い外国農産物との価格差が広がり、貿易自由化とともに輸入量が増大してきたことなどの要因が指摘できる。

世界の食料需給 前項ではわが国の食料自給率がいかに低い水準にあるかを中心にみてきたが、逆に自給率が高い国は必ずしも国内供給が十分で輸入が少ないとはいえない。開発途上国の場合、十分な食料が供給されているかは別として、一部の国を除くと食料の輸出入が少ないため食料自給率そのものは概して高い傾向にあるが、先進国の場合、一般的に食料は輸出および輸入とも多い。食品の輸出額/輸入額(億ドル)をいくつかの先進国(2004年)についてみてみると、日本22.0/436.3、アメリ

カ503.8／455.2、フランス327.1／293.4、ドイツ322.6／421.6、イギリス118.3／325.8、カナダ193.3／129.8となる。このように、**食料市場の国際化**は先進諸国を基軸として拡大してきた。しかし、開発途上国の経済成長と人口増加は、食料需要の増加やその需要構造を変化させ輸入依存を深めつつあり、食料市場の国際化はますます拡大している。

　こうした状況のなかで、将来の国際食料需給がどうなるかは、われわれにとって大きな関心事である。国際食料需給予測に関しては、いろいろな研究結果が報告されている。予測結果の数値はモデルおよび手法、また技術変化係数や外生変数の与え方によって異なるが、いずれにも共通していえることは、地域別にみると先進国の過剰と開発途上国の不足という食料需給の構図は将来とも変わらないということである。ここでは、わが国で開発された代表的な予測モデル（開発者：大賀圭治）の結果を穀物と食肉について示しておく（表1-5）。

　この表からも明らかなように、基準年の1992年から予測年の2020年にかけて先進国では穀物および食肉とも純輸出量は大きく増加し、旧ソ連・東欧では輸入から輸出へと大幅な改善がみられる。これに対し開発途上国では現状よりはるかに大きな不足が見込まれている。

　なお、予測値はしばしばそれが当たるかどうかが議論される場合も少なくないが、これは予測の意義をはき違えた考えである。予測結果と望ましい方向とを照合し、望ましい方向に誘導するにはどのような方策が必要なのかを考える糸口として位置づけるべきである。

　食料のなかで最も生産量が多い穀物は、世界で生産される約4割が、また先進国ではその6割以上が飼料用に向けられている。将来の食料需給を考えるとき、畜産物の需要がどのように変化していくかはきわめて重要なポイントとなる。食肉1キログラムを生産するのに要する穀物を中心原料とする配合飼料の重量は、大雑把にはブロイラー2キログラム、豚3〜4キログラム、肉牛8〜10キログラムともいわれる。もちろん給餌方式や肥育形態によって穀物の使用量はかなり異なるとしても、開発途上国の経済成長に伴う畜産物

表1-5　地域別の食料需給予測

	予測年	単位	先進国	旧ソ連・東欧	発展途上国	うち中南米	アフリカ	中近東	アジア
（穀物合計）									
生産量	2020年	100万トン	812	507	1,813	216	124	132	1,339
	1992年	100万トン	600	263	903	110	59	78	655
同　年増加率		%	1.1	2.4	2.5	2.4	2.7	1.9	2.6
単位当たり生産量		%	137	172	178	172	159	141	191
収益面積増加率		%	99	112	113	114	132	120	107
1人当たり生産量	2020年	kg	734	1,227	253	296	97	210	296
	1992年	kg	687	668	214	240	107	260	227
消費量年増加率		%	1.0	1.4	2.7	2.3	3.2	2.8	2.6
1人当たりの食用消費量	2020年	kg	99	141	184	133	123	183	211
	1992年	kg	111	178	167	127	117	186	181
飼料の割合	2020年	%	61	63	19	42	5	29	16
	1992年	%	63	58	17	40	6	27	13
純輸出（輸出－輸入）	2020年	100万トン	182	70	−259	−17	−73	−87	−80
	1992年	100万トン	126	−36	−85	−14	−22	−22	−27
（食肉合計）									
生産量	2020年	100万トン	116	50	198	45	9	12	132
	1992年	100万トン	76	27	80	20	5	5	50
同　年増加率		%	1.5	2.2	3.3	3	2.1	3.5	3.5
1人当たり生産量	2020年	kg	105	121	28	62	7	19	29
	1992年	kg	87	69	19	43	9	15	17
消費年増加量		%	1.1	1.2	3.7	2.2	3.3	3.3	4.3
1人当たり消費量	2020年	kg	92	95	31	48	11	22	35
	1992年	kg	84	71	19	42	10	19	17
純輸出（輸出－輸入）	2020年	100万トン	15	11	−25	10	−4	−2	−28
	1992年	100万トン	2	−1		1	0	−1	0

注：米は精米ベース、食肉は枝肉ベース。
出所：森島賢ほか（1995：161）。

需要の増加や畜産のより一層の商業的経営への進展は、確実に穀物需要を増加させている。この点では、とくに大きな人口をもち経済発展を進めている中国やインドの動向が注目されている。

食料需給と地球環境問題　歴史的にみれば、世界の食料需給は飢餓あるいは食料不足という問題を残しながらも、食料生産の増加と食料市場の国際化の拡大によって、大きく増加する人口を養ってきた。食料需給を規定してきた大きな要因は人口増加、経済成長、農業およびそれを取り巻く種々の技術進歩、農業政策等であったが、**地球環境問題**も経済発展の結果として大きくクローズアップされてきた。

地球環境問題としてしばしば指摘されるのは地球温暖化、オゾン層の破壊、

酸性雨、砂漠化、熱帯林の消失等である。農業生産との関連でいえば、地球温暖化は自然及び気象条件の変化による単収の減少、あるいは海水面の上昇による農地の減少である。オゾン層の破壊や酸性雨は生態系や農作物への影響、砂漠化は生産力の低下と農地の減少につながる。熱帯林の消失は生態系への影響や土壌侵食、洪水等によって農業生産にも影響を及ぼす。あるいは産業廃棄物による土壌汚染も無視できない。このように、地球環境問題も直接、間接に農業に影響を及ぼし、将来の世界食料供給に深くかかわりつつある。

　食料供給を制約する要因は農業内部にも存在する。それは土壌の劣化ないし生産力の低下である。国連環境計画（UNEP）によると、表土流出や塩害発生により世界の総面積のおよそ15％に土壌劣化がみられ、農業活動に起因する過放牧と不適切な農業による土壌劣化は、世界の農地面積の4分の1にもなると見積もられている。農業はそのやり方によって、地球環境に対しマイナスにもまたプラスにも作用する。農業がプラスに作用する場合は、食料の供給や就業の場の提供は当然のことながら、その他**外部経済効果**として国土保全や水質および大気の浄化、水資源涵養、生態系の保全、景観の維持保全、心の安らぎといった**多面的機能**をもつ。わが国農業の多面的機能の貨幣評価額は、年間8.2兆円という試算（2001年、日本学術会議）もある。

　世界の食料需給はこのように地球環境とも大きなかかわりをもっている。環境と調和した持続的な農業生産が求められているが、それと逆行する生産性至上主義の農業が行われていることも事実である。食料需給の国際化が深まるなかで、供給は特定国あるいは地域にますます集中化する傾向もみられる。環境とのバランスを無視した集中化は地球環境への負荷を増大させるであろう。自国の農業を軽視し経済力にまかせた食料輸入国は、環境破壊の加害者であり、また飢餓あるいは食料不足に悩む人々への挑戦者となる危険性もある。しかし、すでに述べたように、市場経済のメカニズムそのものがそうした状況を形成してきたともいえる。地球環境や農業の多面的役割を重視した方向での国際食料需給が、今後の大きな課題となる。さらに、近年では

第1部　食料経済を学ぶ

穀物やその他農作物を利用したバイオマス燃料の生産増加により、食料生産との競合という新しい課題が生起し始めている。

参考文献
1．荏開津典生（1997）『農業経済学』岩波書店。
2．竹中久二雄・赤羽正之（1996）『改訂　食料経済学』光生館。
3．堀口健治ほか（1995）『食料輸入大国への警鐘』農山漁村文化協会。
4．森島賢ほか（1995）『世界は飢えるか──食料需給長期展望の検証──』農山漁村文化協会。
5．ブラウン、L.（1995）『だれが中国を養うのか？』今村奈良臣訳、ダイヤモンド社。

［清水　昂一］

第2章
わが国の食料消費構造の変化

1　はじめに

日本が抱える食の諸問題　日本の食生活は、第1章でも述べられているように、かつて三大栄養素であるPFCの比率が適正範囲内にあり、栄養学的にみてもバランスの取れた理想的な食生活であるとされる「日本型食生活」と称され、世界的にも注目されてきた。しかし、それから30年余が経過し、その間、わが国の食生活は、社会環境の変化に伴って大きく変化してきた。例えば、栄養バランスの崩れや孤食・個食・欠食といった食事状況の悪化、食品ロスの増加、農と食の距離の乖離、そして食料自給率の低下等、実にさまざまな問題を抱えている。

こうした状況下で、2005年7月には「**食育基本法**」が立法化された。これまでも食の重要性については、様々な方面から指摘されていたが、いずれも国民の認知度は低く、国民への影響がそれほど高いとは言い難い状況であった。この「食育基本法」の成立によって、国民に対する食教育の重要性とそのための具体的方策が政府によって提案されたことになり、国民の食生活改善に期待が寄せられている。

本章では、第2次世界大戦後から今日まで、大きな変貌を遂げた食料消費について年齢及び世代からアプローチするとともに、今注目されている「**食育**」の重要性についても確認していくこととする。

第1部　食料経済を学ぶ

2　第2次世界大戦後のわが国の食生活

食生活変化の背景　わが国の食生活は、1960年代後半に始まる高度経済成長期から、先進国の中でも他に例をみないほど急速に大きな変化を遂げた。量的な変化についてみると、第2次世界大戦中から戦後にかけての食料消費水準の大幅な落ち込みは、1960年代には回復し、それ以降も農業の技術革新や選択的拡大政策による増産も相まって消費量は大きな伸びを示した。それと同時に、高度経済成長による国民の所得水準及び消費水準のさらなる向上は、食料消費の内容も大きく変化させる。

食生活変化の特徴　1960年以降におけるわが国の食生活変化の特徴を、消費量、供給熱量、栄養素の各面から概観する。食料消費の内容の変化として最も大きな特徴は、米を中心とする穀類需要量の減少と肉類、乳製品類、油脂類を中心とする畜産物需要量の増加として知られており、その変化はしばしば食生活の「**洋風化**」という言葉で表現されてきた。農林水産省『食料需給表』の供給熱量データから食料消費の量的変化をみると、国民1人1日当たりの供給熱量は1960年の段階では2,291キロカロリーであったものが、1980年になると2,562キロカロリー、2000年には2,642キロカロリーまで増加し、それ以降は2,600キロカロリー前後で推移している。また食料消費内容の変化を供給熱量に占める上位5品目でみると、1960年における供給熱量上位5品目は、米（48.3%）、小麦（10.9%）、砂糖類（6.9%）、いも・でんぷん（6.2%）、油脂類（4.6%）であったが、2005年では、米（23.3%）、畜産類（15.4%）、油脂類（14.3%）、小麦（12.4%）、砂糖類（8.1%）となっており、米類の比重低下と畜産類、油脂類の比重上昇が目立っている。

次に、栄養供給の視点から食料消費変化をみてみる。主要な栄養素としては、たんぱく質（P）、脂質（F）、炭水化物（C）の3つが知られており、これら三大栄養素は栄養学的にバランスのとれた摂取が望まれる。洋風化する

以前のわが国のPFC熱量比率（供給ベース）は、1960年でP：13.3％、F：10.6％、C：76.1％となっており、高すぎる炭水化物、低すぎる脂質、やや低めのたんぱく質が特徴であったが、前述の洋風化は、炭水化物比率の低下、脂質比率の上昇をもたらし、わが国の食生活は1975年には、P：12.7％、F：22.8％、C：64.4％と、適正比率の範囲内に到達して、栄養学的にも優れた日本型食生活を実現し、世界においても長寿国として注目されるまでになった。しかしその後、さらなる食料消費構成の変化によって、2005年ではP：13.1％、F：28.9％、C：58.0％と、たんぱく質比率と脂質比率が増加する一方で、炭水化物比率が減少し、日本型食生活は、とくに若年齢階層を中心に適正値から徐々に乖離する傾向にある。

　さて、高度経済成長期には、同時に、高学歴化、女性の社会進出、世帯規模の縮小等、社会経済状況も大きく変化した。その後もわが国はさらなる所得水準向上を実現することとなったが、それに伴い、食生活においてもこれまでの食料消費量及び食料消費構成の変化から次第に食料消費形態が大きく変化していくこととなった。また、食料供給面における貯蔵、加工、流通等の技術革新が食品加工業と外食産業の発展を促進したことも、消費者の食料消費形態に大きな影響を与えた。それまでの食料消費の形態は、農産物それ自体か軽度の加工食品を主とした家庭内での調理を必要とする形態、いわゆる「**内食**」が一般的な形態であった。それが次第に、総菜、弁当等の調理食品（調理の場と別の場所で食べることを意味する）を代表とする「**中食**」、調理から配膳、後片づけ、サービスまでを外部の産業に依存する「**外食**」が食生活に占める割合が高くなっていった。こうした食生活の変化は、食の「**外部化**」と呼ばれ、前述した洋風化に続く新しい食生活の特徴として表現されている。

3　需要理論における食料消費の変化要因

需要理論における　　前述のような食生活変化の要因、換言すれば食料消
需要量の変化要因　　費の変化要因は、**需要理論**では主に所得、価格等
の経済的要因と、そしてこれら以外の嗜好要因等を含む非経済的要因として
捉えられる。これまでの食料需要一般に関する計量経済学的研究では、所得、
価格といった経済的要因のみによる分析が主流で、嗜好等の非経済的要因は
確定的な数値で捉えることが困難であるため、通常は除外され定性分析とし
て扱われていた。経済的要因から食料消費の変化にアプローチする最も基本
的な分析方法は、所得と価格を説明変数とした**需要関数分析**である。

　確かに、経済発展の過程では、経済的要因のみで食料消費を十分に説明で
きた時期もあった。しかし、時間の経過の中で国民の所得水準及び消費水準
の向上、飽食化、そして世帯規模の縮小等の社会経済状況の変化により、食
料消費の変化要因としての経済的要因の重要性ないし説明力は相対的に弱ま
り、これらの要因のみで食料消費の変化を説明することには困難をきたすよ
うになった。とくに、所得要因について時子山（1995）は、1969～93年まで
の25年間について、所得弾力性と食料品の消費量のトレンドの関係から食料
消費の「**成熟**」化に関して計量的考察を行い、食料品の数量変化が所得によ
って説明される食料品の数が減少していることから変化要因としての所得の
役割というものが減退し、既に成熟段階に到達していると指摘している。こ
のように、これまで定量的把握がきわめて困難であった非経済的要因の果た
す効果が1980年代頃から次第に強調されるようになった。

需要量変化を説明　　さて、食料消費構造の変化についての従来の研究は
する新たな要因　　数多く存在するが、その中でも非経済的要因に着
目した研究は、森島（1984）、森（2001）、石橋（2006）等の研究が知られて
いる。これらの研究は、嗜好等の非経済的要因から食料消費の変化を捉える
ために、嗜好を規定するであろうと考えられる年齢や世代の要素を取り入れ、

分析を試みている。本章では、わが国の食料消費構造の変化について**多変量解析**を用いて、時系列的かつ横断面的にあるいは年齢や世代という属性からアプローチするとともに、食育の重要性と意義について確認する。多変量解析とは、主に、相互に関係している多数のデータを統計的に分類し、それらのデータが持つ特徴を簡潔に要約するための方法である。主なものに、主成分分析、因子分析、判別分析等がある。

4　日本の食料消費構造の変化
――年齢・世代からのアプローチ――

主成分分析からみた食生活変化の特徴　ここでは、日本の食料消費構造の変化を世代に着目して分析する。分析方法は、多変量解析の1つである主成分分析を用いる。分析には、総務省統計局『家計調査年報』の世帯主年齢階級別（10階級）の食料31品目の支出金額データ（1980～98年）を用いる。

表2-1は、主成分分析の結果であるが、まず結果の見方について説明する。第1主成分、第2主成分、第3主成分とは、米類から飲酒までの31品目の支出の特徴を新しい主成分という特徴に集約していることを示す。表下の固有値は、各主成分が新しい変数としてどの程度の情報量をもつかを示し、固有値が1以上であれば、その主成分は変数1個分以上の説明力をもつと考えられる。抽出される主成分の個数は、取り扱う変数の個数分ある。この場合31変数あるので、31個の主成分が求められる。新しい特徴に集約するために、主成分をいくつ取り上げるかを決める方法は、固有値が1以上の主成分を取り上げることが多い。しかし、固有値が1以上の主成分が多数存在する場合には、各主成分の寄与率、つまり、各主成分がすべての変数を説明するのにどのくらい寄与しているかも重要なポイントとなる。累積寄与率は、第1主成分から順に各主成分の寄与率を累積したものである。

表2-1の分析結果を説明する。本分析の結果は、固有値が1以上の主成分

第1部　食料経済を学ぶ

表2-1　主成分分析の結果

	品　目	因子負荷量		
		第1主成分	第2主成分	第3主成分
1	米類	0.785	0.485	－0.226
2	パン	－0.797	0.018	0.299
3	めん類	－0.842	0.197	0.230
4	その他の穀類	0.865	0.066	0.048
5	鮮魚	0.988	－0.022	－0.031
6	貝類	0.908	－0.121	0.011
7	塩干魚介	0.974	0.113	－0.057
8	魚肉練製品	0.731	0.545	0.183
9	その他の魚介加工品	0.940	－0.069	0.031
10	牛肉	0.684	0.034	－0.363
11	豚肉	－0.068	0.906	－0.290
12	鶏肉	－0.043	0.888	－0.269
13	加工肉	－0.760	0.482	0.004
14	牛乳	－0.273	0.454	0.731
15	乳製品	－0.887	－0.114	－0.014
16	卵	0.142	0.916	0.028
17	葉茎菜	0.554	－0.494	－0.192
18	根菜	0.887	0.040	－0.018
19	他の野菜	0.871	－0.343	0.107
20	乾物・海藻	0.960	0.100	0.139
21	大豆加工品	0.694	－0.525	0.283
22	その他の野菜海藻加工品	0.799	－0.266	0.192
23	生鮮果物	0.971	－0.003	0.106
24	果物加工品	0.669	－0.101	0.509
25	油脂	0.035	0.906	0.124
26	調味料	－0.075	0.205	0.428
27	菓子類	－0.671	－0.167	0.613
28	調理食品	－0.718	－0.619	－0.006
29	一般外食	－0.838	－0.351	－0.261
30	喫茶	－0.274	0.594	0.073
31	飲酒	－0.740	－0.203	－0.302
	固有値	16.389	6.029	2.253
	寄与率（％）	52.9	19.4	7.3
	累積寄与率（％）	52.9	72.3	79.6

注：「一般外食」は、「外食」から「学校給食」「喫茶代」「飲酒代」を除いたもの。

は第5主成分までであったが、ここでは、寄与率がとくに高い第1主成分と第2主成分に着目して解釈することとする。第2主成分までの累積寄与率は72.3％であるので、変数全体の72.3％を第2主成分までで説明できていることになる。また、各主成分の因子負荷量とは、各食料品目と各主成分がどの程度の関係（相関）をもつかを表している。各主成分と各品目との相関が高

いものをみることで、各主成分が何を表す変数なのかを解釈していく。

　因子負荷量についてみると、第1主成分は主として「乳製品、めん類、一般外食、パン、加工肉、飲酒、調理食品、菓子類」等と高い負の相関を示し、「鮮魚、塩干魚介、生鮮果物、乾物・海藻、その他の魚介加工品、貝類、根菜、他の野菜、その他の穀類、その他の野菜加工品、米類、魚肉練製品」と高い正の相関を示している。したがって、第1主成分は「洋風的食生活」と「伝統的食生活」という構造を両極に持つ「食生活類型」を表す因子と解釈できる。また第2主成分は「米類、魚肉練り製品、豚肉、鶏肉、加工肉、牛乳、卵、油脂」等と正の相関を持ち、「調理食品、一般外食、飲酒、乳製品、大豆加工品、その他の野菜海藻加工品」と負の相関を持っていることから、米＋副食という「内食型」の消費形態と「中食・外食」の消費形態を両極に持つ「食料消費形態」を表す主成分であると解釈できる。

世代からみた食生活変化　また、分析によって得られた第1主成分と第2主成分の主成分スコアを図にプロットすると、それぞれの年齢階級の人が加齢に伴ってどのような食生活の変化あるいは、食料消費形態の変化を示してきたかを世代ごとにみることができる。図2-1は、分析によって得られた第1主成分を横軸に、第2主成分を縦軸にとり、全年齢階級の計測期間における年次別主成分スコアをプロットしたものである。したがって、横軸は、食生活の変化を表し、横軸の正の高い値に位置するほど「伝統的」、負の高い値に位置するほど「洋風的」であることを意味する。一方、縦軸は食料消費形態の変化を示しており、縦軸の正の高い値に位置するほど「内食型」を中心とする消費形態、負の高い値に位置するほど「中食・外食型」の比重が食生活の中で高まる消費形態であることを表す。図中に示す83〜87歳、78〜82歳、……、30〜34歳は、2003年現在でそれらの年齢階級であることを表している。そしてプロットを矢印→でたどった直線や点線は、それぞれの年齢階級の人が加齢に伴ってどのような食生活の変化あるいは、食料消費形態の変化を示してきたかをみたものである。なお、それぞれの矢印で結ばれた点は、各年齢階級の動きを5年ごとに示したものである。

第1部　食料経済を学ぶ

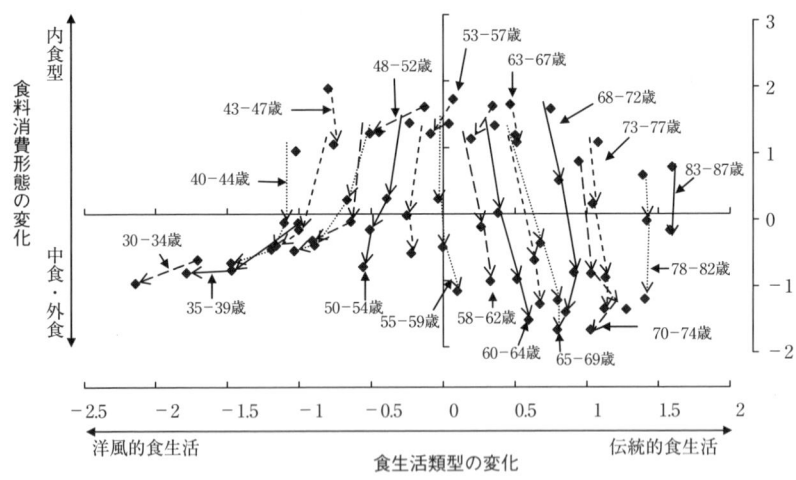

図2-1　世代からみた食生活の変化

　図2-1から全体的な食料消費の動きをみてみると、食料の消費形態（縦軸）は、世代に関係なくすべての世代で正から負へと変化しており、「内食型」から「中・外食型」の比重を強めてきているのがわかる。しかし、食生活類型については、現在50歳代後半の世代を境に、それより若い世代の食生活は「洋風的」食生活に位置づけられ、加齢に伴っても次第にその「洋風的」要素を強める傾向にある。一方、それより以前に出生した古い世代の食生活は「伝統的」食生活に位置づけられ、加齢に伴っても「伝統的」食生活の要素を維持するか、それを強める傾向にあり、「伝統的」食習慣を強く残した食生活を送っているとみることができる。このように、世代に着目してみると、わが国の食生活が単なる画一的な変化ではないことがわかる。前述の、若年齢階層を中心とする栄養問題や日本型食生活崩壊の懸念は、こうした世代間の食生活の違いからも理解できる。

5　2010年のわが国食生活の予測
――世代からのアプローチ――

　ここでは2010年のわが国の食生活予測についてみてみる。「食育基本法」が施行される以前の2001年、日本フードシステム学会は「2010年食品産業の展望と課題」プロジェクトを行っている。その中から、食生活・外食分科会（代表谷野陽）が行った2010年の食生活予測の調査結果についてみてみる。

　本調査は、30歳代から60歳代までの食品企業、農業団体関係者や、研究者、ジャーナリスト等の専門家を対象に、昭和一桁世代（昭和5年前後生まれ）、団塊世代（昭和20～25年生まれ）、団塊二世世代（昭和50年前後生まれ）、団塊三世世代（平成10年以降生まれ）の4つの世代区分について、2010年の食生活がそれぞれどのように進むかを専門的立場から予測したものである。調査期間は、2001年12月～2002年1月である。調査は郵送調査で行い、配布数は58部、回収数は30部で、回答率51.7％であった。

　調査内容は、①食事の内容と食事作りの担い手、②食事の場、③料理の内容、④プロセスフードの利用、⑤主食、⑥買い物行動、⑦食品の選択等に関連する事柄である。

　回答方法は、回答者が各質問項目について、「高い確率でそうなるだろう」「そうなる可能性が高い」「可能性は半々である」「そうならない可能性のほうが高い」「多分そうならない」の5段階評価として回答したものである。

2010年の食生活予測調査の結果（昭和一桁世代～団塊二世世代）　表2-2は、昭和一桁世代、団塊世代、団塊二世世代についての調査結果である。表中の数値は前述の5段階評価に、便宜的に＋2～－2までの得点を与えて平均値を算出した結果である。これをみると、項目によって、昭和一桁及び団塊世代と団塊二世世代で違いが認められるものと、昭和一桁世代と団塊世代及び団塊二世世代で違いが認められるものが多数みられる。

　例えば、昭和一桁世代と団塊及び団塊二世世代で違いが認められるものに

第1部　食料経済を学ぶ

表2-2　昭和一桁世代から団塊二世世代の2010年の食生活平均値

質問項目	平均値			
	昭和一桁	団塊世代	団塊二世	団塊三世
1．食事内容・担い手				
1-1　ほとんど手作りの料理を食べる	0.107	−0.333	−1.036	
1-2　調理食品や冷凍食品も積極的に利用しながら作って食べる	0.500	1.267	0.964	
1-3　食事つくりの役割分担は、やはり妻・母である	1.393	1.033	0.536	
1-4　弁当などの中食・宅配などの食事サービスへの依存が高くなる	−0.321	0.167	0.679	
1-5　外食を利用することが多くなる	−0.821	0.667	1.107	
2．食事の場				
2-1　家族と食事するよりも、一人で食べることのほうが多くなる	−0.750	−0.600	−0.071	
2-2　週末は家族と一緒に食事をする	0.929	1.067	1.000	
2-3　夕食は家族と食べる	0.893	0.667	0.107	
2-4　家族とは別の食事仲間との食事機会が増える	−0.714	0.233	0.321	
3．料理内容				
3-1　主菜（主となるおかず）は魚のほうが肉より多い	1.143	0.567	−0.536	
3-2　主菜（主となるおかず）は肉のほうが魚より多い	−1.179	−0.200	0.607	
3-3　調味の様式はどちらかといえば、今まででいう和風が続く	1.429	0.333	−0.464	
3-4　調味の様式はどちらかといえば、今まででいう洋風が主となる	−1.393	−0.300	0.321	
3-5　調味料がさらに多様に利用され、調味の様式は無国籍、フュージョンの方向に向かう	−1.321	0.033	0.607	
4．プロセスフードの利用				
4-1　生鮮素材を用い、加工食品はあまり使わない	0.000	−0.533	−1.036	
4-2　素材として利用可能な加工品や冷凍食品を活用する	0.643	1.133	1.250	
4-3　レディ・トゥ・イート食品、調理済みの冷凍食品やレトルト食品を活用する	0.143	0.800	1.286	
4-4　特定保健食品、サプリメント、機能性食品などへの関心が高まり利用が増加する	−0.500	0.133	0.464	
4-5　加工米飯(レトルト・冷凍食品・無菌包装など)をよく利用する	−0.321	0.167	0.786	
5．主食				
5-1　朝食と夕食はご飯を食べる	1.000	0.167	−0.643	−0.679
5-2　夕食の主食はご飯である	1.750	1.433	0.571	0.429
5-3　朝食はパンが多い	−0.071	0.433	0.929	0.786
5-4　昼食も米飯を食べることが多い	0.500	−0.233	−0.464	−0.250
5-5　主食・副食という概念がなくなる	−1.643	−1.033	−0.250	0.500
6．買い物行動				
6-1　ほぼ毎日近所で買い物をする	0.250	0.100	−0.643	
6-2　車を運転して大量購入の買い物をする	−1.393	0.467	1.000	
6-3　毎週一回くらいは交通機関を利用してもデパ地下などへ買い出しに行く	−0.714	0.000	0.357	
6-4　買い物は配送サービスや宅配を頼む	−0.429	−0.233	−0.071	
6-5　コンビニを頻繁に利用する	−0.429	−0.133	0.929	
7．食品の選択				
7-1　価格には敏感になり、安いモノを選んで買う	0.179	0.200	0.679	
7-2　多少高くても、品質・銘柄・産地などにこだわって選ぶ	0.500	0.633	0.250	
7-3　野菜、豆腐、豆、芋など健康によさそうな食材を積極的に利用する	1.393	1.033	0.143	
7-4　凝った料理は、レストランなどで食べる	−0.286	0.900	1.071	
7-5　手間暇のかかるモノを作るよりも買って食べる.	0.286	0.667	1.143	

出所：谷野（2003：86）より一部引用。

は「ほとんど手作りの料理を食べる」「弁当などの中食・宅配などの食事サービスへの依存が高くなる」「外食を利用することが多くなる」「生鮮食材を用い、加工食品はあまり使わない」「特定保健食品、サプリメント、機能性食品などへの関心が高まり利用が増加する」「加工米飯をよく利用する」「朝食はパンが多い」「昼食も米飯を食べることが多い」「車を運転して大量購入

の買い物をする」「凝った料理は、レストランなどで食べる」等がある。

また、昭和一桁及び団塊世代と団塊二世世代で違いが認められる項目は、「主菜は魚の方が肉より多い」「主菜は肉の方が魚より多い」「調味の様式はどちらかといえば、今まででいう和風が続く」「調味の様式はどちらかといえば、今まででいう洋風が主となる」「コンビニを頻繁に利用する」等があげられる。

以上の結果から、将来の食生活における世代間の相違は、家庭での調理、加工食品の利用、食事の材料、味付け、主食、外食、買い物等多岐にわたる。

2010年の食生活パターンについての分析（昭和一桁世代～団塊二世世代）

ここでは、前述の昭和一桁世代から団塊二世世代までの調査結果を用いて、昭和一桁世代、団塊世代、団塊二世世代の2010年の食生活パターンの位置づけがどのように特徴づけられるかについて多変量解析の1つである**因子分析**を用いて分析した。因子の抽出方法については主因子法、回転方法はバリマックス回転とした。

表2-3は、前掲の調査項目の中から、食生活内容を示す13項目について因子分析を適用した結果である。分析の結果、固有値が1以上の因子は第3因子までであり、第3因子までの累積寄与率は62.4％であった。因子負荷量から各因子についてみると、第1因子は、「野菜、豆腐、豆、芋など健康によさそうな食材を積極的に利用する」「調味の様式はどちらかといえば、いままででいう和風が続く」「主菜は魚の方が肉より多い」「朝食と夕食はご飯を食べる」という項目との相関が高く、和風の味をベースとして、米食を中心に魚や野菜類を摂取するといういわゆる「和風型」の食生活である。第2因子は、「外食を利用することが多くなる」「調味の様式はどちらかといえば、いままででいう洋風が主となる」「調味料がさらに多用に利用され、調味の様式は無国籍、フュージョンの方向に向かう」「特定保健食品、サプリメント、機能性食品などへの関心が高まり利用が増加する」「レディ・トゥ・イート食品、調理済みの冷凍食品やレトルト食品を活用する」「朝食はパンが多い」「主食・副食の概念がなくなる」といった項目との相関が高く、主

表2-3 因子分析の結果

	第1因子	第2因子	第3因子
野菜、豆腐、豆、芋など健康によさそうな食材を積極的に利用する	0.701	−3.65E−02	0.199
調味の様式はどちらかといえば、いままででいう和風が続く	0.68	−0.449	0.245
主菜は魚の方が肉より多い	0.547	−0.171	0.181
朝食と夕食はご飯を食べる	0.443	−0.359	0.401
外食を利用することが多くなる	−0.279	0.661	−0.278
調味の様式はどちらかといえば、いままででいう洋風が主となる	−0.521	0.631	−6.01E−02
調味料がさらに多用に利用され、調味の様式は無国籍、フュージョンの方向に向かう	−0.458	0.564	2.74E−02
特定保健食品、サプリメント、機能性食品などへの関心が高まり利用が増加する	2.29E−02	0.553	−0.217
レディ・トゥ・イート食品、調理済みの冷凍食品やレトルト食品を活用する	−0.276	0.512	−0.396
朝食はパンが多い	−0.209	0.461	−0.12
主食・副食という概念がなくなる	−0.522	0.302	−0.13
生鮮素材を用い、加工食品はあまり使わない	0.348	−7.73E−02	0.724
ほとんど手作りの料理を食べる	9.84E−02	−0.32	0.768
固有値	5.612	1.271	1.229
寄与率	43.167	9.776	9.453
累積寄与率	43.167	52.943	62.396

食・副食とも関係なく多国籍・洋風ベースの多様化した食生活となり、調理は中食や外食に依存する、そして栄養バランスは健康食品で補うという「外部・多様型」の食生活と解釈できる。第3因子は「生鮮素材を用い、加工食品はあまり使わない」「ほとんど手作りの料理を食べる」という項目と高い相関を示しており、調理に対する「内食型」の食生活と解釈できる。

次に各因子の因子得点について、3つの世代ごとの平均値を算出し、プロットしたものが図2-2、図2-3、図2-4である。まず、和風型食生活と外部

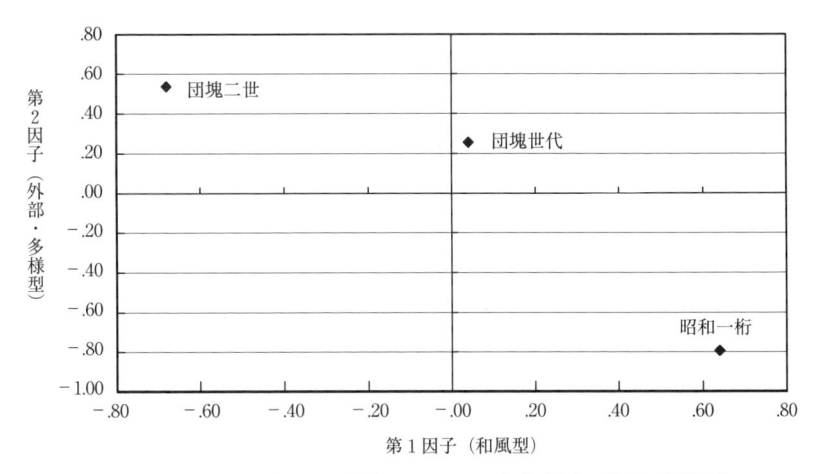

第2章　わが国の食料消費構造の変化

図2-2　第1・第2因子得点による2010年食生活の世代別位置づけ

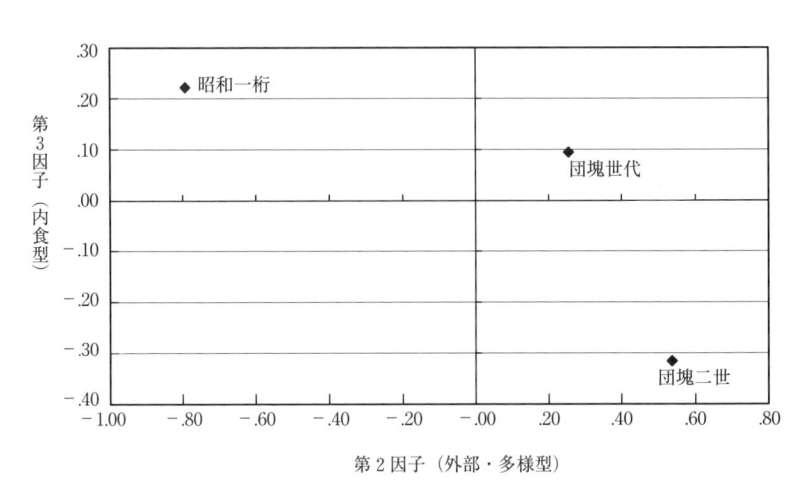

図2-3　第2・第3因子得点による2010年食生活の世代別位置づけ

化・多様化型の食生活に関する位置づけを示す図2-2をみると、昭和一桁世代は第4象限（和風型：高、外部・多様型：低）に、団塊世代は第1象限（和風型：やや高、外部・多様型：高）に、団塊二世世代は第2象限（和風

第1部　食料経済を学ぶ

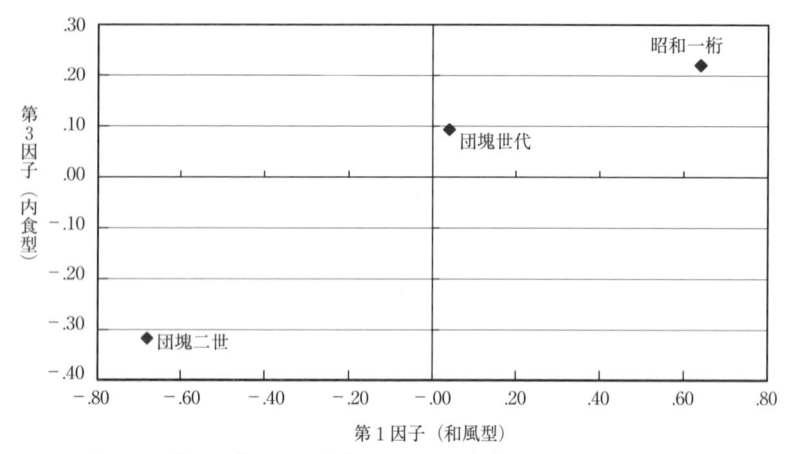

図2-4　第1・第3因子得点による2010年食生活の世代別位置づけ

型：低、外部・多様型：高）にそれぞれ位置づけられている。次に、外部・多様型食生活と内食型食生活における位置づけを示す図2-3をみてみる。昭和一桁世代は第2象限（外部・多様型：低、内食型：高）、団塊世代は第1象限（外部・多様型：高、内食型：高）、団塊二世世代は第4象限（外部・多様型：高、内食型：低）に位置づけられている。最後に、和風型と内食型の位置づけを示す図2-4をみると、昭和一桁世代、団塊世代は第1象限（和風型：高、内食型：高）、団塊二世世代は第3象限（和風型：低、内食型：低）に位置づけられている。

以上の結果から、2010年の食生活においても、食生活としては、和風型、外部・多様型、内食型という特徴で集約される。そしてそれを世代別にみると、昭和一桁世代については、和風型で内食型の食生活が継続している。団塊二世世代については、外部・多様型の食生活で、和風型や内食型の食生活にはほど遠いものである。団塊世代については、前述の表2-2でもみたように、昭和一桁世代と団塊二世世代の中間に位置しているが、外部・多様型の要素を含みつつも、どちらかといえば和風型で内食型の食生活であることが読み取れる。

2010年食生活予測の調査結果（団塊三世世代）　2010年食生活予測調査では、団塊三世世代については、昭和一桁から団塊二世世代までの調査とは別の調査項目となっている。そこで、ここでは、団塊三世世代の食生活予測の結果について着目する。

　表2-4は団塊三世世代についての5段階評価での調査結果である。とくに、子どもの食生活予測の結果からは、なぜいま「食育」が必要であるのかが裏付けられている点が多い。

　まず、加工食品と外食に関する項目では、いずれの項目も利用増加の可能性が指摘できる。特に、「ハンバーガーなどのファーストフードが大好きである」「カップ麺などのインスタント食品をよく食べる」という項目はそうなる可能性が高く評価されている。このように、外食や加工食品の増加は母親の手作り料理の減少を意味し、その背景には調理技術の低下という要因が存在する。それと同時に、こうした食の「外部化」は食材となる農産物や農業に対する関心の希薄化をもたらし、結果的に食品ロスの増加につながる。

　また、主食や食事内容に関する項目では、「朝食と夕食はご飯を食べる」の可能性が負値であること、「和風の味付けの魚と野菜中心の料理が好きである」の可能性も負値で高いこと、「エスニック、国籍不明の味付けに慣れている」「丼物、チャーハン、混ぜご飯など、主食とおかずが一緒になった料理が好きである」の可能性が高いことと併せて「主食・副食という概念がなくなる」の可能性が評価されている。つまり、近い将来である2010年の子どもの食生活において米食の減少と魚や野菜に対する嫌悪、主食・副食の概念の欠如の可能性が指摘されている。この点は、わが国のPFC比率の現状からみても、子どもの栄養の偏りが将来に渡っても続く可能性があることを示唆している。加えて、「塾や部活、習い事などの関係で1人で食べることが多い」可能性から、子どもが1人で食事をとることが多くなる、つまり孤食（食事を1人で食べること）が増加する可能性も指摘されているが、欠食や個食（家族が同じ食卓についても、個々が別々のメニューを食べること）の

表2-4 団塊三世世代の2010年の食生活平均値

質問項目	平均値
1．食事	
1-1 原則として少なくとも朝食と夕食は自宅で母親の手作りの料理を食べる	0.000
1-2 塾や部活、習い事などの関係で1人で食べることが多い	0.929
1-3 日本の伝統的食生活は学校給食で覚える	0.071
1-4 カレーライス、おにぎりなど箸を使わない食事が好きになる	0.857
1-5 食品産業の提案型セットメニューをよく食べる	0.815
2．食事内容	
2-1 和風の味付けの魚と野菜中心の料理が好きである	-1.036
2-2 洋風の肉料理が好きだが、和風料理もよく食べる	0.286
2-3 焼き魚や和風の煮物などは滅多に食べない	0.429
2-4 エスニック、国籍不明の味付けに慣れている	1.000
2-5 丼物、チャーハン、混ぜご飯など、主食とおかずが一緒になった料理が好きである	1.143
3．主食	
3-1 朝食と夕食はご飯を食べる	-0.679
3-2 夕食の主食はご飯である	0.429
3-3 朝食はパンが多い	0.786
3-4 昼食も米飯を食べることが多い	-0.250
3-5 主食・副食という概念がなくなる	0.500
4．加工食品と外食	
4-1 カップ麺などのインスタント食品をよく食べる	1.107
4-2 ハンバーガーなどのファーストフードが大好きである	1.500
4-3 小さい頃から自分でお金を払って外食するようになる	0.643
4-4 外食や加工食品の銘柄に詳しくなる	0.964

出所：谷野（2003：86-87）より引用。

問題と併せて、食卓のコミュニケーションの場としての役割の低下が懸念される結果となっている。以上の点からも、「食育」の推進が急務の課題であることを示唆している。

6　おわりに

　以上の結果から、食料消費構造は年齢や世代からアプローチしてみると、わが国の食生活が単に画一的なものではないことが理解できる。また、食生活変化によって、食をめぐる様々な問題が発生したことによって、将来のわが国の食生活、特に子ども達の食生活が懸念されるわけであるが、本来食育は、家庭で行うべきことである。しかしながら、家庭内での食の教育力低下という現状をうけて「食育基本法」が制定された。

　政府は、2006年3月、食育推進のため、2010年までの基本計画として、具

体的な定量的目標値を定めている。①食育に関心を持つ国民の割合を90％以上、②朝食を欠食する国民の割合の減少（例えば、小学生の朝食欠食割合4％を0％に等）、③学校給食に地場農産物を使用する割合を30％以上、④「食事バランスガイド」を参考に食生活を送る国民を60％以上、⑤内臓脂肪症候群を認知している国民の割合を80％以上、⑥食育推進に関わるボランティア数を現状の20％以上増加、⑦教育ファームの取り組みがなされている市町村割合を60％以上、⑧食品安全性に関する基礎的な知識を持つ国民の割合を60％以上、⑨推進計画を作成・実施している都道府県を100％、市町村を50％以上、としている。

　「食育基本法」の成立によって、「食育」の広範な推進が期待されるが、こうした基本計画の内容からもわかるように、食育の推進には、個々人の努力はもちろんであるが、各地域において、あらゆる主体の地域内連携が重要であることがわかる。食育の推進は一筋縄ではいかないものの、「食育」が有効に進められれば、国民の栄養改善・食生活改善といった直接的な効果だけでなく、食料ロスや食料自給率といった日本が抱える食料・農業問題についても解決の糸口をつかむことが期待できるであろう。

参考文献
1．石橋喜美子（2006）「家計における食料消費構造の解明」『総合農業研究叢書』中央農業総合研究センター。
2．上岡美保（2005）「日本の食生活を構造的に分析する」『農業と経済』。
3．谷野陽編（2003）『2010年の食生活——専門家による予測——』農林統計協会。
4．時子山ひろみ（1995）「食料消費構造における傾向的変化と所得弾力性——食料消費の「成熟」に関する計量的考察——」『農業経済研究』第67巻第1号。
5．森宏編（2001）『食料消費のコウホート分析——年齢・世代・時代——』専修大学出版局。
6．森島賢（1984）「食料需要の動向」『農業経済研究』第56巻第2号。

［上岡　美保］

第3章
食料品の流通システム

1 流通と流通システム

流通とは 商品経済社会では普通、商品（財貨）[1]を生産する場所と消費する場所が異なり、また生産する時間（時期）と消費する時間（時期）も異なり、さらに生産する人（または会社等の組織）と消費する人（または会社等の組織）も異なっている。これらの相違は生産と消費の間の「**へだたり**」[2]といわれている。また、それぞれの相違ごとに、「**空間的へだたり（または場所的へだたり）**」、「**時間的へだたり**」、「**人的へだたり**」ともいわれている。

こういった「へだたり」は、商品が生産者の手から消費者（個人消費者は生活者ともいわれる）の手に渡るために、当然、埋められなければならない。そして実際、この「へだたり」を埋めるために多くの活動が行われている。例えば、「空間的へだたり」を埋めるためにトラック、鉄道、船、飛行機等を利用した輸送・配送活動が行われ、「時間的へだたり」を埋めるために保管・貯蔵活動が行われ、「人的へだたり」を埋めるために売買活動（所有権移転活動）が行われている。これらの活動を通して商品は生産者から消費者へ移転し、それぞれの商品が有する独自の価値（使用価値）が実現されることになる。この「生産者から消費者への商品の移転」が、「**流通**」といわれるものである。また、「移転を実現するための諸活動」は一般に「**流通活動**」

ともいわれている。

ちなみに、「流通」は売買活動を通して所有権が売り手から買い手へと移る面を強調するときには「**商流**」[3]とも呼ばれ、輸送・配送活動や保管・貯蔵活動、あるいは荷役活動、包装活動等を重視する際には「**物流**」[4]とも呼ばれる。

流通システムとは 上記の流通活動は、異なる活動であればもちろんのこと、同じ活動であっても、**流通主体**といわれる多くの人々（または会社等の組織）によって担われている。とくに売買活動は卸売業者（個人または会社等の組織）や小売業者（個人または会社等の組織）だけでなく、生産者や消費者等にも担われている。輸送・配送活動でさえ、それを専門に担当する輸送業者（個人または会社等の組織）だけでなく、生産者が担当することもあれば、卸売業者や小売業者が担当することもある。

ただし、各流通主体は互いに何ら関係なく流通活動を担っているわけではない。とくに同一種類の商品に限るならば、流通主体間の強い「つながり」が認められる。例えばお菓子の流通をみると、卸売業者（会社）はメーカーあるいは食品加工会社といわれる生産者から販売するためのお菓子を仕入れ、それをスーパーやお菓子屋等といわれる小売業者に卸し、小売業者はそれをさらに消費者に販売する等の「つながり」が存在する。

このように、各流通主体は互いに関連を持ち、相互に影響しあう関係にある。こうした流通の仕組みが、「**流通システム**」といわれるものである。

なお、「流通システム」は先の「商流」と「物流」と同様に、「商的流通システム」と「物的流通システム」の2種類に分けられるが、通常「流通システム」というときには「商的流通システム」を意味している。以下で述べる「流通システム」も、同様に「商的流通システム」を念頭に置いている。

2　今日の食料品流通システム

食料品の流通システムを概観すると、非食料品の流通システムと同様、実

〈第1類型：原基型流通システム〉

生産者 → 消費者

〈第2類型：生産・小売直結型流通システム〉

生産者 → 小売業者 → 消費者

〈第3類型：卸売業者介在型流通システム〉

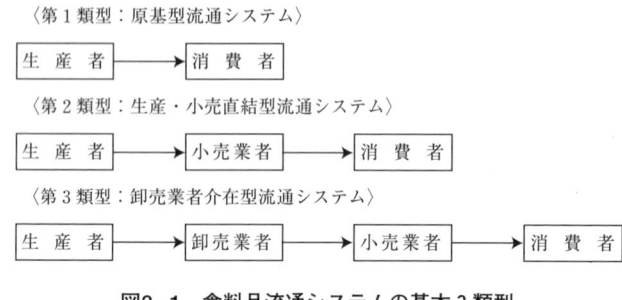

生産者 → 卸売業者 → 小売業者 → 消費者

図3-1　食料品流通システムの基本3類型

に多様なサブ・システムから形成されている。ただし、商品（食料品）が消費者の手に渡るまでの流通主体の数に注目するならば、図3-1に示したように、おおよそ3つの類型に区分することが可能である。

原基型流通システム　その第1の類型は、生産者（会社等の組織を含む）と消費者（会社等の組織を含む）とが直接に取り引きするものであり、ここでは「**原基型流通システム**」と呼ぶこととする。この類型に属する具体例は多数にのぼるが、主な例としては次のような4通りのものが挙げられる。

その1つは、**青空市場**（朝市、夕市、日曜市等）を核とするシステムである。これは多数の生産者が特定の広場や沿道に商品（生鮮農産物や加工食品等）を持ち寄り、そこに集まってくる消費者に対し、各生産者がそれぞれ直接に販売するものである。なお、青空市場に小売業者が出店している場合もみられるが、これを原基型流通システムに入れることはできない。

2つ目は、**生産者直売店**を核とするシステムである。この場合、個々の生産者が別々に店舗を構えることもあるが、最近では農協（JA）や自治体あるいは生産者の任意組織が店舗を設置し、そこに多数の生産者が生鮮農産物等を供給し、特定の担当者が販売する方式が増えつつある。

3つ目は、**宅配便**（郵便小包を含む）を利用するシステムである。これは食料品の場合、1970年代後半以降に現れた比較的新しい流通システムである

が、生産者または農協等が消費者から注文を受け、生鮮農産物や加工食品を宅配便で消費者に直送するシステムである。ただし、ここでは生鮮品よりも加工品が取り扱われることが多く、食品加工業者（食品加工会社、メーカー）と消費者との直接取引が大きな割合を占めている。

そして4つ目は、食品加工業者を需要者（消費者）とする加工原料用農産物の流通システムである。加工原料用農産物とは、漬物用の野菜（ダイコン、キュウリ、ウメ等）、ケチャップ等の原料となるトマト、ワインの原料となるブドウ等である。この加工原料用農産物の取引は加工業者と生産者個人との間でも行われるが、通常は加工業者と農協との間の契約取引が多い。なお、加工原料用農産物については、最近では輸入業者（商社）が半製品の形で加工業者に販売するのが増えている。

生産・小売直結型流通システム　食料品流通システムの第2の類型は、小売業者（主に生協やスーパーといった量販店）が生産者（会社等の組織を含む）から商品を直接に仕入れ、それを消費者に販売するものである。ここでは、これを「**生産・小売直結型流通システム**」と呼ぶこととする。この類型に属する主な具体例は、以下の2通りである。

1つは、小売業者が産地（生産者個人または農協）から生鮮農産物を直接に仕入れる流通システムである。これは通常、「**生協産直**」、「**スーパー産直**」等と呼ばれている。この流通システムは、今から30年ほど前には流通経費を削減する方法として注目を集めたが、現在では栽培方法や生産者がわかるという意味で「**顔の見える流通**」として注目されている。

もう1つは、小売業者が食品加工業者から加工食品を直接に仕入れる流通システムである。これはパンや豆腐等においてよくみられる流通システムであるが、近年では小売業者が大型化したのにつれて、この流通システムに組み込まれる商品が増えている。ただし、新たに組み込まれた商品の場合、単に直接に仕入れるというだけでなく、仕入れる商品に小売業者の社名または独自のマークを印刷することが少なくない。これは**プライベート・ブランド商品**（PB商品）ないし**ストア・ブランド商品**（SB商品）といわれるもので

ある。ちなみに、最近では小売業者が開発輸入[5]を行うことも珍しくないが、その場合の商品も通常はPB商品またはSB商品である。

卸売業者介在型流通システム　食料品流通システムの第3の類型は、生産者と小売業者との間に卸売業者が介在するシステムである。ここでは「卸売業者介在型流通システム」と呼ぶことにする。

これはもっとも一般的な流通システムであるが、各商品それぞれの流通システムに介在する卸売業者は、必ずしも1種類だけとは限らない。どちらかといえば、複数の種類の卸売業者が介在する場合が多い（図3-1では介在する卸売業者が1種類の場合だけを示した）。

例えば、野菜の流通システムをみると、大部分が卸売市場を経由するが、とくに**中央卸売市場**を経由する野菜の場合、その多くは2種類の卸売業者の手を経て小売業者に渡る。そのうちの1つは卸売市場法でいう「**卸売業者**」（一般には荷受会社と呼ばれる）であり、もう1つはその「卸売業者」から仕入れる「**仲卸業者**」（仲買人とも呼ばれる）である。

また、缶詰や即席ラーメンの流通システムをみると、加工会社から量販店に直接販売されるのも少なくないが、その多くは複数の種類の卸売業者を通っている。すなわち、一次卸（大規模な卸売業者）、二次卸（小規模な卸売業者）といわれる卸売業者を経由しているのである。しかも、小規模な小売業者へ流れる分については、さらに三次卸といわれるいっそう小規模な卸売業者を経由することも珍しくない。

ちなみに、近年では小売業者が大型化し、仕入量の規模が大きくなったことから、商取引（お金の受け渡し）は卸売業者の手を経るものの、商品そのものは農協や加工業者から小売業者の流通センターへ直接に運ばれるケースが増えつつある。こうしたケースは商流と物流とが分かれているため、一般に「**商物分離**」と呼ばれている。

3　食料品流通システムの課題

流通の効率化　生産者から消費者への商品の移転にかかわって様々な流通活動が行われていることから明らかなように、流通には種々のコストがかかる。が、とくに食料品は日々の人間生活にとって欠くことのできない必需品であるだけに、コストはできるだけ低いことが望まれる。それゆえ、食料品流通の場合、コスト低下を推進するための効率化は、つねにもっとも重要な課題である。

この流通の効率化を進める方法はけっして少なくはないが、一般的には次の2つの考え方が重視される。

1つは、流通過程での廃棄率または品質劣化品の比率をできるだけ低下させようとする考え方である。というのは、廃棄率が高くなれば高くなるほど、または品質の劣化によって著しい安値での販売を余儀なくされる商品の割合が大きくなれば大きくなるほど、その損失を埋め合わせるために正常な商品のコストがますます高くなるからである。

なお、廃棄率の低下や品質劣化の防止を推進するためには、流通時間の短縮を実現するための輸送技術の改善、品質の保持に強く影響する保管・貯蔵技術や包装技術の改善等が必要であるが、その際に留意すべき点は、これらの技術の改善が逆にいっそうのコスト高を招く可能性も有していることである。

もう1つは、同一商品を取り扱う流通主体間（卸売業者間、小売業者間、等）の競争、あるいは同一商品の流通サブ・システム間（原基型流通システム内のサブ・システム間、原基型流通システムと卸売業者介在型流通システム相互間等）の競争を活発化させようとする考え方である。というのは、競争が活発化することによって、各流通主体はより合理的な輸送技術や販売方法を早期に採用しようと努めるし、流通システム内の不合理な部分の捨象・改善が促進されるからである。

第1部　食料経済を学ぶ

　ちなみに、競争を活発化させるには、流通システムの卸売段階、小売段階といった各段階ごとに、独占的な流通主体が現れないように規制することが重要であるが、同時に各流通主体が十分に活動できるように、時代にそぐわない規制を廃止することも重要である。

情報伝達の円滑化　近年では、商流、物流とは異なる意味で、「**情報流通**」という用語がしばしば使われている。それだけ情報の伝達が重要視されるようになったといえるが、十分かつ正確な情報の伝達は生産者等の出荷者側が出荷計画を立てるうえで、また小売業者が商品をできるだけ安く仕入れるうえで必要だというだけではない。それは1994年の「平成米騒動」のような大きな社会的混乱を引き起こさないためにも、さらには上述した流通の効率化を進めるためにも必要である。すなわち、情報伝達の円滑化は、今日ではきわめて重要な課題であるといえる。

　その円滑化を図るために、多様な方法があることはいうまでもない。が、とくに流通の効率化との関連でいえば、同一商品における小売業者（消費者に販売する生産者も含む）間の単位重量当たり価格を消費者が容易に比較できるような情報伝達の方法を確立することが重視される。

　というのは、現在ではPOSシステム[6]の普及によって、売上げを伸ばすのに適した商品ごとの価格（例えば、野菜の場合は148円や198円等）が経験的にわかってきているが、そのため各小売業者の価格は同じ金額表示で、内容重量が異なるという現象が現れてきているからである。すなわち、消費者からみたときに小売業者間の単位重量当たり価格の違いを把握するのが容易でないため、小売業者間の競争が抑えられ、それだけ流通の円滑化が遅れる可能性が強まっているからである。

注
1）商品には財貨以外にサービスも含まれる。例えば、外食業者が主に販売するのは調理といわれるサービスであり、医者が販売するのは診療といわれるサービスである。しかし、ここでは混乱しないようにするため、商品は財貨に限った。

2）「へだたり」は「距離」または「懸隔」といわれることもある。すなわち、「空間的へだたり」は「空間的距離」あるいは「空間的懸隔」ともいわれる。
3）「商流」は「商的流通」、「商取引流通」とも呼ばれる。
4）「物流」は「物的流通」とも呼ばれる。
5）開発輸入とは、外国の工場に特定の商品の生産を委託し、その生産物（商品）を輸入することである。
6）POSシステム（point-of-sales system）とは販売時点情報管理システムといわれ、バーコードで記された商品情報をリアルタイムで読み取ると同時に、商品の販売情報を蓄積するものである。

参考文献
1．林周二（1982）『流通』日本経済新聞社。
2．田島義博（1985）『流通機構の話』日本経済新聞社。
3．竹中久二雄（1997）『現代の農産物流通』全国農業改良普及協会。
4．藤島廣二（1997）『リポート　輸入野菜300万トン時代』家の光協会。
5．藤島廣二・山本勝成（1992）『小規模野菜産地のための地域流通システム』富民協会。

［藤島　廣二］

第4章
食生活を支える食品産業

1　生産者と消費者を結ぶ食品産業

　食料を供給する源は、指摘するまでもなく、第1次産業に属する生産者（農業者、牧畜業者、漁業者）である。が、それらの生産者が最終消費者に直接販売すること、あるいは生産物を直接手渡すことは意外に少なく、両者の間に第三者が介在することが多い。その第三者が**食品産業**である。

　図4-1は、そうした食料品の流れの概要を、2000年の「産業連関表」にもとづいて示したものである。これによれば、食料品の最終消費額80兆円のうちの6.6兆円（8.3％）が、国内外の第1次産業生産者によって生産された形態のまま国内最終消費者の手元に届いている。ただし、当然のことに、その全額が第1次産業生産者と最終消費者との直接取引高ではない。そのなかには農家等の自家消費分が含まれるとともに、卸売業者や小売業者等が仲介する分も含まれている。しかも、第1次産業生産者と最終消費者との直接取引ではあっても、物流業務を第三者が行う場合も少なくない。また、残りの73兆円余（92％）は、食品加工業者や外食業者等の手を経て、形態を変えたうえで最終消費者の手に届いている。

　現在では、食品産業は第1次産業生産者と最終消費者とを結合するうえで、きわめて重要な役割を果たしているのである。

第4章　食生活を支える食品産業

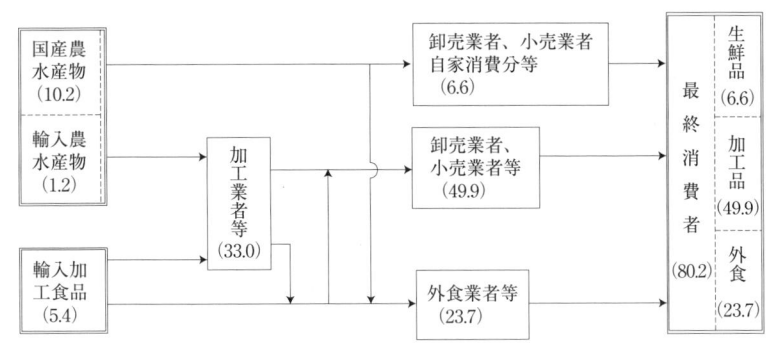

```
┌─────────┐                    ┌──────────────────┐        ┌──┬──────┐
│ 国産農  │─────────────────→│卸売業者、小売業者│───────→│最│生鮮品 │
│ 水産物  │                    │自家消費分等      │        │  │(6.6) │
│ (10.2)  │                    │    (6.6)         │        │終├──────┤
└─────────┘                    └──────────────────┘        │  │加工品 │
┌─────────┐    ┌─────────┐    ┌──────────────────┐        │消│(49.9)│
│ 輸入農  │    │加工業者 │    │卸売業者、        │        │  ├──────┤
│ 水産物  │───→│等       │───→│小売業者等        │───────→│費│外食  │
│ (1.2)   │    │(33.0)   │    │    (49.9)        │        │  │(23.7)│
└─────────┘    └─────────┘    └──────────────────┘        │者│      │
┌─────────┐         │          ┌──────────────────┐        │(80.2)    │
│ 輸入加  │─────────┘          │外食業者等        │───────→│  │      │
│ 工食品  │────────────────────→│   (23.7)         │        │  │      │
│ (5.4)   │                    └──────────────────┘        └──┴──────┘
└─────────┘
```

図4-1　食料流通の概要

注：カッコ内の数値は2000年の「産業連関表」による産出額・販売額および最終消費
　　者支払額（単位：兆円）である。
出所：外食産業総合調査研究センター『外食産業統計資料集　2006年版』。

2　今日の食品産業

食品工業　　　食品産業は、図4-1からも推察できるように、けっして単一の**業種**ではない。大きく区分すると、**食品工業**（食品加工業）、**食品流通業**、**外食産業**の3種類に分けられる。

　そのうち加工食品を製造する食品工業は、さらに冷凍食品工業、缶・瓶詰工業、乳製品工業、製粉工業、砂糖工業等々に区分でき、それらのうちの冷凍食品工業や缶・瓶詰工業等はまたさらに細分することができる。例えば冷凍食品工業は、農産物冷凍食品工業、水産物冷凍食品工業等々に区分することが可能である。

　このように食品工業が多くの業種に区分できることから明らかなように、そこで生産される製品の種類も実に多様である。大まかに分類しても、農産加工品、畜産加工品、水産加工品、調味料、糖類、精穀・製粉、パン・菓子、油脂、飲料等の10種類以上にのぼる。

　これらの製品の過去20年ほどの年間出荷額推移をみると、表4-1から明らかなように、糖類と油脂を除き、1990年以前において顕著な増加傾向が認め

第1部　食料経済を学ぶ

表4-1　食品工業における製品出荷額の推移

(単位：10億円)

製品の種類	1975年	1985年	1990年	1995年	2000年	2003年
合　　　計	12,610 (100)	23,158 (184)	25,493 (202)	27,318 (217)	25,580 (203)	23,868 (189)
農産加工品	386 (100)	749 (194)	925 (240)	968 (251)	979 (254)	850 (220)
畜産加工品	2,263 (100)	4,508 (199)	4,921 (217)	4,904 (217)	4,842 (214)	4,630 (205)
水産加工品	1,863 (100)	3,604 (193)	4,015 (216)	4,170 (224)	3,869 (208)	3,334 (179)
調　味　料	707 (100)	1,366 (193)	1,544 (218)	1,805 (255)	1,890 (267)	1,876 (265)
糖　　　類	779 (100)	790 (101)	709 (91)	586 (75)	537 (69)	436 (56)
精穀・製粉	747 (100)	1,793 (240)	1,646 (220)	1,586 (212)	1,325 (177)	1,309 (175)
パン・菓子	2,143 (100)	3,634 (170)	4,130 (193)	4,310 (201)	4,103 (191)	4,056 (189)
油　　　脂	696 (100)	1,075 (154)	776 (111)	739 (106)	681 (98)	768 (110)
飲　　　料	3,026 (100)	5,639 (186)	6,827 (226)	8,250 (273)	7,354 (243)	6,609 (218)

出所：通商産業省『工業統計表（産業編）』。

られる。とくに農産加工品（缶詰、漬物等）と飲料（清涼飲料、酒類等）の増加が著しい。製品全体でみても、1985年には1975年の1.8倍、1990年には2.0倍に達した。しかも、工場の大型化に伴う自動化率の向上にもかかわらず、従業者数も食品工業全体として微増傾向で推移した。1975年の従業者総数は101万人弱であったが、1990年には114万人に達した。

しかし、1980年代末以降、とくに1990年代に入ってからは、円高による「国内製造業の空洞化」（生産の海外へのシフト）や、バブルの崩壊による不況の影響を受け、出荷額の増加率が大幅に縮小した製品や減少傾向に転じた製品が増えた。2000年前後ごろからは、かつて著しく増加した調味料さえも、横這い傾向に転じた。しかも、そうした変化に加えて、食品工業全体の従業者数も1993年の118万人をピークに明らかな減少傾向を示しはじめた。

このような変化をみる限り、今後も食品の輸入が増加する可能性はきわめ

第4章 食生活を支える食品産業

て高いといえよう。

食品流通業　食品流通業も食品工業と同様、多様な業種に区分することができる。すなわち、小売業者、卸売業者、物流業者、等に区分できると同時に、例えば小売業者の場合、八百屋、魚屋、肉屋、菓子屋等々にさらに細かく区分することが可能である。

ただし、近年ではとくに小売業者の場合、そうした業種による区分よりも、**業態**による区分がより一般的である。業態による区分とは、セルフ方式か否かといった販売方法の違いや、八百屋等のように特定の商品に絞り込んでいるか否かといった品揃えの違い等にもとづいた類型化であるが、この方法で区分すると、小売業者は、一般小売店（専門店または総合店）[1]、食品スーパー、総合スーパー[2]、コンビニエンスストア、生協、デパート等々に細分化することができる。

そして、この業態区分に即して最近の主な特徴を指摘すると、食品小売部門においてスーパー（食品スーパーと総合スーパー）のシェアが著しく伸びたことである。表4-2によれば、2004年現在のスーパーのシェアは野菜、果実、鮮魚、精肉、総菜においてそれぞれ60％台、冷凍食品で73％にのぼった。40年ほど前、生鮮食品の小売り部門におけるスーパーのシェアはわずか10％程度であったが、これと比較するとまさに大きな変化である。

しかも、この変化に伴って、1970年代末以降、店舗数の減少傾向も現れた。通産省の「商業統計表（産業編）」によれば、1970年代末の食品小売店舗は73万店を超えていたものの、2004年には45万店を下回るまでに減少した。

また、スーパーのシェアの増大や店舗数の減少と相まって、卸売業者の多段階現象も次第に変化する傾向が認められる。かつて、零細な一般小売店のシェアが大半を占めていた時代には、食品の多くは一次卸（大規模な卸売業者）と二次卸（小規模な卸売業者）を通って、あるいは三次卸（二次卸よりもさらに小規模な卸売業者）をも通って小売店へ流れていたが、スーパーの場合、メーカー（食品加工業者）から直接に仕入れるか、あるいは一次卸から多くを仕入れるため、そうした卸売業者の多段階制が崩れはじめたのであ

第1部　食料経済を学ぶ

表4-2　消費者の食品購入先別割合（2004年）

(単位：％)

小売形態	野菜	果実	鮮魚	精肉	総菜	冷凍食品
一 般 小 売 店	16.2	16.0	15.1	12.1	6.3	2.3
ス ー パ ー 計	61.4	66.8	67.6	66.6	63.9	73.0
（食品スーパー）	(38.8)	(42.4)	(42.6)	(40.4)	(35.7)	(41.1)
（総合スーパー）	(22.6)	(24.4)	(25.0)	(26.2)	(28.2)	(31.9)
生　　　協	9.8	9.1	10.6	14.4	7.5	13.3
デ パ ー ト	1.1	1.3	2.7	2.7	8.5	0.6
そ の 他	11.5	6.8	4.0	4.2	13.8	10.8

注：1）「食品スーパー」とは食料品を主力とするセルフサービスのチェーン店舗であり、「総合スーパー」とは衣、食、住全般にわたる商品構成をもつ、セルフサービス中心の大型チェーン店舗である。
　　2）「その他」はコンビニエンスストア、農協店舗（Aコープ）、小売市場、および無回答である。
出所：農林水産省食料消費モニター調査（2004年1月）。

る。

　今後においても、これらの変化は引き続き進行し、食品小売業あるいは食品流通業全体の構造変化が進むと考えられる。

外食産業　　外食産業も現在では食品工業や食品流通業と同様、多様な種類に区分することが可能である。業種の視点から区分すると、日本料理店、西洋料理店、中華料理店、そば・うどん店、ハンバーガー店等に分けることができ、また業態から区分すると、ファースト・フード店、ファミリー・レストラン店、カジュアル・レストラン店、ディナー・レストラン店等に分けることができる。

　このように外食産業の業種・業態が多様化しはじめたのは、ほぼ30年ほど前からのことである。わが国最初のファースト・フード店ができたのが1969年であり、その後1970年代から1990年代初めにかけてファースト・フード店とともに、ファミリー・レストラン店やディナー・レストラン店等が各地に続々と登場した。

　しかも、この多様化と相まって、外食産業は急速に成長した。表4-3に示したように、外食産業総合調査研究センターの推計によれば、その年間販売額は1975年の8.6兆円から1995年の28兆円へ、名目値で3倍強も増大した。

第 4 章 食生活を支える食品産業

表 4-3 外食産業の年間販売額の推移

(単位：1,000億円)

	1975年	1980年	1985年	1990年	1995年	2000年
年間販売額	86 (100)	147 (171)	194 (226)	259 (301)	281 (327)	270 (314)

注：ここでの販売額は「産業連関表」とは一致しない。
出所：外食産業総合調査研究センター『外食産業統計資料集1997年版』。

　当然、家庭の食料支出に占める外食費の割合（外食率）も上昇し、それは1995年に39％に達した。
　しかし、1993年以降に限ると、バブル経済の崩壊による不況の影響を受けたこともあって、外食産業の販売高はほとんど伸びていない。またとくに1996年以後は、病原性大腸菌O-157や消費税率の3％から5％への引上げの影響も重なったために、2000年には1995年に比較して4％ほどの減少をみた。
　もちろん、これらの要因だけでなく、外食産業がすでに大規模な産業に成長したこと、新たな業態の開発が容易でなくなったこと、総菜等を販売する中食産業との競合が激しくなったことなども、外食産業の販売高が減少した大きな原因といえる。
　今後、景気の回復等によって外食産業が再び伸長する可能性はあるものの、1970年代や1980年代のような著しい成長は期待できないであろう。

3　食品産業の課題

グローバル化への対応　先に食品工業のところで「国内製造業の空洞化」に触れたが、これは円高によって日本国内で商品を生産するよりも外国で生産するほうが生産コストが大幅に低くなったことなどから、製造業者が海外により多くの資本を投下し、海外での生産に力を入れるようになったことを意味している。もちろん、その結果として、外国からの輸入量が一段と増加するようになったことをも意味している。

例えば冷凍食品工業における冷凍野菜の国内生産量をみると、それは1984年まで増加傾向で推移していたものの、同年以後は年間10万トン前後で停滞した。これに対し、冷凍食品会社や商社等は1980年代中期以降、中国等の外国において冷凍野菜の生産を積極的に推進した。そして、この生産の海外進出と国内での需要増とが相まって、冷凍野菜の輸入は1985年以後、それ以前に比べ顕著に増加し、2001年には輸入量が80万トンを超え、輸入先相手国は世界各地の40カ国以上にのぼった。しかも、当然のことに、この輸入増加にともなって、食品流通業における輸入冷凍野菜の取扱量と、外食産業における利用量も大幅に増加した。

　すなわち、1980年代中期以降、円高を主な契機に、食品工業、食品流通業、外食産業のいずれにおいても、工場の海外進出や輸入食品の取扱量の増大といったかたちで、いわゆる**グローバル化**が急速に進展したのであった。

　しかし、1995年を境にした円高から円安への急激な転換、1997年におけるヤオハン・グループ（海外に進出した日本の小売業者）の経営破綻などにみるように、個別企業にとってグローバル化は想像以上にリスキーな面を有している。今後もグローバル化はさらに進展する可能性が高いことを考えると、それへの対応方策のあり方が個別企業の盛衰を左右する主な要因の1つになるといえよう。

　EDIの推進　食品産業におけるグローバル化の進展にともなって、最近、とくに食品流通業を中心に、メーカーから小売店に至る取り引きのコスト削減を図ろうとする動きが目立っているが、そこでの主要テーマは**EDI**[3]の活用である。これは通信回線とコンピュータを利用して、伝票に替わる電子情報にもとづいた企業間取引を実現するとともに、従来の電子情報取引をも効率化しようとするものである。

　このEDIを推進するうえでもっとも重要な点は、単にコンピュータ等の機器を整備することではなく、それに参加する全企業が通信プロトコルや商取引プロトコル等の標準化に向けて努力することである。というのは、標準化が行われない場合、電子情報による取引を実現しても、取引ルートごとに端

末を必要とするといった多端末現象が起き、予想した効率化を実現できないからである。

そして、これらの標準化が実現され、EDIの実行が可能になると、かなり大きなコストの削減が可能になるといわれている。ある中堅食品スーパー（店舗数16、年間売上高約200億円）の試算によれば、EDIの導入によって従来20日ほど必要であった請求書の処理が1週間以内に短縮でき、しかも伝票の保管場所も不要になるなど、年間で1,200万円のコスト削減が可能になるとのことである。

今後、EDIの推進は食品産業にとって、上記のように取引コストを削減するために、さらにはコスト削減意識の強い取引先との取引を維持し増大するためにも、とりわけ重要な課題になるといえよう。

注
1）一般小売店の中の専門店とは、八百屋や魚屋などのように特定の種類の食品を専門的に扱っている小売店である。また総合店とは、各種の食品を扱っているよろず屋的な小売店である。
2）食品スーパーはスーパーマーケット（supermarket）ともいわれ、総合スーパーはゼネラル・マーチャンダイズ・ストア（general merchandise store）またはGMSともいわれる。
3）EDI（electronic data interchange）は「電子データ交換」といわれ、伝票取引に替わる電子情報取引を意味するが、わが国でEDIへの取組みが始まったのは1980年代に入ってからといわれている。

参考文献
1．熊沢孝（1990）『食品』日本経済新聞社。
2．中島正道（1997）『食品産業の経済分析』日本経済評論社。
3．斎藤高宏（1997）『開発輸入とフードビジネス』農林統計協会。
4．全国農業構造改善協会（1990）『農産品の地域ブランド化戦略』ぎょうせい。
5．京野禎一（1988）『競争下の食料品市場』筑波書房。

［藤島　廣二］

第5章
食料政策と協同組合・NPOの役割
―― フードシステムとの関連で ――

1 フードシステムにおける食料政策と協同組合・NPOの基本課題

　本章のねらいは、食料政策と協同組合・NPOのニュー・パラダイム（新しい規範）を検討することである。

経済社会の課題　　第1に、前世紀から継続している生態系破壊の工業的産業から、「ITを活用した生態系持続の農・工・商複合化産業への転換パラダイム（質的転換）」を、いかに実現するかが21世紀の経済社会の大きな課題である。

食料政策の課題とフードシステムの概念　　第2に、生態系破壊の工業的産業政策に受動的に適応しようとしてきた伝統的な食料政策パラダイムから、「ITを活用した生態系持続の農・工・商複合化産業を促進するフードシステムの一環としての食料政策への転換パラダイム（質的転換）」が21世紀の大きな政策課題である。

　ちなみに、「フードシステム」の概念は、「川上の農漁業」から、「川中の食品製造業、食品卸売業」、「川下の食品小売業、外食産業」、それの最終需要者である「みずうみにたとえられる食料消費」をつなげ、さらに、それに影響を与える「諸制度、行政措置、あるいは各種の技術革新」を包含している。しかも、それらを構成する諸要素が相互に関連しながら、「食」をめぐるその全体が1つのシステムを構成している。このように「フードシステム」

の概念は、「食を構成する諸要素の相互関連」の客観的かつ全体的なシステムに力点を置いて規定されている。このため、川上から川中・川下・みずうみへの流れを重視した「フードチェーン」の概念や農業を軸とした「アグリビジネス」の概念と区別される（高橋、1997：5-6）。

協同組合の課題と新協同組合原則　第3に、戦後日本の協同組合法制は、国際協同組合同盟（ICA）が1937年に決定した協同組合7原則を反映している。しかし、生態系破壊の工業的産業政策に受動的に適応しようとしてきた協同組合（とくに、農業協同組合）パラダイムから、1995年決定の協同組合のアイデンティティに関するICA声明（協同組合の定義・価値・原則）に基づくコミュニティ（地域社会）の持続可能な発展に貢献する協同組合への内発的な進化パラダイム（協同組合の価値・原則を実践に結びつける本質的な進化パラダイム）への転換が21世紀の協同組合の大きな課題である。

すなわち、1995年にICA全体総会で決定された「協同組合のアイデンティティに関するICA声明」は、協同組合の「価値」について「協同組合は、自助、自己責任、民主主義、平等、公正、連帯という価値を基礎とする。協同組合の創設者たちの伝統を受け継ぎ、協同組合の組合員は、正直、公開、社会的責任、他人への配慮という倫理的価値を信条とする」と明示している。

さらに、協同組合がその価値を実践するための指針である「協同組合原則」について、〈【第1原則】自発的で開かれた組合員制、【第2原則】組合員による民主的管理、【第3原則】組合員の経済的参加、【第4原則】自治と自立、【第5原則】教育、研修および広報、【第6原則】協同組合間の協同、【第7原則】地域社会（コミュニティ）への関与〉を決定し、特に第7原則では「協同組合は、組合員が承認する政策にしたがって、地域社会（コミュニティ）の持続可能な発展のために活動する」と協同組合が地域に密着して経済的役割のみでなく社会的責任を果たすところに本質的な特性がある点を明示している（日本協同組合学会、2002；白石、1996）。

第1部　食料経済を学ぶ

NPOの定義と課題　第4に、2000年度の『国民生活白書』は、非営利組織（NPO：non-profit organization）に含まれる団体の種類について、①特定非営利活動法人（NPO法人）、②ボランティア団体、市民活動団体、③社団法人、財団法人、社会福祉法人、学校法人、宗教法人、医療法人、④労働団体、経済団体、協同組合等に分類している。さらに、その定義として、Aタイプは上記の①のみに限定した「最も狭い範囲」とし、Bタイプは上記の①＋②で「Aタイプよりやや広い範囲」として、Cタイプは上記の①＋②＋③で「Bタイプより広い範囲（アメリカで一般的に使われている範囲）」として、さらにDタイプは上記の①＋②＋③＋④で「最も広い範囲」として、類型化している。加えて上記の①、②、③は公益団体であり、④は共益団体として区分し、町内会や自治会は公益団体と共益団体の両面の性格を保持していると位置づけている。本章では、NPOについて最も広い範囲のDタイプの定義の一環として、協同組合をNPOの一形態として位置づけており、これらの多様なNPOがより連携関係を強め、NPOセクターとして発展することが21世紀の大きな課題である。

2　WTOとEPA/FTAにおける農業交渉

　世界の農産物貿易ルールを決めるWTO農業交渉（153カ国の加盟国が原則として共通のルールを決定）と、特定の国・地域のみでの投資の自由化、人的交流の拡大や関税撤廃等を行うEPA/FTA交渉とによって食料政策のグローバル化が進展している。

WTO農業交渉　前者のWTO農業交渉では、①「市場アクセス」については、高関税品目ほど大幅に関税を削減する階層方式を採用し、センシティブ品目には柔軟性を認め、この中で日本提案は平均削減率が35〜40％であるが、アメリカは90％、EUは60％の削減を提案し、各国間の隔たりが大きい。②「国内支持」については、ⓐ保護削減の対象外である「緑の政策」（生産や貿易を歪曲しない研究、普及、基盤整備、備蓄、

第5章　食料政策と協同組合・NPOの役割

生産に関連しない収入支持、災害対策、環境施策、条件不利地域援助等の政策）については、各国間の提案に大きな隔たりはないが、ⓑ生産や貿易を歪曲する「黄の政策」の大幅削減方式には隔たりが大きく、日本提案は日本・アメリカの削減率が60％、EUの削減率が70％であり、ⓒ「黄の政策」「青の政策」（生産調整のもとでの直接支払い）と「新・青の政策」（現行の生産に関係しない直接支払い）及び「デミニミス」（最小限の政策）の合計の日本提案は、日本・アメリカの削減率が65％、EUの削減率が75％と、各国間で提案の隔たりが大きい。

　このようにWTO農業交渉における合意が難航している背景には、①アメリカが2002年農業法、さらに新農業法（2008年食料・保全・エネルギー法）によって国内農業の保護水準を堅持しつつ途上国等に不公正な農産物貿易を拡大してきた矛盾、②農産物の先進輸出国（アメリカ）対先進輸入国（EU・日本）の対立、③先進国（アメリカ・EU・日本）対途上国連合（農産物の輸出国であるブラジルや人口大国のインド等）の対立、④途上国連合における工業製品等に対する保護貿易的傾向、が複雑に絡んでいる点がある。

EPA/FTA農業交渉　一方、WTOの例外として位置づけられ（GATT第24条）、協定構成国間での関税撤廃を行うFTA（自由貿易協定）と、これに加えて投資の自由化、人的交流の拡大等を含むEPA（経済連携協定）が進展している。日本は、シンガポールとの間で2002年、メキシコとの間で2005年に協定が発効し、さらに、マレーシアと2006年、チリ・タイと2007年、インドネシア・ブルネイ・アセアン全体、フィリピンと2008年に協定が発効した。このうち、日本とメキシコの間のEPAでは、農林水産物約1,200品目について関税の撤廃、削減等を約束し、豚肉の割当数量は5年間で3.8万トンから8万トンに拡大され、枠内税率の従価税部分は4.3％から2.2％に半減された。また政府間共同研究から2007年に交渉に移行したオーストラリアとのEPA/FTAの締結の場合には、日本の食料自給率（カロリーベース）が現在の40％から30％台になり、農業・雇用面を含む日本の地域経済に総額2兆円のマイナスを随伴することが予測され

るなど、深刻な影響を及ぼしかねない点に留意する必要がある。

3　食料・農業・農村基本法とその基本計画の意義

食料・農業・農村基本法　1999年に制定された「食料・農業・農村基本法」は、第1に、第2条で「食料は、人間の生命の維持に欠くことができないものであり、かつ、健康で充実した生活の基礎として重要なものであることにかんがみ、将来にわたって、良質な食料が合理的な価格で安定的に供給されなければならない」と食料の重要性を明示している。

第2に、同法の第2～12条で、①食料の安定供給、②農業生産活動による多面的機能の発揮、③農業の持続的な発展（農業の自然循環機能の維持増進）、④農村の振興という4つの施策上の基本理念を総合的、計画的に推進するために、①国の責務、②地方公共団体の責務、③農業者等の努力、④食品産業の事業者の努力、⑤農業者等の努力の支援、⑥消費者の役割を明示している。

第3に、同法の第15～36条で基本的施策として、①食料・農業・農村基本計画（食料自給率の目標を含む）の策定、②食料の安定供給の確保に関する施策（ⓐ食料の安全性の確保及び品質の改善、食品の表示の適正化等の"食料消費に関する施策の充実"、ⓑ環境への負荷低減、農業との連携強化を含めた"食品産業の健全な発展"、ⓒ農産物につき、国内生産では需要を満たすことができないものの安定的な輸入を確保、輸入によってこれと競合関係にある農産物の生産に重大な支障を与え、又は与えるおそれがある場合における関税率の調整、輸入制限等の"農産物輸出入に関する措置"、ⓓ不測時における食料安全保障、ⓔ国際協力の推進)、③農業の持続的な発展に関する施策、④農村の振興に関する施策を明示している。

食料・農業・農村基本計画　食料・農業・農村基本法に基づき、2005年に見直された同基本計画では、2015年を目標に食料自給率（カロリーベース）を基準年の40%から45%に増大させる目標を明示している。日本の

人口は現在1億2,600万人であるが、世界で1億人を超える国の中で自給率が5割を下回る国は日本以外には存在しない。世界人口の増加、畜産物・バイオ燃料向け需要増加の下で、世界的に穀物等が不足の場合には、各国とも自国を優先して対応すると同時に、日本が優先的に世界市場から調達する場合には穀物価格の高騰等のしわ寄せは食料輸入に頼る途上国に大きな被害（飢餓の増幅）を及ぼすことになるため、日本の現段階の食料自給率水準は危険水域にあると認識すべきである。さらに、農林水産省の試算によると、主な輸入農産物の生産に必要な海外の作付面積は1,200万ヘクタールであるのに対して、国内耕地面積（2000年）は483万ヘクタールと、面積的には国民食料の約7割を外国に依存している。しかも、国内耕地（2006年）の54%を占める田254万ヘクタールのうち水稲の実際の作付面積は169万ヘクタールと3分の2に留まっている。

食料自給率向上の政策課題　このため、食料自給率を40%から最小限でも45%に引き上げるためには、①WTO（世界貿易機関）の農業施策の枠組みの遵守とアジア地域の水田農業の特性を踏まえたWTOの新たな枠組み見直し交渉や、オーストラリア等とのFTA/EPA（自由貿易協定／経済連携協定）交渉の実態と問題点、②食料の川上に位置する農漁業の構造革新への政策的支援の実態と問題点、③国内農業と食品産業の連携と公正な競争を促進する方向での食品産業の構造革新への政策的支援の実態と問題点、④食の安全と消費者の信頼確保のための食品安全政策、健康増進のための栄養政策、環境への負荷を軽減する食品環境政策等の社会的規制政策や国内農業と連動した食文化・食生活の向上、地産地消運動によるフード・マイレージの削減を支援する政策の実態と問題点等、4つの食料政策を総合的に検討する必要がある。

4　食料の安心・安全システムづくりに向けての持続的政策構想

BSEの発生と政府の対応　農林水産省は2001年9月10日に日本ではじめてBSEを疑う牛が確認されたと発表し、一種のパニック状態を引き起こした。イギリスではBSEの発生が1986年に確認され、1990年代後半までに欧米諸国やオーストラリアでは、肉骨粉の流通規制と屠畜段階でのBSE検査体制の危機管理マニュアルと実施体制を整備していたのに対して、厚生労働大臣及び農林水産大臣の私的諮問機関として発足した「BSE問題に関する調査検討委員会」の『報告』（2002年4月）が指摘したように、日本政府はEU科学運営委員会による発生の危険性が高いという報告書案を受け入れず、評価中断を要請するなど危機意識が弱く、BSEの発生が確認された段階でのマニュアル自体が作成されていなかったことが明らかとなった。2001年9月10日以降、食肉を中心とした生産・加工処理・流通・外食・消費のフードシステムが大きな混乱を引き起こしたため、同年10月18日には屠畜される牛の全頭がBSE検査される段階に達したが、同年10月の牛肉消費は前年比4割まで激減した。

さらに、政府によるBSE検査前（同年10月18日以前）に屠畜した牛肉の政府買上げ制度を悪用して、輸入肉を国産牛と偽装して政府に買い上げさせていた食肉企業の実態や、それ以外にも外国産の牛肉や豚肉、鶏肉を国産肉と偽装して販売していた企業や農協等の実態も発覚し、加えて外国産や国産の野菜・果物等の農産物の残留農薬問題、無登録農薬問題の発生等で国民の食品の安全性や表示に対する信頼が大きく失われた。

このため、農林水産省は2002年4月に「消費者に軸足を移す」とのサブタイトルで「食と農の再生プラン」を発表し、一連の偽装事件への対応として公表・罰則を重くする内容のJAS法改正案（品質表示基準に違反した場合の罰則が法人の場合に改正前の「50万円以下の罰金刑」から「1億円以下の罰金刑」に改正）が同年6月の国会で可決成立し、公布後20日を経過した日か

ら施行された。

食品安全基本法と食品安全委員会　さらに、政府は食品の安全に関する目的及び基本理念（国民の生命及び健康の保護、食品の供給に関する一連の工程の各段階における安全性の確保、最新の科学的知見及び国際的動向に即応した適切な対応）、関係者の責務・役割（国の責務、地方公共団体の責務、事業者の責務、消費者の役割）、リスク分析手法による食品の安全性の確保、食品の安全性の確保に関する施策の充実を明記した「食品安全基本法」を2003年5月に公布した。さらに、食品安全行政について、①食品の安全に関するリスク評価（リスク評価・モニタリング・一元的情報収集）とリスク・コミュニケーションを行う「食品安全委員会」を2003年7月に設置し、②2003年8月には農林水産省は「食糧庁」を廃止して、新たに食品の安全を管理・規制する「消費・安全局」を発足させ、農場から食卓までのリスク管理の徹底を通じた食品の安全性の確保、食品表示の適正化による消費者への的確な情報の伝達・提供、家畜や農作物の病気や害虫のまん延防止による食料の安定供給等に取り組み、③厚生労働省医薬食品局は食品衛生法に基づき食品の安全性確保に取り組んでいる。

　今後は、農漁業と食料を結びつけて、①持続可能性（sustainability）、②食品の品質（food quality）、③動物福祉（animal welfare）、④食品の安全性（food safety）、⑤管理の仕組み（control mechanisms）を重要な視点として、基本理念と基本計画を盛り込んだ「食品安全基本法」に基づく、国、自治体、農漁業者・農漁業団体、食品産業、消費者・消費者団体、協同組合を含む多様なNPO組織、日本学術会議を中心とした各学会での活発な論議と施策の拡充が大きな課題である。

5 フードシステムの担い手支援を目指した持続型政策プログラム
――協同組合などNPOの役割に注目して――

担い手支援の持続的政策と農協　自然環境と共生しつつ、食料生産のみでなく多面的機能の発揮によって市場では評価されない公共的価値（非価格的価値）を発揮する家族農業経営を中心に、集落営農組織・農村女性起業グループ・高齢農業者グループなど多様な担い手を擁するフードシステムの川上産業の効果的・効率的な組織化のために、農業者の自治的な組織である農業協同組合が本来的機能を発揮しやすい「環境条件の整備」、すなわち本来、行政が取り組むべき機能を農業協同組合に過度に肩代わりさせる政策の抑止と側面からの支援が今後の大きな課題である。とくに、本来、内発的に取り組むべき農協の組織改革自体に行政が過度に注文をつける傾向は過剰介入といえる。農協事業面への行政による支援の課題は、公正な価格形成を可能とする流通のインフラ整備（ハード面・ソフト面を含む）を重視すべきである（ちなみに、農協の生産資材価格が高いという指摘は、白石〔2003〕が強調しているアメリカに比べて公正な競争政策の流通面への適用の遅れに起因する面も大きい点に注目すべきである）。

　フードシステムの担い手支援は、川上産業の持続型政策プログラムを土台にして、川中・川下産業とのトレーサビリティを重視した契約取引関係を支援するインフラ整備（偽装表示や無登録農薬、残留農薬問題に対して重いペナルティを課す法律とチェック・システムの支援等を包含したハード面・ソフト面の整備）を、安全性と公正さ重視の川上・川中・川下産業の担い手支援の中核的な施策として位置づけて、持続型政策プログラムの具体化が求められている。

協同組合などNPOの役割　21世紀の国際化時代において、日本は食料供給面で今後とも外国に依存する度合いが大きいと予想されるが、例えば、イタリア生協連事業連合会がアメリカに本部を置く国際非政府組織の

CEP（経済優先度調査会）から、「企業の社会的責任（CSR）賞」を受賞した点にも注目する必要がある。その理由は、おいしさ・安全・倫理性・安価・環境配慮・GMOフリー（遺伝子組換えを含まない）を重視したコープ食品ブランドづくり、人間性を重視した営農・食品加工の就業環境の確立を保証するフェアトレード（ケニアからのコーヒー輸入におけるデルモンテ社・ケニア政府・NGOの三者協定）を実践しており、消費者（生活者）の自治的な組織である生活協同組合の特性発揮、さらに21世紀の革新的な食品産業としても評価でき、このような川中・川下の担い手に対する政策的支援も大きな課題である。

6　品目横断的な経営安定対策

2007年4月から米・麦・大豆・甜菜・でん粉原料用バレイショの政策支援対象を、担い手である一定規模以上の農業者と組織（法人組織と集落営農組織）に限定する戦後農政の改革がスタートした。

担い手の対象者　すなわち、第1に、担い手の対象者の面積要件は、①認定農業者（ⓐ都府県4ヘクタール以上、不利地の場合は2.6ヘクタール、ⓑ北海道10ヘクタール以上、不利地の場合は6.4ヘクタール）、②集落営農組織（ⓐ原則20ヘクタール以上、知事認可12.8ヘクタール以上、ⓑ中山間地域10ヘクタール以上、ⓒ条件：一括経理、法人化の計画等）、③受託組織（地域の生産調整面積の過半を受託する場合：ⓐ7ヘクタール、ⓑ中山間地域4ヘクタール以上）の3つのタイプに該当する必要がある。

格差是正対策　第2に、外国との生産条件格差の是正対策の対象作物は麦・大豆・甜菜・でん粉原料用馬鈴薯であり、政策面では①生産コストと販売収入との差額について、経営体の過去の生産実績に基づく固定払（ⓐ小麦2万7,740円／10アール、ⓑ大豆2万0,230円／10アール）、②毎年の生産量・品質に基づく成績払（ⓐ小麦1等Aが2,110円／60キログラ

ム、ⓑ大豆2等が2,736円／60キログラム）で、合計支払い単価は、ⓐ小麦4万1,385円／10アール（6,400円／60キログラム）、ⓑ大豆2万9,487円／10アール（8,715円／60キログラム）で、2009年度の予算額は1,549億円である。

収入変動対策　　第3に、収入減少影響緩和対策（収入減少補填）の対象作物は、米・麦・大豆・甜菜・でん粉原料用バレイショであり、政策面では、①各経営体の品目ごとの当年の収入（都道府県毎）と基準年（過去5年間のうち、最低と最高を除く3年間）の都道府県平均収入との差額を経営体ごとに合算・相殺し、その減収額の9割を補填する、②資金は政府3：生産者1にて拠出、③補填は基金の範囲内とし、2009年度の予算額は758億円である。

農協の課題と農地・水・環境保全向上対策　　以上の取組みが成果を上げるためには、都府県では集落営農組織や受託組織が小規模農家も包含しながら大きな面積シェアを占め、農協の営農経済事業と連携して高付加価値型の産地ブランド化（消費者のニーズに応える多様なブランド米、減農薬米、今摺り米、無洗米、地元産米等を含む）をめざして取り組まれる必要があり、一方では同様に2007年度からスタートした農地・水・環境保全向上対策（2009年度予算277億円）との相乗的な連携も大きな課題である。

7　フードシステムと21世紀の持続型食料政策の展望

持続的食料政策の展望　　WTO体制下の90年代後半のフードシステムにおける政策の役割は、「市場メカニズムの進化」に焦点を当て、これへの「政策の遅れ」をどう取り戻すか（改革するか）に焦点を当て議論され、かつ施策としても具体化される傾向が強かった。しかし、フードシステムと21世紀の持続型政策は、「市場メカニズムの進化」とともに「非市場的諸要素」である「地球規模での人間と自然のあり方、公正さ、生活価値」の両面を重視したパラダイム転換と有機的・循環的評価システムの導入が求められている。

第5章　食料政策と協同組合・NPOの役割

　農産物の輸入大国としての日本は、WTO農業交渉やコーデックス委員会の交渉等の場で、アメリカ、EU、日本、開発途上国等の利害関係を、前述した「市場メカニズムの進化」とともに「非市場的諸要素」である「地球規模での人間と自然のあり方、公正さ、生活価値」の両面のバランスを重視した新しい枠組みづくりを明示した独自の政策提言を図るリーダーシップが求められている。

　農業面の市場アクセスと国内政策においては、1970年代以降の急激な円高基調（急激な外部環境変化）が日本の農業者のたゆまない経営努力の成果を「市場」のなかで過小評価されてきた側面も見落としてはならない。日本における極端に低い自給率の克服を重視した政策の役割は、食料・農業・農村基本法でも位置づけられている農業の「食料生産」「多面的機能」「農村振興」の3面の機能発揮を可能とする、戦略的かつ戦術的なプログラムづくりによって明確にされる必要がある。政府が「市場に過度に任せる」施策を推進する場合は強者に有利で、弱者に不利に働き、社会的・経済的な公正さを歪め、そのしわ寄せは本格的に育成・支援すべき認定農業者等の先導的な担い手の意欲の後退や次世代づくりの弱体化、自然環境の劣化、さらに水田農業（用水の集落的・集団的管理による稲作農業）の育んできた日本文化のアイデンティティの衰退につながりかねない。

　以上のような「非市場的諸要素」である「地球規模での人間と自然のあり方、公正さ、生活価値、食農教育価値、健康増進価値」とバランスをとりながら、フードシステムのグローバル化と技術・経営革新の本来的進化を支援できる「行政改革と有機的・循環的評価システムの導入」が大きな課題である。

公正取引委員会の役割　　第1に、食料品の伝統的な卸売市場を中心とした取引形態から契約取引、先物取引、地産地消等新しい取引形態が進化しており、とくに川下のスーパーや外食産業のパワーが強まっており、フードシステムの担い手間、農業者、生活者（消費者）に不公平にならない、公正な取引を促進する政策（とくに公正取引委員会の

政策)の役割強化がますます重要になっている。

資源循環社会形　　第2に、環境保全型フードシステムを支援する政策は、
成推進基本法　　　資源循環社会形成推進基本法及び関連法によって、食品等の廃棄物を再利用資源として活用するための財政・金融面からの支援や違反者へのペナルティ制度、さらに優遇税制の導入等による市場メカニズム活用型の施策等を組み合わせたプログラムを導入し、本来的目的を達成する必要がある。

食料の危機管理政策　　第3に、従来、危機管理政策は「食料の絶対的数量の不足」を主要な目標として導入されたが、今後はこれに加えて「BSE問題等の安心・安全確保」という「食品の質」の面の施策プログラムも同時に強化される必要がある。このようなセーフティ・ネットの整備は、風評被害の克服やフードシステムの持続的発展の土台づくりとして位置づけられる。

参考文献
1．川口清史ほか編（2005）『よくわかるNPO・ボランティア』ミネルヴァ書房。
2．熊谷宏ほか監修・東京農業大学農業経済学会編（2004）『食と農の現段階と展望——エコノミカルアプローチ——』東京農業大学出版会。
3．日本協同組合学会訳編（2002）『21世紀の協同組合原則——ICAアイデンティティ声明と宣言——』日本経済評論社。
4．白石正彦監修・農林中金総合研究所編（1996）『新原則時代の協同組合』家の光協会。
5．白石正彦ほか編（2003）『フードシステムの展開と政策の役割』農林統計協会。
6．全国農業協同組合中央会編（2004）『JA読本』家の光協会。
7．高木賢・松原明紀共著（2007）『食料・農業・農村法入門』全国農業会議所。
8．高橋正郎（1997）「フードシステムとその分析視角——構成主体間関係の展開とその新たな構築——」高橋正郎編著『フードシステム学の世界——食と食料供給のパラダイム——』農林統計協会。
9．農林水産省編（2009）『平成21年度版　食料・農業・農村白書』佐伯印刷。

　　　　　　　　　　　　　　　　　　　　　　　　　　　［白石　正彦］

第6章
食の社会史

1　はじめに

飢餓と飽食　現代日本の食生活の特徴の一つは、諸外国から輸入された食材に支えられた「豊かさ」である。カロリーベースの総合食料自給率40%、フードマイレージ（2001年）約9,000億トン・キロメートル（韓国、アメリカの約3倍、イギリス、ドイツの約5倍、フランスの約9倍）という数値は、日本の食生活の「豊かさ」が海外からの輸入食材に依存し成り立っていることの証である。この「豊かさ」は、「飽食」という言葉でも表現されている。

日本やアメリカなどのような「飽食」の国々が存在する一方で、地球上には「飢餓」に瀕している国や地域が数多く存在する。一方における「飽食」と他方における「飢餓」の同時的な存在である。この「飽食」と「飢餓」は、無関係の、別個の存在ではない。「飽食」があるから「飢餓」が存在し、「飢餓」があるから「飽食」が存在しうる。

その理由はなぜか。世界が大規模な地域分業によって経済的に結びつけられているからである。食という視点から見れば、それは**食のグローバル・ネットワーク**とも言いかえることができる。そして、その地域分業は均衡的な関係ではない。不均衡な関係である。それは食料や所得の配分の世界的なアンバランスとして、すなわち**「飽食」と「飢餓」の同時的存在**としてあらわ

れる。

　現代における食生活の問題を考えるとき、まず問われなければならないのは、世界におけるこのような大規模な地域分業関係は、いつ、どこで、どのようにして誕生したのかという問題である。食のグローバル・ネットワークの誕生に着目して検証してみよう。

2　食のグローバル・ネットワークと近代世界システム

近代世界システム　　食をめぐるグローバル・ネットワークの誕生について検証する際に有効なのが、イマニュエル・ウォーラーステイン（Wallerstein, I.）の**近代世界システム**という考え方である。旧来の歴史観として支配的であったのは、西欧を唯一のモデルとしてとらえる単線型の発展段階論である。この歴史観は、国を単位として、それぞれが自立的に発展すると考えるという意味では一国史観と呼ぶこともできる。これに対して、近代世界はそれ自体が1つの全体的なシステム（構造体）をなしており、国の動きはそのような構造体の動きの一部でしかないとする考え方が存在する。ウォーラーステインの世界システム論はその代表である。西欧中心の単線型発展段階論においては、「先進国」は近代に入り工業化に成功した国々、いわゆる「後進国」は工業化に乗り遅れた国々という形での説明がなされる。両者の間には原因と結果という関係は存在しない。これに対して世界システム論では、「先進国」が工業化したために、その影響で工業化が困難になってしまった国々が「後進国」であるととらえる。16世紀以降の近代世界は、全体が大規模な地域分業によって結びつけられた「**世界経済**」を原理とする近代世界システムであり、そこでは**中核**（西欧・先進国）が誕生したために、**周辺**（アジアやアフリカなど・後進国）や**半周辺**（東欧など）が生まれたとするのである。図6-1は以下の説明のための概念図である。

産業革命と食事革命　　近代世界システムは、中核と周辺、および半周辺の3つの要素からなっている。中核のなかでも

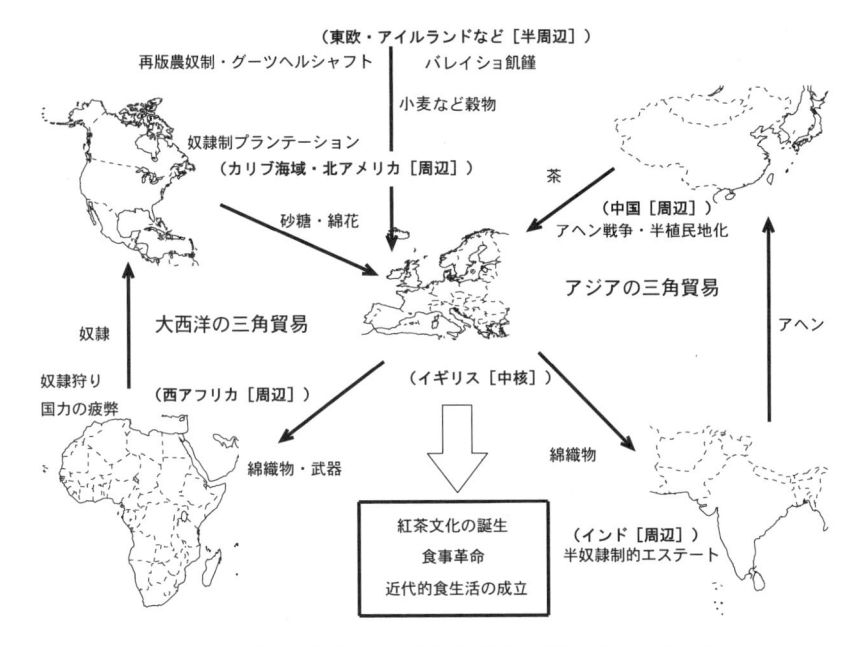

図6-1　イギリスを中核とする食のグローバル・ネットワーク

出所：筆者作成。

　絶対的優位を確立した国を**ヘゲモニー国家**と呼び、19世紀中葉のイギリスはこのようなヘゲモニー国家であった。イギリスが絶対的優位を確立しえたのは、**産業革命**により世界で最初に工業化を達成できたためである。産業革命期のイギリスでは都市化が進み、食生活にも大きな変化がおとずれた。このころの食生活を象徴するのが、白パンと砂糖の入った紅茶という朝食である。それまでの民衆の食事は、ポリッジと呼ばれる牛乳でといたお粥などであった。それが白パンと砂糖の入った紅茶へと変わったのである。**食事革命**という呼び方もなされているが、それには小麦や砂糖・茶の安価で大量の供給が前提になってくる。砂糖は大西洋のカリブ海域から、そして茶は中国、のちにはインドからイギリスにもたらされた（周辺）。白パンの原料となる小麦を供給したのは、東欧であり、あるいはアイルランドであった（半周辺）。

砂糖と大西洋の三角貿易　アメリカ大陸における砂糖の生産はポルトガル植民地のブラジルから始まった。当初は先住民の強制労働によってサトウキビ・プランテーションは経営されたが、やがて先住民が激減するとアフリカから奴隷労働力が導入された。**近代奴隷制**の成立である。16世紀に始まった奴隷貿易には、17、18世紀になるとイギリス、オランダ、フランスなどが加わり、サトウキビ・プランテーションもカリブ海域に広まった。イギリス領のバルバドスとジャマイカ、フランス領のサン・ドマング（ハイチ）、スペイン領のキューバなどである。とくにイギリスは奴隷貿易に積極的で、これによってえた莫大な富が産業革命期の資本となった。奴隷貿易では、西欧から西アフリカには武器や綿織物などの日用雑貨品が、西アフリカからカリブ海域やアメリカ大陸には奴隷が、カリブ海域やアメリカ大陸から西欧には砂糖・綿花などが送られた。**大西洋の三角貿易**である。奴隷貿易の結果、数千万の人々が奴隷として連れ出され強制労働に従事させられた。現代におけるアフリカ諸国の国力低下、荒廃と政治的混乱の遠因の１つは、この奴隷貿易にある。

茶とアジアの三角貿易　イギリスの中国貿易は、当初東インド会社により、広州一港で朝貢貿易の形式で行われており、中国からの茶などに対してイギリスは銀を支払うという片貿易であった。やがてイギリスで喫茶が流行し茶の需要が増大すると、大量の銀がイギリスから流出した。18世紀末から、こうした状況を是正しようとする動きが出てはじまったのが、イギリス・インド・中国の**アジアの三角貿易**である。中国からイギリスには茶や絹が、イギリスからインドには綿織物が、そしてインドから中国にはアヘンが流れ、銀は逆向きに回転した。その結果がアヘン戦争であり、東アジアの植民地化のはじまりであった。イギリスはインドでも茶栽培を試みた。1830年代、アッサム州での野生茶樹の発見を契機に、ダージリンをはじめ北インドで茶園が拡大し、セイロン（スリランカ）も一大産地に成長した。やがてイギリスは、茶の自給体制をほぼ完成させたが、インドの茶園（エステート）では、半奴隷的農民による茶のモノカルチャーが強制され、食料不足

が深刻化し、わずかの天候不順や不作でも大飢饉を生むというインド的現象が形成されていった。

アイルランドの
バレイショ飢饉　　パンの原料となる小麦などの穀物のイギリスへの主要な輸出国は、エルベ河以東の東欧であった。これらの穀物は**再版農奴制**に基づく**グーツヘルシャフト**と呼ばれる領主の直営地農場で、農奴たちによって生産された。東欧以外に、当時イギリスの植民地であったアイルランドも穀物輸出国の1つで、イングランド向け小麦輸出量のピークは1830年であった。アイルランド農民の作る小麦はすべて輸出用で、農民自身の主食はバレイショであった。バレイショが農民の主食になることで、イングランドへの小麦輸出は可能になったとも言える。ところが1845年、アイルランドに「**大飢饉**」が襲った。バレイショ（ポテト）飢饉とも呼ばれる。バレイショの立ち枯れ病の一種がイングランドからアイルランドへ上陸し、3年間にわたって全土に大被害をもたらした。他のヨーロッパ諸国でもこの病気は蔓延したが、穀物は一般に豊作であったため、多くの国々ではそれほどひどい食料不足はおきなかった。しかし、アイルランドではバレイショだけがほぼ唯一の食料だったため、飢饉は深刻化した。たくさんの餓死者が出、また餓死を逃れるために、おびただしい数の人々が移民としてアメリカなどにわたった。

　すなわち、近代世界システムの誕生は、一方に中核、他方に周辺・半周辺を生んだ。中核には物が集まり、食という点では世界から様々な食材が集まる「飽食」の国が生まれ、他方、周辺や半周辺では大量の物が生産され、輸出されるのに、わずかな状況の変化によっても「飢餓」が恒常化するような国・地域が生まれたのである。やがて、近代世界システムは拡大し、食のグローバル・ネットワークも拡大した。西欧に生まれたそれは、やがて地球上のあらゆる国々、地域を包み込んでいくことになる。

3　江戸の食と物質循環システム

江戸の食生活　日本が近代世界システムと接触し、やがてその中に包摂されていく始まりは、幕末開港から明治維新期にかけてである。当時、砂糖と茶は世界商品であった。砂糖は日本の主要な輸入品の1つであり、茶は生糸に次ぐ輸出品であった。砂糖については輸入代替としてビート、蘆粟(ろぞく)などの糖料作物の栽培や製糖の試みが明治政府により行われた。茶については、輸出品としての紅茶製造の試みや、販路開拓のための情報収集が盛んに行われた。しかし、日本が食をめぐるグローバル・ネットワークの中核に成り上がり、「飽食」を謳歌するようになるのはもっと後のことである。

　幕末開港以前、日本は「**鎖国**」下にあった。「鎖国」とは言っても、実際には「**四つの口**」が海外に向けて開かれ、物資や情報が入ってきていた。「四つの口」とは、長崎、対馬、琉球、松前である。食に関しては、例えば長崎を通じて、砂糖が輸入され、俵物三品（いりこ［ほしなまこ］・ほしあわび・ふかのひれ）は日本から清国への重要な輸出品であった。とは言え、日本の庶民の食という点から見れば、そのような交易品はさほど大きな意味をもっていなかった。場所によって広狭の差はあれ、地域内自給が都市民を含めた庶民の食の基調であった。それは「**風土**」と「**伝統**」に根ざした食の営みである。「風土」も「伝統」も、その土地という固有の地域環境の中で、その土地という固有の時間の流れの中で育まれ、形づくられてきたものであり、これを空間軸から見れば「風土」であり、時間軸から見れば「伝統」と言うことになろう。

　ここではまず、創られた伝統食として、「**江戸のファースト・フード**」（それは今日的な意味では**スローフード**でもあり、**伝統食**でもある）の誕生について見てみよう。

　今から約400年前、幕府が開かれ徳川氏が入国した当時の江戸は、さまざ

第6章　食の社会史

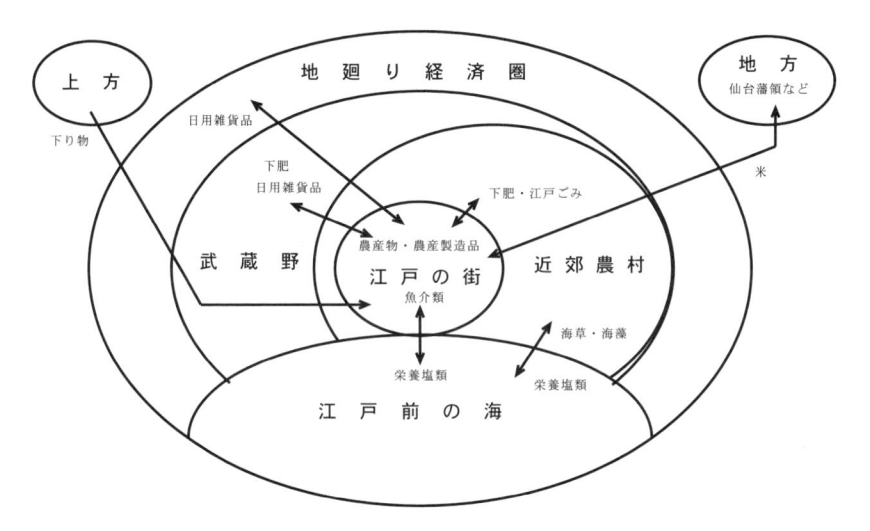

図6-2　江戸の食生活を支える4つの要素

出所：筆者作成。

まな物資が集散する流通経済の地方的な中心地ではあったが、関東経営の拠点としては小規模なものに過ぎなかった。そのため、徳川氏入府後、急速に都市づくりが進み、1世紀足らずのうちに江戸は人口100万に達する巨大都市にまで成長した。この急増する江戸庶民の食を支えたのは、図6-2に示されるような4つの要素であった。すなわち、**①江戸近郊農村の成長、②江戸前の海の豊饒化、③武蔵野新田の開発、④地廻り経済の成長**である。

江戸の近郊農村　江戸の近郊農村とは、武蔵国豊嶋郡および葛飾郡葛西領を中心に、日本橋から約3里の範囲を指すが、この地域の地形は西部の武蔵野台地と、荒川や古利根川などによって形成された東部沖積低地の2つに分けることができる。武蔵野台地は南関東畑作地帯の一部をなし、東部の沖積低地は「葛西三万石」と呼ばれる水田稲作地域をふくむ穀倉地帯であった。1603（慶長8）年の開府以来、急増する江戸の人々を養ったのは、この近郊農村である。江戸の成長につれて近郊農村は拡大し、各地に名産野菜が誕生した。練馬ダイコン、駒込ナス、四谷トウガラシ、早

稲田ミョウガ、小松川の菜（コマツナ）、砂村ネギなどである。近郊農村で作られた野菜は、**やっちゃ場**と呼ばれた神田・千住・駒込の三大青物市場を中心に、各地の青物市に集められ、江戸市中に向けて販売された。

江戸前の海　江戸の都市的発展にともなって、近郊農村は拡大し、江戸前の海は豊かな海となった。江戸前の海とは、東京湾（当時の人は江戸湾とは呼ばなかった。湾ではなく海とみていたからである）多摩川河口の羽田沖から、江戸川河口の葛西沖まで、約30キロメートルに及ぶ地先の海面を意味するが、この海は最初からそれほど豊かであったわけではない。徳川時代の初期には資源も少なかった。ところが、江戸の都市的発展にともなって、市街地や近郊農村から養分（栄養塩類）が流入し、やがて江戸前の海は日本でももっとも豊饒な浅海となった。豊かになった海からは、新鮮な魚介類や海苔などが江戸の町に供給された。明治初期の記録によれば、江戸前の漁場のうち、洲場（水深5メートル以下のごく浅い水域）で22種、磯場（岩礁地帯の海域）で34種、平場（湾の中央部を占める水深5～10メートルの海域）で31種の魚類が採れ、貝は14種、たこ・いかなど頭足類10種、えび・かになど甲殻類11種、海藻・海草6種、合計して100種をこす魚貝がとれていたと記されている。

武蔵野　江戸の西部近郊農村は、広大な武蔵野の一部、南関東畑作地帯の一部であった。武蔵野は、南北武蔵野に分けられるが、それは狭山丘陵と、そこから流れる柳瀬川とを結んだ東西の線で南北に分けたもので、北武蔵野は現在の埼玉県域、南武蔵野は東京都域である。この武蔵野は、もともとはカヤなどの茫々たる荒れ野だった。武蔵野周辺の村々は、そこに生えているカヤなどを、肥料や家畜の飼料、屋根材、燃料などとして利用していた。いわゆる**入会原野**、つまり共同採草地だったのである。この武蔵野も徳川氏の入府以来、開発が進められた。南武蔵野では現在の杉並区の大宮前や松庵、武蔵野市の吉祥寺、関前、境、三鷹市の上連雀、下連雀、青梅市の新町、立川市の砂川などが近世中期までに開かれた。そして、享保期（1716～36年）に入ると南北武蔵野新田82カ村がいっきょに開かれた結果、

第6章　食の社会史

入会原野としての武蔵野は消滅した。新田開発のためには用水が引かれた。農民たちは畑を開くばかりでなく、肥料や薪炭採取のため一部を野として残したり、林に仕立てたりした。**ヤマ**と呼ばれる**里山**（**雑木林**）である。荒れ野は、国木田独歩が描いたような小川と雑木林の地に変わっていった。畑ではムギ、アワ、ソバ、ヒエなどの穀物や、サトイモ、サツマイモなどの根菜類が栽培され、それらは江戸に供給された。小川には数多くの水車が敷設され、粉がひかれた。

地廻り経済　ところで、江戸開幕当時、関東の地では地場産業は未発達であり、多くの生活物資は上方（京・大坂など）に仰がざるを得なかった。食に関しても、酒などの嗜好品、醤油などの調味料等々は、いずれも上方から海路運ばれてくる物資、すなわち**下り物**に依存していた。しかし、江戸の成長とともに、関東には**地廻り経済**が成長した。とくに、醤油では野田や銚子が一大産地となり、やがて濃い口の地廻り醤油が薄口の下り醤油を駆逐した。流山の味醂なども、こうして成長した地廻り物である。江戸における濃い口醤油の普及は、刺身の調味料としての醤油使用の一般化、ウナギの蒲焼きの流行や佃煮の誕生などに関係している。地廻り経済圏から供給されたのは農産加工品ばかりではなかった。例えば、幕末の1863（文久3）年ころ、江戸には年間で211万俵ほどの米が入ってきたが、このうちの約半分は幕府や諸藩が年貢として徴集し、江戸で換金する蔵米（とくに仙台米のウェートが高い）、あとの半分は農村から売りに出される納屋米であるが、その大部分は江戸周辺の地廻り米で、残りのごく一部が関西からの下り米であった。このように、米は地廻り経済に依存するところが大きかった。

江戸の食文化　にぎりずし、てんぷら、そば（そば切り）などは、代表的な日本料理と見なされる場合が多い。これらの料理は、いつ、どこで誕生したのであろうか。にぎりずしの誕生についてはほぼ定説がある。誕生の時は文政年間（1818～30年）、誕生の場所は江戸であると言われている。てんぷら・そばについては、すしほどはっきりしたことはわからない。しかし、それらが江戸時代に江戸の町で誕生したこと、にぎりずし

の前の押しずしの段階だが、すし・てんぷら・そば・うなぎなどの屋台売り、いわゆる「江戸のファースト・フード」が盛んになるのが天明年間（1781〜89年）以降だったことは確かなようである。江戸時代の中期のことである。このような江戸の食を支えたのは、上に述べた4つの要素である。もちろん、江戸の庶民がすしやてんぷら、うなぎやそばばかりを食べていたわけではない。しかし、庶民の日常の食生活を支えていたものが、①江戸近郊農村の成長、②江戸前の海の豊饒化、③武蔵野新田の開発、④地廻り経済の成長であった点では変わりはない。

江戸の物質循環システム　さらに重要なことは、この4つの要素の間に**物質循環システム**が成立していたことである。例えば、近郊農村の野菜生産を支えたのは、江戸の人々の屎尿（**下肥**）であった。農民たちは、江戸の町に出て屎尿を汲み取らせてもらい、そのお礼に自分の作った野菜などを長屋の大家などに持っていった。やがて、下肥は貨幣で購入するようになり、その肥料代は農民にとってなみなみならぬ出費となり、1789（寛政元）年には、武蔵・下総の106カ村の農村で大規模な下肥値下げの運動がおこっている。下肥の重要性を物語る事件である。また、江戸市街や近郊農村の農地から河川や地下水脈を通って流れ出た養分（栄養塩類）は、江戸前の海に流れ込み魚介類や海草・海藻を養った。そして、江戸前の海からあがった魚は江戸庶民の食卓を飾り、魚河岸などで出た生ゴミ（**江戸ごみ**）は砂村（現江東区）などの近郊農村に運ばれ、野菜の促成栽培に使用された。江戸前の海からの海藻・海草や雑魚も肥料として使われた。カリウムが必要なイモ類には、海藻・海草はとくに有効だったようである。

食をめぐる物質循環以外にも、江戸社会では古着・紙・灰・銅鉄など、ありとあらゆる物がリサイクル、リユースされていた。これらを含めて**江戸システム**と呼ぶ。このような江戸システムは、その後、時代が明治へと変わり、江戸が東京となったあとも維持された。これが最終的に解体されるのは、第2次世界大戦後の高度経済成長の過程においてであった。

4　風土・複合生業・伝統食

山村の生業と食生活　1984年に制作された長編記録映画に、「越後奥三面(おくみおもて)」という映画がある。民族文化映像研究所が制作した、新潟県北部のとある小さな山間集落での4年間にわたる記録である。その集落は、新潟県岩船郡朝日村三面という、朝日連峰の山懐にある小集落であったが、映画公開の翌年、1985年9月に閉村した。奥三面ダム建設のためである。2000年10月、ダムの試験的貯水が開始され、かつての集落は水面下に没した。

　この映画のサブタイトルは「山に生かされた日々」である。それは、山村の「風土」と「伝統」、そこで展開される**生業**と、その結果育まれてきた食生活の関係を上手く表現している。奥三面では、集落・耕地（田畑）・里山・奥山という空間の使い分け、そして各空間の利用時期と目的の使い分けが行われている。例えば、集落からもっとも離れた奥山は、主に狩猟・採集の場で、冬はカモシカ狩り、春はクマ狩り、秋はバンドリ（ムササビ）その他の猟、また春はゼンマイなどの山菜と罠猟、春から初秋にかけてはイワナやマスの突き漁・釣り漁・網漁などの川漁、秋はキノコや木の実の採集、秋から冬にかけては罠猟とドオ（筌［うけ］）を使っての川漁などが行われる。里山は、カノ場（**焼畑**）として利用される他、クリ・クルミ・トチなど利用度の高い樹種を積極的に増やした林、カヤ場、堆肥用の採草地、植林地、薪炭林など多用な用途に利用され、さらに冬から春にかけては罠猟、春にはウサギ狩り、秋にも罠猟などが行われた。これら狩猟・採集・焼畑などと、水田での稲作や常畑での畑作とが組み合わされ、風土に根ざした形でさまざまな生業が複合的に展開していた。そして、水田からの米、常畑からの野菜など、焼畑からの雑穀（ソバ、アワ、キビ、ダイズなど）、猟で捕れる各種の獣肉、山菜、木の実、様々な川魚などを組み合わせて、季節ごとに多彩な**伝統食**が成立していた。まさに、山を生かし、山に生かされる生活であった。

第6章　食の社会史

73

そして、山に生かされる感謝の気持ちは、山の神の祭りなどの信仰や、入山に際してのさまざまな儀式という形で表されていた。

複合生業と伝統食　風土に根ざした形でさまざまな生業を複合的に展開し、地域を生かし、地域に生かされる生活が行われてきたのは山村だけではない。江戸時代の文書には、「**農間余業**」あるいは「**農間稼ぎ**」という言葉がしばしば見られる。この時代、自給的な農家にあっては、農耕や生活のために必要なさまざまな物資は、自分の手で作らなくてはならなかった。農閑期に行われる俵編み、縄綯(な)い、木綿織り、草鞋(わらじ)や草履(ぞうり)作り、炭焼き、薪取り、さらに味噌や醤油作りや油絞りなど、挙げればきりがないほど多種多様である。農家が行う海辺での貝拾いや川での魚取り、山菜採り、木の実拾い、狩猟など、いずれも「農間」に行われる稼ぎ仕事であり、地域を生かし、地域に生かされる**複合生業**であった。畑作を主な生業としていた農家はもちろんのこと、平場の水田稲作を生業の主体としていた地域でも、その水田や畦畔(けいはん)を利用した米麦二毛作、水田漁撈(ぎょろう)、畔豆(あぜまめ)栽培、水禽(すいきん)猟など、すなわち複合生業を展開していたのである。

とは言え、稲作農家よりも畑作農家の方が、また農家より林家や漁家の方が、複合生業としての色彩は濃い。そして、それらの複合生業は風土に根ざした生業であり、その上に地域を生かし、地域に生かされる食生活が展開していた。農山漁村文化協会が刊行した『日本の食生活全集』には、大正の終わりから昭和の初め頃の食生活が再現されている。これを繙くと、その時代、それぞれの地域に、それぞれの「風土」と「伝統」に育まれた、豊かで多彩な固有の食（郷土食）が開花していたことを見て取ることができる。

5　おわりに

「3　江戸の食と物質循環システム」で取り挙げた江戸システムは、物質循環という視点から見て、きわめて優れたシステムのように見える。しかし、それは「一見すると高度にエコロジカルなシステムのようではあるが、しか

し生産力の低位な段階が必然化した、即時的なシステム」(吉田、2004：98) である。

また、「4 風土・複合生業・伝統食」で取り挙げた奥三面の山村の生活は、山に生かされた豊かな生活のように見える。しかし、そこに住む村人は、「この山のなかで生きてぐためには、何でもやらねば生きてげねえわけだ。都会から来た人は、色々見たり聞いたりして面白いがもしらねえが、そういうもんはみんなここで生きてぐためにしてきたことだし、やらねばくらしてげねがったんさ。(中略) 山に生きてぐ場があんだから、山に詳しくねえば何もできねえし、面白いも面白くねえもねえんだ。全て生きていぐためだ。だから無駄ってこともねえわけだ。」(「山に生かされた日々」刊行委員会、1984：104) と語っている。

このように、失われた過去と現在を素朴に対比させ、過去を一面的に賞賛することは、厳に戒めなければならない。しかし、江戸システムや山に生かされる山村の暮らしを、それぞれの社会の全体的な構造の中で把握することを通じて、現代社会のあり方を批判・反省しようとする試みは重要である。食をめぐるグローバル・ネットワークの中に生きているわれわれにとって、その網の目から抜けだし、それと無縁な生活を送ることは困難であっても、自らの食生活がそうしたネットワークに絡め取られているという自覚と、そうした自らのあり方の相対化のためには、**風土・生業・食の統合史**としての地域史の試みが、今後さらに重要となってくるはずである。

参考文献
1．ウォーラーステイン、I.（1981）『近代世界システム――農業資本主義と「ヨーロッパ世界経済」の成立Ⅰ・Ⅱ』川北稔訳、岩波書店。
2．田口洋美（2001）『越後三面山人記――マタギの自然観に習う――』農山漁村文化協会。
3．深谷克己（1988）『江戸時代の諸稼ぎ――地域経済と農家経営――』農山漁村文化協会。
4．「山に生かされた日々」刊行委員会（1984）『山に生かされた日々――新潟県朝日村奥三面の生活誌――』「山に生かされた日々」刊行委員会。

第1部　食料経済を学ぶ

5．吉田伸之（2004）『21世紀の「江戸」』日本史リブレット53、山川出版社。
6．渡辺善次郎（1983）『都市と農村の間――都市近郊農業史論――』論創社。
7．渡辺善次郎（1988）『巨大都市江戸が和食をつくった』農山漁村文化協会。

[友田　清彦]

第2部
環境経済を学ぶ

第7章
環境政策の経済学的基礎

1 環境政策とは何か

　環境は、われわれ人間社会にとって、大きく3つの役割を果たしていると考えることができる。第1に、石油・石炭などの化石燃料や金属資源など、新たに生み出すことが難しいか不可能な**枯渇性資源**（non-renewable resource）や森林資源、農林漁業資源などの**再生可能資源**（renewable resource）といった基礎的資源を供給する機能、第2に、廃棄物や人間活動の過程で生じるさまざまな環境負荷を吸収する機能、第3に、美しい景観やレクリエーションを楽しむなど**アメニティ**（amenity：快適さ）を供給する機能である。

　環境が人類存続の基盤であり、環境を利用することなしには、人間活動が成り立たない以上、環境の利用が環境負荷となることは避けられない。森を切り開き、そこにはもともと存在しない動植物を持ち込み生産する農業が人類最初の環境破壊といわれるのは、そのためである。環境の基本的機能が維持あるいは回復できないほどに環境負荷がかけられているときに、環境問題が顕在化する。

　このように、人間活動そのものが環境負荷となるのであれば、環境負荷をゼロにすることは不可能と考えてよいだろう。そこで課題となるのは、環境問題とならないような水準に環境負荷を抑える手段は何かという課題であ

る。人間活動は、その人が属している社会の制度に依存している。ここでいう制度とは、政府が取り決めた狭い意味での制度だけでなく、言語、慣習、契約など広い意味での社会的共通基盤としての制度をさす。したがって、環境問題とならないような水準に環境負荷を抑えるには、人間活動を規定している制度自体を変化させることが必要であり、その手段として用いられるのが**環境政策**である。

2 環境問題の経済学的理解

環境政策を用いることによって、環境問題とならないような水準に環境負荷を抑えるには、そもそも、どの程度の環境負荷水準になれば環境問題が生じているか、言い換えればどの程度の環境負荷水準ならば許容できるのかという判断の問題に答えることが必要となる。科学的な知見が環境負荷の許容水準を定めていると思いがちだが、科学的な知見が提供できるのは、健康被害や生態系破壊をもたらす環境負荷の水準とリスクの関係であり、許容水準の線引きは、社会全体の合意形成過程を経て行われる。人間の社会的な活動の多くは経済的な活動であり、経済的効率性を社会的選択の基準の1つに採用していることを考えると、社会全体の厚生水準の最大化という経済学的な視点が、1つの判断基準を提供してくれるだろう。

社会的最適生産(負荷) 　生産技術が一定であり、生産に必要な要素（労働や資本など）に制約がある場合、追加的に生産量を1単位増やすためにかかる費用（**限界費用**：marginal cost）は、生産量を増やすほど増加していく傾向がある。このような現象は、**限界費用逓増の法則**（law of increasing marginal cost）と呼ばれている。例えば、農作物の生産において、生産技術が一定でかつ土地面積が決められている場合、はじめのうちは、肥料の投入や労働量を増やすことによって生産量も増えていく。しかし、土地に制約があるため、一定以上の生産量に達すると、そこから追加的に生産量を増やすのは難しくなるだろう。さらに肥料や労働量を追加投入しても以

第 2 部　環境経済を学ぶ

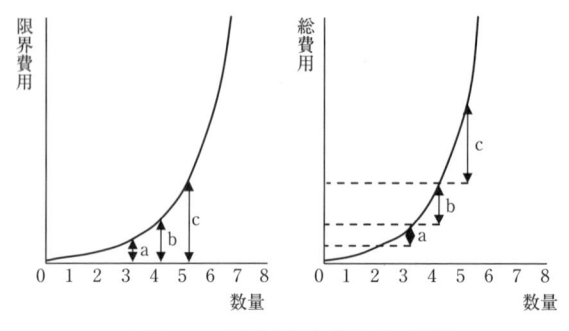

図7-1　限界費用と総費用の関係

前ほどの生産量の増加は見込めなくなる。図7-1の左図には、横軸に農産物の生産量、縦軸に限界費用をとったときの各生産量における限界費用が表されている。右図は横軸に生産量、縦軸に**総費用**（total cost）をとったものだが、各生産量での総費用は、限界費用の累積によって表されることを確認してほしい。

　生産量と投入要素の関係における限界費用逓増の法則と同様、1単位の追加的な消費から得られる満足（**効用**：utility）は、消費量を増やすほど逓減していく傾向がある。このような現象は**限界効用逓減の法則**（law of diminishing marginal utility）と呼ばれている。例えば、のどが渇いているときに飲む1本目のジュースから得られる効用は、のどが渇いていないときの効用よりも大きいだろう。つまり、追加的なジュースの消費を増やすほど、効用の伸びは小さくなる。図7-2の左図には横軸に農産物の消費量、縦軸に**限界効用**をとったときの、各消費量における限界効用が表されている。右図は横軸に消費量、縦軸に**総効用**（total utility）をとったものである。各消費量での総効用は限界効用の累積によって表されていることを確認してほしい。

　以上の限界費用（効用）、総費用（効用）の関係を踏まえた上で、社会的厚生水準の最大化が、どのような経済的条件のもとで達成されるかについて考えてみたい。社会的厚生水準を測る尺度として、**社会的純便益**（social

第 7 章　環境政策の経済学的基礎

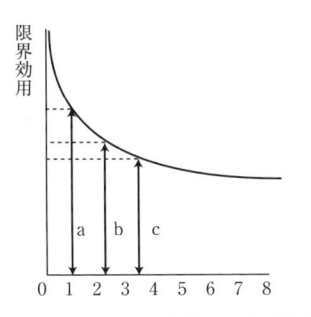

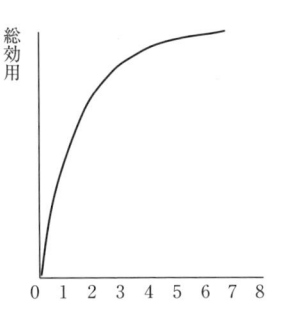

図7-2　限界効用と総効用の関係

net benefit）を採用する。社会的純便益とは、ある量の財・サービスを消費したときに得られる社会的総便益から社会的総費用を差し引いた純粋な便益部分をさす。便益を効用でとらえると、社会的総便益－社会的総費用＝社会的純便益という式が成り立つ。

図7-3は、社会的総便益（効用）と社会的総費用の関係を示している。この図において、社会的純便益は、縦軸

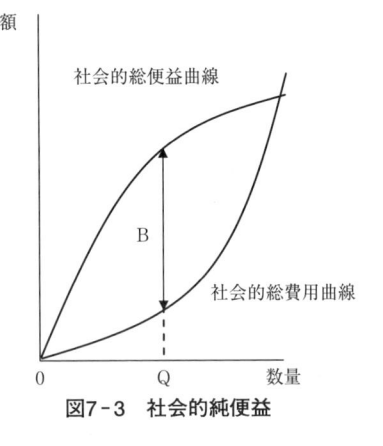

図7-3　社会的純便益

方向に示される社会的純便益と社会的総費用の差としてとらえることができ、社会的純便益が最大化するのは、生産量及び消費量がQ、社会的純便益がBとなるときである。このときの社会的限界費用は社会的総費用曲線の接線の傾きとして、社会的限界便益（効用）は、社会的総便益曲線の接線の傾きとしてとらえることができ、両接線の傾きは等しくなる。つまり、社会的限界費用と社会的限界便益が等しくなるときに社会的純便益は最大化されることになる。

社会的限界費用は、図7-1の左図で示したような生産者個人の限界費用曲線を、社会に存在するすべての生産者について水平方向に加えた曲線として求められる。生産者は、限界費用よりも市場で販売したときの価格が高いう

第2部　環境経済を学ぶ

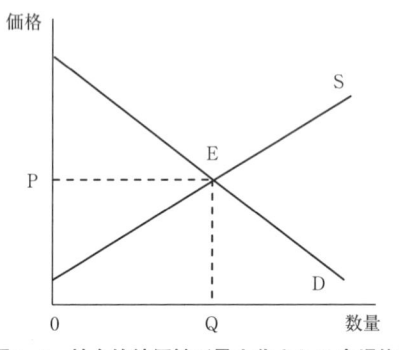

図7-4　社会的純便益が最大化される市場均衡

ちは、生産を増やそうとするので、最終的には、限界費用と市場価格が一致する生産量まで生産し続けるだろう。したがって、社会的限界費用曲線は、ある価格が与えられたときに、その社会に存在するすべての生産者が供給可能な生産量を表す**供給曲線**（supply curve）と読みかえることができる。同様に、消費者は貨幣に置きかえた効用水準よりも市場価格が低いうちは、消費量を拡大し、限界効用と市場価格が一致する消費量まで購入し続けるだろう。したがって、図7-2の左図で示したようなある個人の限界効用曲線をすべての消費者について水平方向に加えた社会的限界効用曲線は、貨幣に置きかえた効用水準に対応する消費量を表す**需要曲線**（demand curve）に読みかえることができる。

ある財の供給曲線（S）と需要曲線（D）を1つの図に表したのが図7-4である。市場均衡は、供給曲線と需要曲線の交点Eで与えられ、そのときの市場価格はP、市場流通量はQとなる。このときの市場均衡で社会的純便益が最大化されるのは、供給曲線と需要曲線の交点Eで、社会的限界費用と社会的限界便益（効用）が等しくなるからであり、図7-3が示すとおり社会的純便益が最大化することを意味しているからである。

社会的純便益を最大化する財・サービスの社会的最適生産量が、社会的限界費用と社会的限界便益（効用）の一致する条件のもとで決定されるのと同様に、財・サービスの生産にともなう環境負荷の社会的最適負荷量を決めることができる。つまり、社会的限界費用に環境負荷による被害あるいは除去のための費用を加えることによって、環境負荷による社会的な損失を考慮した最適生産量が求められ、そのときの環境負荷量が社会的最適負荷量となるのである。

82

3　市場の失敗と環境問題

　社会的最適生産（負荷）量を達成するように機能している市場を**完全競争市場**（perfect competitive market）という。しかし、現実には、環境負荷量が最適量を超えて環境問題が発生している。市場が最適な資源配分に失敗する、**市場の失敗**（market failure）が環境問題をもたらすと経済学では考える。以下では、市場の失敗をもたらす要因として、**外部性の存在、公共財、情報の不完全性**を取り上げ、それぞれの要因がどのようにして環境問題を引き起こすのかを解説する。

　外部性の存在　「市場での取引を行うことなく経済的な便益や損害を及ぼしている状態」を**外部性**（externality）が存在している状態といい、便益が発生しているときには、**外部経済**（external economy）、損失が発生しているときには、**外部不経済**（external diseconomy）という。環境問題の被害者は、環境負荷を市場で購入しているわけではない。したがって、環境問題の多くが外部不経済として発生しているといえる。

　外部不経済が存在していると、なぜ社会的純便益の最大化が達成されないのかを図7-5に示す。縦軸に価格、横軸に生産量をとり、環境負荷量は生産量とともに増加すると仮定する。生産者の供給曲線をJJ'、消費者の需要曲線をDD'、環境負荷の供給曲線をOMとすると、社会的純便益の最大化が達成される社会的最適生産（負荷）量は、JJ'とOMを合計したJS曲線（社会的限界費用曲線）と需要曲線DD'の交点Eで与えられる0Q'となる。このとき、**消費者余剰**（consumer's surplus）はDPE、**生産者余剰**（producer's surplus）はJPEとなり、社会的総余剰（便益）は、DJEとなる。

　環境負荷の社会的費用が市場に算入されず、外部不経済としてもたらされている場合、生産者は社会的限界費用曲線JSではなく、供給曲線JJ'で生産することになる。このとき、市場均衡はEではなくGで与えられ、消費者余

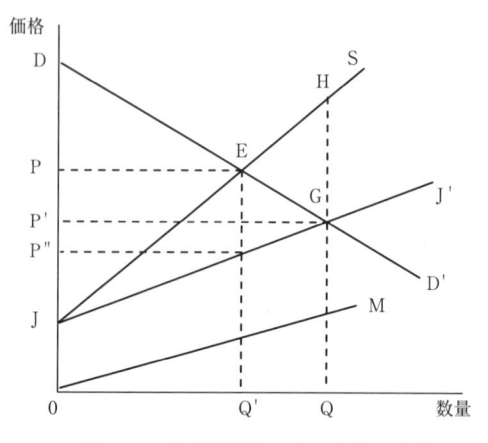

図7-5 外部不経済による市場の失敗

剰と生産者余剰を足し合わせた総余剰(便益)は、DJGとなる。しかし、外部不経済として発生している環境負荷の社会的費用がHJGで発生しているために、社会的総余剰(便益)は、DJGからHJGを差し引いたDJE－HEGとなる。したがって、環境負荷の社会的費用が市場に算入されているときと比べて、外部不経済となっている場合には、HEG分の社会的損失が発生していることになり、社会的最適生産(負荷)量は達成されないこととなる。

公共財　　公共財(public goods)は、「消費において**非排除性と非競合性**をともに満たすか、どちらか一方を満たす財」と定義される。ここでいう非排除性とは、財消費から特定の消費者を排除することが困難な性質を意味する。非競合性とは、同じ財を複数の消費者が同時に消費できる性質を意味する。非排除性と非競合性をともに満たす財を**純粋公共財**といい、どちらか一方を満たす財を**準公共財**という。

われわれは、財を手に入れ、サービスを享受しようとするならば、財・サービスに対する対価の支払いが求められる。財・サービスの価格が**支払意志額**(willingness-to-pay)以下でなければ、それらを手に入れることはできない。しかし、非排除性をもつ公共財は、対価の支払いがない消費者にも供給されてしまうことから、しばしば「**ただ乗り(フリーライダー)問題**」が生

第7章　環境政策の経済学的基礎

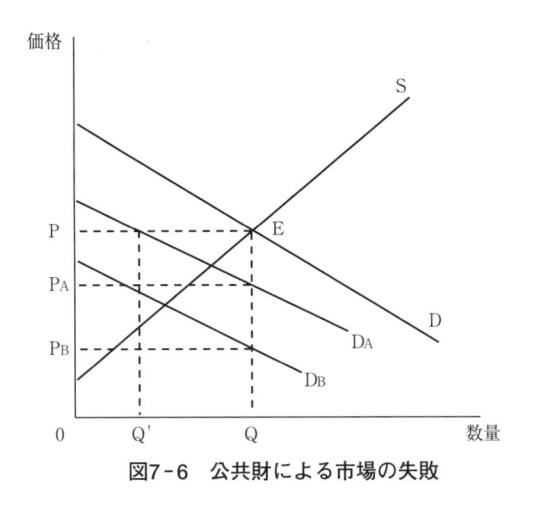

図7-6　公共財による市場の失敗

じる。地球温暖化問題への対応はフリーライダー問題の典型例として解釈することができる。1997年に**京都議定書**（Kyoto protocol）で取り決められた温暖化ガスの削減の効果は、議定書への参加の有無を問わずもたらされる。もし温暖化ガス削減という費用負担なしに地球温暖化の緩和という便益を得ることができるならば、フリーライダーとなる国が増加し、最終的には、どの国も温暖化ガス削減に取り組まなくなるかもしれない。

対価を支払わない消費者を排除することが可能でも、消費における非競合性がある公共財では、社会的純便益の最大化が達成されないことがある。図7-6は、ある公共財の社会的最適供給量を示す。D_A、D_Bは個人A、個人Bの需要曲線を表し、DはA、Bおよび社会の構成員全体の需要を足し合わせた社会的需要曲線である。市場財は個人の需要量すべてを足し合わせると社会全体の需要曲線が導かれるが、非競合性がある公共財の場合には、同時に同量の消費が可能なので、垂直方向に足し合わせることとなる。社会的最適供給量は、社会的需要曲線と供給曲線の交点Eのとき価格Pのもとで供給量Qとして定まる。しかし、価格Pのもとでは、個人Aの需要量はQ'であり、個人Bの需要量はゼロである。非競合性をもつ公共財は、一度供給されると、消費者の追加による限界費用がかからないため、個人AにはP_A、個人Bには

85

P_Bで供給することが望ましいが、Pで供給される限り、個人Aと個人Bは消費に参加できず、両者が享受可能であった便益が失われることとなる。また、非排除性があわせて成り立っている場合、いったんQで供給されると支払いがなくても同量を享受できることから、フリーライダー問題が生じることとなる。

情報の不完全性　情報の不完全性とは、市場で取引される財やサービスを価値付けるのに必要な情報が十分に提供されていない状態を意味する。とくに、売り手と買い手がもつ情報量が異なる場合を**情報の非対象性**（asymmetry of information）という。

　毎日のように排出しているゴミが、どのように処理されているのかを知っているだろうか。われわれが排出する一般廃棄物の多くは、地方自治体が回収・処理しているため不法投棄などの問題はないだろうという前提でゴミの処理サービスを利用していることと思う。しかし、処理業者に委託して処分される産業廃棄物において、しばしば不法投棄が問題となるのはなぜだろうか。

　ゴミの排出者は、廃棄物処理業者から処理サービスを購入することとなる。しかし、一般の市場財と大きく異なるのは、購入したサービスの内容を確認しない点である。多くの排出者にとって必要なサービスとは、目の前のゴミを見えないどこかへ運び去ることであり、そのゴミがどのように最終処理されているのかまでは、関心が向かないことが多い。このとき、ゴミの排出者が処理業者を選ぶときに基準となるのは、価格のみとなる。法令を守りリサイクルまで行う割高なA社と不法投棄する割安なB社が市場で競争する場合、B社が選ばれることになる。その結果、A社のような優良な処理業者は価格競争に敗れて、最終的には市場から退出し、市場には不法投棄を行う業者ばかりが残ることとなる。このような現象を情報の非対称性による**逆選択**（adverse selection）と呼んでいる。

4 環境政策の手段

 以上で取り上げたように、市場の失敗が生じているときに環境問題が生じているならば、その市場の失敗を補正し、社会的純便益を最大化するような環境政策を施す必要がある。以下では、環境政策の代表的な手段として命令・統制的手段、経済的手段を取り上げ、各手段の具体的手法について解説する。

命令・統制的手段 命令・統制的手段とは、罰則を備えた法的措置によって対象者に一定の行動を求める手段を意味する。具体的な手段として**行為規制、手続規制、性能（パフォーマンス）規制**がある。行為規制とは、環境問題につながる行為を抑制・禁止したり、環境問題を防止するための行為を定める規制である。景観美を維持するための看板設置の規制や、亜硫酸ガスによる大気汚染を防止するために脱硫装置の設置を義務づける規制などがこれにあたる。行為規制は、あるべき姿を政策決定者が規定するため、問題に緊急性がある場合には、罰則と組み合わせることですみやかな効果の発現が期待できる。しかし、行為規制と同様の効果を原因者側の創意工夫によって、より低い費用で達成できる余地がある場合は、社会的な費用を割高にしてしまうといった欠点もある。

 手続規制とは、環境負荷が発生する行為について、事前あるいは実施中において原因者がとるべき手続きを定める規制である。代表的な手続規制には、**環境影響評価（環境アセスメント）**がある。環境影響評価法では、事業者は①評価項目・手法の選定（評価方法書の作成）、②評価の実施、③評価結果（環境影響評価準備書）の検討と再評価を経て環境影響評価書を作成し、各行政機関による認可等の審査を受けて事業を着工するといった手続が定められている。また、情報の非対称性による逆選択を防ぐために、産業廃棄物処理において定められたマニフェスト制度も手続規制の1つと考えることができる。**マニフェスト制度**では、産業廃棄物の排出者が管理票を発行し、各処

理段階を担当する処理業者ごとに処理内容を管理票に記入させ、最終処分業者が排出者に管理票を回送するように手続を定めている。これによって、排出者は処理業者の処理内容を把握することができ、情報の非対象性を解消することができる。

　性能（パフォーマンス）規制とは、あらかじめ定めた環境負荷水準など環境パフォーマンスを原因者に遵守させる規制である。具体的には、大気汚染防止法による自動車排ガス規制、同法のばい煙規制、水質汚濁防止法の排水規制などがある。性能（パフォーマンス）規制は、行為規制に比べると、望ましい環境水準を達成するための手段を原因者が、創意工夫によって選択することができるメリットをもつ。また、行為規制と同様、罰則と組み合わせることによって即効性が期待できる。しかし、このようなメリットをもつ性能（パフォーマンス）規制には、社会的純便益の最大化という視点からは、いくつかの問題点が指摘されている。その1つが、社会的純便益の最大化を達成できるような環境負荷水準の設定が極めて難しい点、もう1つが、環境負荷物質の排出量を原因者間で配分することの困難さである。

　社会的純便益の最大化を達成できるような環境負荷水準を決定するためには、政策決定者が環境負荷の限界費用曲線をあらかじめ知っておかなければならない。加えて、原因者の限界費用曲線および社会全体の限界効用（便益）曲線も知っておく必要がある。しかし、これらの作業は極めて困難であることから、政策決定者が定めた環境負荷水準は非効率な水準になる可能性が高い。

　社会的に望ましいとされる環境負荷水準が政策決定者によって定められれば、各原因者の限界費用が一致する削減量で総削減量を配分するのが望ましい。しかし、政策決定者が原因者すべての限界費用曲線を知ることは難しいことから、現実には、一律の削減量を課すか、過去の排出量の比率で配分することとなる。このようにして削減量を配分しても多くの場合で、各原因者の限界費用を一致させることは難しく、結果として非効率な配分となる。

第 7 章　環境政策の経済学的基礎

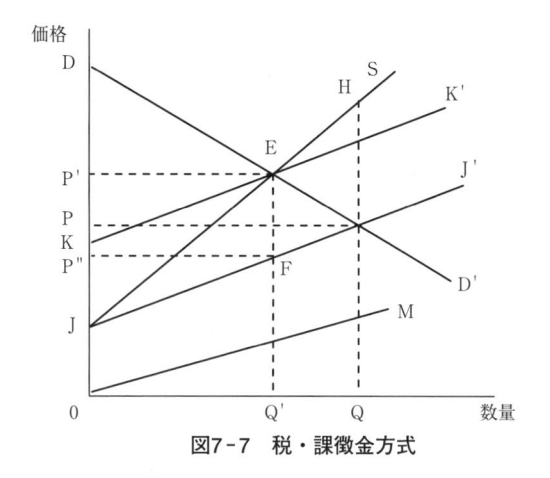

図7-7　税・課徴金方式

|経済的手段| 経済的手段とは、経済的なインセンティブ（誘因）を利用して、各主体の経済的合理性に沿った行動を誘導することによって望ましい環境水準を達成しようとする手段である。具体的な手法としては、税・課徴金、**排出権取引**などがある。以下では、環境税論議の出発点とされることの多い税・課徴金手法として**ピグー税**（Pigou tax）と**ボーモル・オーツ税**（Baumol-Oates tax）を取り上げ、また、地球温暖化問題でも注目されている総量規制・排出権取引（emissions trading）についても取り上げる。

図7-5が示したように、外部性の存在が環境問題をもたらしている場合、環境負荷を発生させている財の生産量は過剰となり、社会的総余剰にも損失が発生する。そこで、外部不経済として市場に算入されていない環境負荷の限界費用を内部化し、社会的限界費用に近づけることで、社会的最適生産（負荷）量を達成しようというのがピグー（Pigou, A. C.）の提唱したピグー税の発想である。このとき、環境負荷の限界費用は、税・課徴金として生産者に賦課される。図7-7は、図7-5にピグー税を課したときに達成される社会的最適生産（負荷）量を表している。生産物1単位当たりに税額EFを課すことによって、生産者の限界費用曲線JJ'はKK'となり、価格はPからP'に

上昇して市場供給量もQから社会的最適生産（負荷）量となるQ'に減少する。

このように、環境負荷の原因者に環境負荷の費用を負担させ、社会的最適生産（負荷）量を達成しようとするピグー税は、OECD（経済協力開発機構）が1974年に提唱した**汚染者負担の原則**（PPP: polluter pays principle）にも合致することから、環境税論議の出発点とされている。しかし、ピグー税が機能するためには、性能（パフォーマンス）規制と同様、事前に環境負荷の限界費用曲線、生産者の限界費用曲線そして需要曲線を把握しておく必要がある。これらの把握は難しいことから、税額EFもまた一意に定めることは難しい。

したがって、最適税額による社会的最適生産（負荷）量の達成ではなく、社会的に望ましいとされる生産（負荷）量は別途定めて、その生産（負荷）量を達成するための税額を試行錯誤しながら探し出すというボーモル・オーツ税がボーモル（Baumol, W. J.）とオーツ（Oates, W.）によって提唱された。ボーモル・オーツ税では、社会的純便益の最大化という観点から最適生産（負荷）量を達成することはできないが、社会が合意した最適生産（負荷）量の達成は可能となる。

しかし、ボーモル・オーツ税を仮に導入することができたとしても、結果として得られた最適税額が桁外れに高額となった場合、社会的な合意を得るのは難しいだろう。また、税金とは、そもそも政策実施の財源として必要最小限に徴収されるべきものであり、使用目的を定めない課税自体が議論の対象となる可能性もある。このような理由から、厳密な意味でピグー税あるいはボーモル・オーツ税といえる環境税は現在のところ存在していない。現実の環境税の多くは、環境負荷削減と同時に環境負荷削減技術の開発支援のための財源確保を名目として行われている。

環境負荷を発生させる生産者の限界費用を考慮せずに環境負荷の削減量を配分することが非効率な資源配分をもたらすことは、性能（パフォーマンス）規制で触れたとおりである。そこで、環境負荷の総量とその初期配分を定めた後は、原因者間で環境負荷の排出枠の売買を可能としたのが、排出権取引

第 7 章　環境政策の経済学的基礎

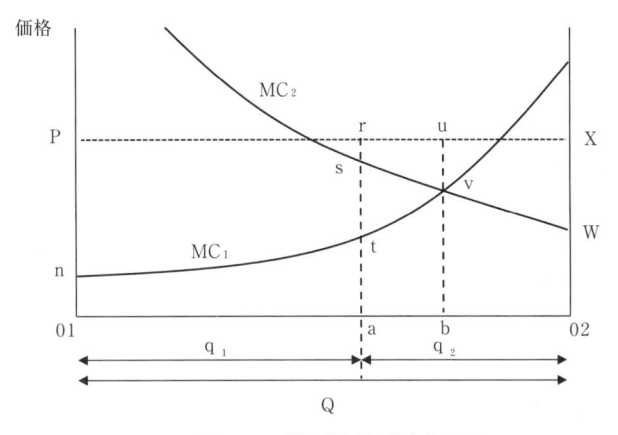

図7-8　総量規制と排出権取引

出所：佐藤（1994：25）を一部加筆。

である。排出権取引のメリットは、第 1 に排出権の売買を通じて、原因者間の環境負荷削減に関する限界費用を等しくし、社会的総便益の最大化が可能となること、第 2 に刻々と変化する市場状況に柔軟に対応することが可能な点である。

図7-8は、環境負荷を排出している生産者 2 者による排出権取引を表した図である。01から02のQは総量規制によって定めた排出枠である。生産者 1 の初期配分量をq_1、限界費用曲線をMC_1、生産者 2 の初期配分量をq_2、限界費用曲線をMC_2とすると、生産者 1 の生産者余剰はPntr、生産者 2 の生産者余剰はXwsrとなり、Pntr＋Xwsrが総生産者余剰となる。このときの生産者 1 の限界費用はat、生産者 2 の限界費用はasであり、生産者 2 の限界費用が割高になっている。そこで、生産者 1 が生産者 2 の排出枠abを買い取ったら、総生産者余剰はどのように変化するだろうか。まず、生産者 1 は生産者 2 から排出枠abを買い取り、生産者 2 に代金を支払う。生産者 2 にとっては、ab分の売上げrabuから費用sabvを差し引いた生産者余剰rsvu分の代金を受け取ることができれば排出枠の売却に同意するだろう。このとき、生産者 1 は、rsvu分の支払いを行い、sabvの費用を差し引いてもstv分の生産者

91

余剰が手元に残ることととなる。したがって、排出枠の売買によって生産者1と生産者2の限界費用は等しくなり、総生産者余剰はstv分だけ増加することによって社会的総便益は最大化される。

参考文献
1．植田和弘（1997）『環境政策の経済学——理論と現実——』日本評論社。
2．倉阪秀史（2004）『環境政策論　環境政策の歴史及び原則と手法』信山社。
3．佐藤豊信（1994）『環境と資源の経済学』明文書房。
4．柴田弘文（2002）『環境経済学』東洋経済新報社。

［岩本　博幸］

第8章
地域農林業資源の公益的機能

1　地域農林業資源のもつ公益的機能評価の必要性

　地域における農林業資源は、農林業資源本来の生産活動機能である「農林業生産機能」と、一般的には環境保全的機能として位置づけられ、理論的には農林業資源の**外部経済効果**として把握される「非農林業生産機能」の2つの機能的側面をもっている。農業資源において、耕種部門の農業総産出額は1993年で8兆6,945億円であり、これは「農業生産機能」の「農産物供給機能」の効果とみなされる。これら農業資源を用いて適切な生産活動が営まれることにより、同時に、「非農業生産機能」が果たされているとみなされる。例えば、水田における「洪水防止機能」「水資源涵養機能」や、畑における「洪水防止機能」「景観保全・保健休養機能」などが代表的な「非農業生産機能」である。しかしながら、これら「非農業生産機能」に対して、機能の享受者である住民が金銭的に対価を支払うことはない。すなわち、市場機構を通じてこれら機能の貨幣評価を行うことはできない。「環境」資源は市場を介して取引されることはない。
　このように、地域農林業資源のもつ環境財としての価値は、市場機構をつうじて貨幣評価することは不可能である。それでは、「環境」のような財の価格、数量、そして品質等の情報の入手が困難な非市場財の「価値」評価は、どのような手法を適用するのならば可能であろうか。地域農林業資源のよう

な「環境」がもつ外部経済効果の評価に関しては、環境財一般において広くかつ膨大な研究蓄積がなされている欧米諸国においてさえその蓄積が乏しい状況にあり、ましてわが国においては、こうした研究はようやく緒についたばかりである。

本章においては、地域農林業資源のもつ**公益的機能**を明確にするとともに、その「環境」の貨幣評価の手法を紹介する。

2　地域農林業資源の多面的機能

ここでは、浦出ほか（1992：35‐49）に依拠し、地域農林業資源の範囲及び特性をみていく。

地域資源の定義とその特性　まず最初に、浦出ほかは次のように**地域資源**を定義している。すなわち、「地域資源」とは、「地域に存在し、そこにおける経済活動に利用可能な財・サービスをもたらすもの、またはその利用を目的として、それに一定の加工を施したもの」であり、その存在場所および効果発現範囲として、地域性の考慮が必要であることを指摘している。

また、これらに定義される「地域資源」のもつ特性は、簡潔に以下の3点にまとめられている。

第1の特性は、その資源が地域に固有であり、他の地域への空間的な移転（移動）が不可能、あるいは、そのためには非常に大きな犠牲を必要とすることである。

第2の特性は、資源の相互間に有機的な関係（有機的連鎖性）が存在し、その連鎖性を破壊すると資源の機能を失わせてしまうことである。

第3の特性は、それら資源は市場で取り引きすることが困難であり、市場メカニズムにはなじまないことである。

とくに第3の特性に関しては、資源がその消費に関して「非競合性」と「非排除性」という公共財に典型的な属性を有していることを強調している。「非競合性」とは、その財を複数の経済主体が同時に、または共同で利用し

ても相互に競合しないことであり、「非排除性」とは、特定の経済主体の利用を対価を支払わないという理由から排除することが不可能か、あるいは非常に高い費用でのみ排除が可能であることである。これらの関係が農地を例に簡潔に説明するならば、農地における農産物生産に関しては競合性や排除性が高いが、国土保全・アメニティ保全に関しては非競合性や非排除性が高くなることを指摘している。

地域農林業資源の多面的機能の分類　以上のような定義および特性の下で、浦出ほかは、地域農林業資源のもつ多面的機能を表8－1のようにまとめている。

まず、地域農林業資源は、農林業資源本来の機能である生産活動の機能である「**農林業生産機能**」と、一般的に**環境保全的機能**として位置づけられ、理論的に農業資源の**外部経済効果**として把握される「**非農林業生産機能**」の2つに分類されるとしている。

このうち前者の「農林業生産機能」は、①農林産物供給機能、②農林家所得形成機能、③地域内労働力吸収機能、④資産維持機能、⑤生き甲斐・楽しみ付与機能、⑥農業開発機能の6機能に大別され、さらに、①農林産物供給機能は、ⓐ食料供給機能、ⓑ農林産物自給機能、ⓒ食料安全保障機能に分けられる。また後者の「非農林業生産機能」は、一般的には「環境保全的機能」と称される機能であり、以下の5つに大別される。すなわち、①生物資源保存機能、②国土保全機能、③アメニティ維持機能、④地域文化維持機能、⑤地域社会維持機能である。さらに、①生物資源保存機能は、ⓐ遺伝資源保存機能、ⓑ野生生物保護機能、ⓒ生態系維持機能に、②国土保全機能は、ⓐ土地保全機能、ⓑ大気保全機能、ⓒ水環境保全機能に、③アメニティ維持機能は、ⓐ居住環境保全機能、ⓑ景観保全機能、ⓒ保健休養機能に分けられる。さらに、浦出ほかは、武内（1988：2－6）の区分にもとづき、これら「非農林業生産機能」をさらに詳細に分類している。

このように、浦出ほか（1992）が示した、地域農林業資源の便益を基準とした機能分類から「非農林業生産的機能」の多くは、「非競合性」と「非排

表8-1 地域農林業資源の機能分類

機能			便益の及ぶ範囲	非競合性	非排除性
農林業生産機能	農林産物供給機能	食料供給機能	国民全体	低	低
		農林産物自給機能	農林家	低	低
		食料安全保障機能	国民全体	高	高
	農林家所得形成機能		農林家	低	低
	地域内労働力吸収機能		地域居住者	低	低
	資産維持機能		農林家	低	低
	生き甲斐・楽しみ付与機能		地域居住者	低	低
	農業開発機能		発展途上国	高	高
非農林業生産機能 (＝環境保全的機能)	生物資源保存機能	遺伝資源保存機能	国民全体	高	高
		野生生物保護機能	国民全体	高	高
		生態系維持機能	国民全体	高	高
	国土保全機能	土地保全機能	地域居住者	高	低
		大気保全機能	地域居住者	高	低
		水環境保全機能	地域居住者	高	低
	アメニティ維持機能	居住環境保全機能	地域居住者	高	低
		景観保全機能	地域居住者・訪問者	高	高
		保健休養機能	地域居住者・訪問者	高	高
	地域文化維持機能		国民全体	高	高
	地域社会維持機能		国民全体	高	低

出所：浦出ほか（1992：37）。

除性」をもつことが読みとれる。加えて、このことが地域農林業資源を「環境財」として位置づけ、これら機能が**公益的機能**の多くを構成していることを示していることである。

地域農林業資源の公益的機能評価による資源維持への取組み――水田の公益的機能を中心に―― 　地域農林業資源のもつ多面的機能の評価が認識されるにつれて、地方自治体において、これら資源のもつ外部経済効果を積極的に評価し、国よりの交付金等を受け、それら資源の維持・保持に取り組む事例が次第に現れてきている。ここでは、そうした事例のなかで、水田のもつ外部経済効果を評価し、その維持・保持に取り組む事例を『農業白書　平成8年度』より紹介してみよう。

図8-1は、そうした取組み事例を示したものである。都市部においては、水田のもつ公益的機能のなかでも洪水防止機能を評価し、水田を洪水時の貯水槽として活用するために交付金を支払っている事例が多く見受けられる。また、対照的に中山間地域においては、棚田等にみられる国土・景観保全機

第 8 章　地域農林業資源の公益的機能

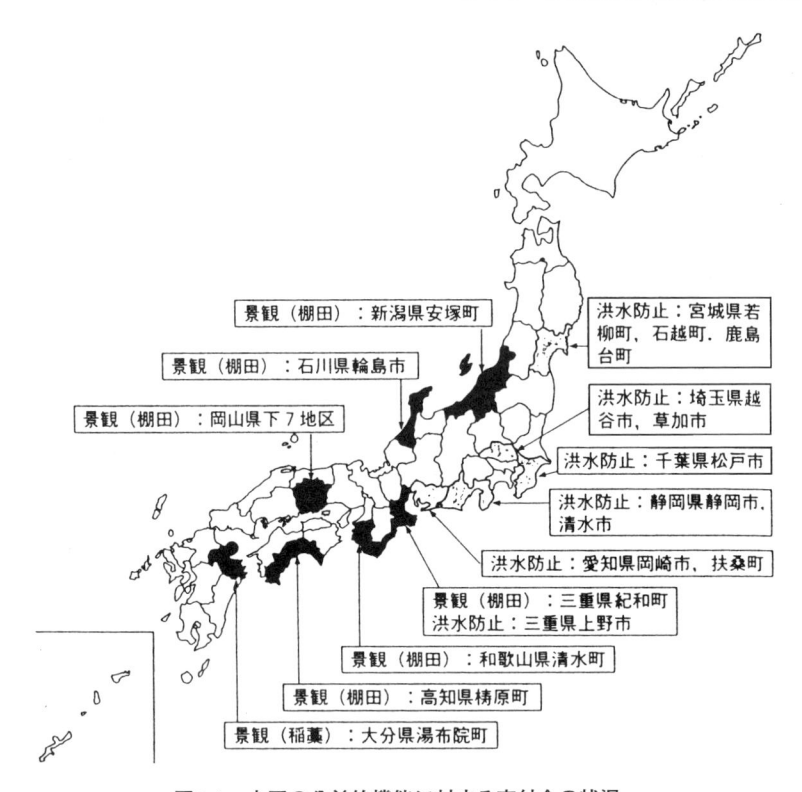

図8-1　水田の公益的機能に対する交付金の状況
出所：農林水産省『農業白書　平成 8 年度』（1997：94）。

能を維持するための取組み事例が多く見受けられる。

とくに、**棚田保全**に関して農水省は、1998年度より棚田が果たす環境保全等の公益的機能の対価を集落に支払う事業を導入する方針を決めている。事業は、ウルグアイ・ラウンド対策見直しで1998年度より始める「棚田地域保全対策」（3 年間、事業費540億円）の一環である。この事業がある意味で画期的なのは、財源として国と都道府県が設ける「棚田」基金と民間からの寄付金で賄うところにある。こうした取組みは、条件不利地域への日本型所得補償を検討するうえで実験事業となるものとしても注目されている。

3　地域農林業資源の公益的機能評価手法

　ここでは、わが国でこれまでなされてきた「環境」資源の「価値」評価＝環境評価の手法のなかで、代表的であるとみなされる、①**代替法**、②**トラベルコスト法**、③**ヘドニック法**、④**仮想状況評価法**（CVM）の特徴を、出村ほか（1998）及加藤（1997）の説明を参考にみてみる。

　代替法　　代替法（replacement cost method）は、環境の変化により喪失される特定の機能を他の市場財が代替するものとして、それに要する費用をもって評価する方法である。そのため、価値評価が可能である多面的機能は、代替可能な市場財が存在する機能に限定される。代替法は、1972年に林野庁が森林の公益的機能評価に適用し、その後、主として水田の公益的機能評価に適用され、今日に至っている。例えば、この評価手法を適用して、水田の洪水防止機能の評価を行うとき、代替財としては治水ダムの建設費が用いられ、その機能の評価額が算出される。しかしながら、この手法を用いて、水田の景観保全機能の評価のように、その代替財が存在しない機能を評価することは困難である。

　トラベルコスト法　　トラベルコスト法（travel cost method）は、消費者が対象となる環境財を「訪問」という形態で利用することにより、消費者＝訪問者が享受する便益を、訪問者が財・サービスの利用に要する旅行費用と利用頻度にもとづき、マーシャルの消費者余剰の推計を行うことを通じてなされる価値評価である。主として、景観形成機能、レクリエーション空間提供機能、教育環境提供機能などの機能を総合した価値評価に優れた手法である。しかしながら、環境財・サービスにアクセスするまでの時間の機会費用に関して一致した見解が存在しないことや、一度の旅行での複数の環境財・サービスの利用にともなう旅行費用配分の困難性等が価値評価に際しての問題として指摘される。

第 8 章　地域農林業資源の公益的機能

ヘドニック法　ヘドニック法（hedonic pricing method）は、ウォー（Waugh, F. V.）によるボストン産アスパラガスの価格分析をその起源とし、その後、コート（Court, A. T.）により「ヘドニック」という用語が用いられ、グリリケス（Griliches, Z.）により自動車に応用されて以降、耐久財を対象とした分析に応用されるに至った財の品質測定の方法に関する分析方法である。その後、資産価値法の一種として、地域資源の外部経済効果が土地および住宅等の資産価格に影響を及ぼすとの観点から環境の価値評価額の計測に応用され、今日に至っている。この観点においては、環境の相違がどのように地価あるいは住宅価格等に影響を及ぼしているのかを明らかにすることを通じて、環境の価値を評価するものである。こうした環境の価値を地価によって測定する方法は、キャピタリゼーション仮説に依拠しており、これは、環境改善の社会的価値は地価に表されるとするものである。しかし、地価高騰の影響を受けている時期等は、適切な環境評価が困難であることが指摘される。

仮想状況評価法　仮想状況評価法（CVM：contingent valuation method）とは、実際に市場における取引が存在しない環境財に関して仮想的な市場を創設し、その財の享受者に対してアンケート調査等を通じて種々の仮想状況の提示を行うことにより価値評価を推定する手法である。他の手法では、一般的に価値評価が困難とされるオプション価値、遺贈価値、非使用価値等の評価を行うことが可能であることが特徴である。しかしながら、最大の問題点は、仮想状況に対してアンケートを通じた質問形式を採るため、それらの回答にさまざまな原因からバイアスが生じる可能性を否定できないことがあげられる。

　これら 4 つの環境評価手法は、いずれも長所・短所をもち合わせており、一概にいずれが優れた手法であると断定することは困難である。環境財には、基本的には市場機構が作用しない（＝存在しない）のであるから、それらの計測結果を実態と比較・検証することは不可能である。現実的な方法としては、特定の環境財の価値評価に際して、複数の手法を適用して、その結果を

比較・検討することが望ましい。

4 地域農林業資源の公益的機能評価

地域農林業資源の もつ外部経済効果 　地域農林業資源は、それら資源が本来的にもつ「農業生産機能」である生産活動を通じて、①**洪水防止機能**、②**水資源涵養機能**、③**土壌浸食・土砂崩壊防止機能**、④**土壌浄化機能**、⑤**農村景観・保健休養機能**、⑥**大気浄化機能**等の多面的・公益的機能をもっている。

　表8-2は、農用地、水田および畑がもつこうした多面的・公益的機能の評価について、代替法を適用して試算したものを年次別に示したものである。

　1995年試算結果にもとづきその公益的機能の便益をみてみれば、全機能の便益を合計したものは、水田が4兆6,275億円／年、畑が2兆255億円／年で、これらの合計は6兆6,530億円／年となっている。水田、畑別にそれぞれの機能の便益をみてみれば、水田における各機能は、①洪水防止機能：1兆9,527億円、②水資源涵養機能：7,938億円、③土壌浸食・土砂崩壊防止機能：472億円、④土壌浄化機能：45億円、⑤農村景観・保健休養機能：1兆7,116億円、⑥大気浄化機能：1,717億円であった。同じく畑における各機能は、①洪水防止機能：3,881億円、②水資源涵養機能：236億円、③土壌浸食・土砂崩壊防止機能：55億円、④土壌浄化機能：37億円、⑤農村景観・保健休養機能：1兆4,581億円、⑥大気浄化機能：1,465億円であった。仮に、①～④までの機能を国土保全機能とみなせば、水田においては2兆7,442億円、同じく畑においては4,209億円となる。この国土保全機能と先に示した⑤農村景観・保健休養機能を比較するならば、水田においては、国土保全機能が農村景観・保健休養機能を大きく上回るのに対して、畑においては、農村景観・保健休養機能が国土保全機能を大きく上回るという対照的な試算結果となっており、水田、畑のそれぞれのもつ公益的機能の特徴が示されている。

第8章　地域農林業資源の公益的機能

表8-2　地域農林業資源の公益的機能
——代替法による試算——

(単位：億円／年)

機能	便益	1982年評価額 農用地合計	1991年評価額 水田・畑計	1995年評価額 水田	1995年評価額 畑	1995年評価額 計	1998年評価額 全国	1998年評価額 中山間地域
洪水防止機能	洪水被害の軽減	8,500	12,210	19,527	3,881	23,408	28,789	11,496
水資源涵養機能	河川流況の安定及び安価な地下水の供給		5,954	7,398	236	7,634	12,887	6,023
土壌浸食・土砂崩壊防止機能	土壌浸食や土壌崩壊による被害の軽減	1,000	370	472	55	527	4,279	2,584
土壌浄化機能・有機性廃棄物処理機能	食物残渣等の廃棄物処理費用の軽減	1,400	43	45	37	82	64	26
農村景観・保健休養（やすらぎ）機能	都市住民訪問による価値	2,300	28,458	17,116	14,581	31,697	22,565	10,128
大気浄化機能・気候緩和機能	大気汚染ガスを吸収し大気を浄化	108,500	0	1,717	1,465	3,182	204	62
合計		121,700	47,035	46,275	20,255	66,530	68,788	30,319
【参考】森林		244,500	390,000					

注：1982年評価額は「80年代農政の基本方向」より、1991年評価額は三菱総合研究所『水田の外部経済効果に関する報告』(1991)より、1995年評価額は1993年度の農林水産省データを中心に三菱総合研究所が試算したもの(1994年度)であり、1998年評価額は農業総合研究所が試算したものである。
出所：農林水産省『農業白書』(1991年版、1997年版)、農業総合研究所「農業・農村の公益的機能評価」(1998年)、『農業総合研究』農業総合研究所、第52巻第4号より。

　こうした結果は、耕地面積に占める水田の割合が約55％を占めるわが国にあっては、農業資源の公益的機能として国土保全機能に対する理解が高いのに比べて、農村景観・保健休養機能に対する理解が必ずしも高いとはいえない、という認識に結びついていく。この点は、畑作中心のヨーロッパにおける農業資源の公益的評価における農村景観・保健休養機能に対する高い理解とは著しい相違をなしている。

首都圏地域における農業資源の外部経済効果　次に、首都圏区域全域の都市を分析対象にして、ヘドニック法を適用した地域農業資源の環境財としての経済的効果を試算した結果をみてみる(寺内，1996：79-90)。

　分析対象は、1都7県からなる首都圏区域の全都市であり、東京都は区部を含む28市、茨城県20市、栃木県12市、群馬県11市、埼玉県42市、千葉県30市、神奈川県19市、山梨県7市の合計169市である。ここでは、ヘドニック法の分析モデルの応用例のなかで、部分均衡モデルではなく一般均衡モデルであるローバック・モデルを援用した。

第 2 部　環境経済を学ぶ

単位：1,000円／ヘクタール

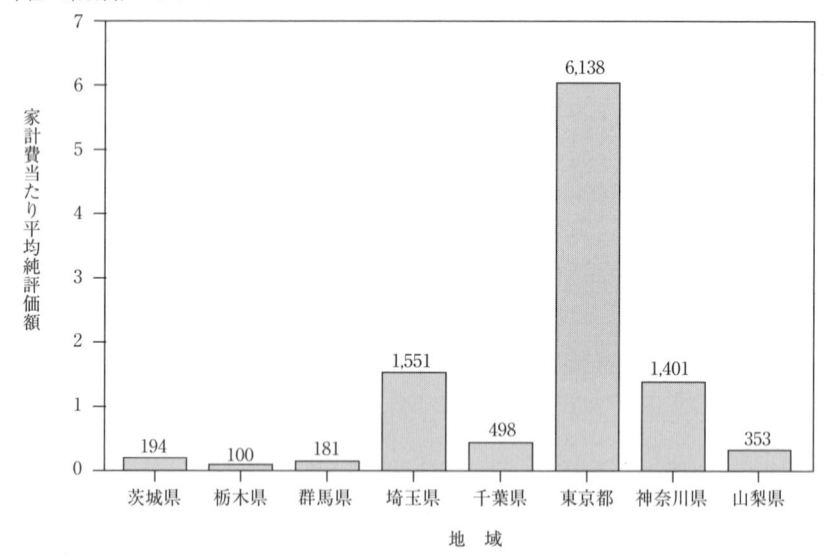

家計費当たり平均純評価額

図8-2　都県別市部における農業資源の家計当たり純評価平均
——ヘドニック法による試算——

　首都圏区域における農業資源の経済的効果は、各県ごとに高い都市の順でみてみれば、茨城県は古河市：865円／ヘクタール、栃木県は日光市：503円／ヘクタール、群馬県は富岡市：567円／ヘクタール、埼玉県は戸田市：11,476円／ヘクタール、東京都は多摩市：19,931円／ヘクタール、神奈川県は鎌倉市：9,610円／ヘクタール、山梨県は富士吉田市：687円／ヘクタールとなっていた。

　これを各県別に平均値でみてみれば、図8-2に示すように茨城県：194円／ヘクタール、栃木県：100円／ヘクタール、群馬県：181円／ヘクタール、埼玉県：1,551円／ヘクタール、千葉県：498円／ヘクタール、東京都：6,138円／ヘクタール、神奈川県：1,401円／ヘクタール、山梨県：353円／ヘクタールという結果が得られている。

　経済企画庁「国民選好度調査」(1993年度)によれば、自然とのふれあいに対するニーズを各都道府県別にみてみれば、東京都、神奈川県、埼玉県、

京都府、大阪府等の都市化が著しく進行したという特徴をもつ地域ほど「自然」を強く求めていることが報告されており、居住環境における「自然」の存在意義の大きさが示唆される。

都市の居住環境における地域農業資源の外部経済効果の存在と、こうした報告を考え合わせるならば、高度経済成長以降の工業化・都市化の進行によって「自然」と分断されるなかにあって、都市近郊に居住する地域住民は、その地に存在する地域農業資源というよりも、身近な「自然」という環境財としての経済的効果を享受しているものと推測される。また、最近の「グリーン・ツーリズム」等の都市と農村の住民交流等も都市住民の自然への回帰現象ともみなされることから、都市部における農業資源の公益的機能の重要性があわせて認識される。

5 地域農林業資源の維持・保全にむけて

地域農林業資源がもつ公益的機能が認識されるにつれて、その機能の維持・増進が必要不可欠な段階に至っている。

先に指摘したように、1994年の代替法を用いた水田の公益的機能の評価額は、4兆6,275億円／年であり、同年の米の総産出額3兆8,751億円の約1.2倍に当たる。この公益的機能を生むためのコスト、すなわち水田を維持するコストは、主にその生産者が負担している。公益的機能の受益者である消費者は、その一部を稲作経営に対する政府からの補助金や農業構造改善事業費等の形態で間接的に負担しているにすぎない。

今後とも、こうした地域農林業資源の公益的機能を維持し、その効果を享受するためには、公益的機能の受益者である消費者においても、地域農林業資源の維持・保全コストの一部を負担する必要も生じる。

このように、地域農林業資源を保全し、それが有する公益的機能を維持・増進するための政策を具体化するに際しては、それら資源維持に対する費用負担の合意形成を図ることが必要不可欠である。そうした合意形成に際して

の客観的な根拠を提示するためにも、「環境」の貨幣評価の確立は重要な意義をもつともいえよう。

参考文献
1. 植田和弘（1997）『環境政策の経済学——理論と現実——』日本評論社。
2. 浦出俊和ほか（1992）「地域農林業資源の経済評価に関する研究」『農村計画学会誌』第11巻1号。
3. 加藤弘二（1997）「畜産の多面的機能とその評価方法」農政調査委員会『畜産農業が有する外部経済効果の評価に関する委託研究事業報告書』農政調査委員会。
4. 嘉田良平ほか（1995）『農林業の外部経済効果と環境農業政策』多賀出版。
5. 佐藤豊信（1994）『環境と資源の経済学』明文書房。
6. 武内和彦（1988）「環境保全機能と農村環境システムの再編」『環境情報科学』第17巻第4号。
7. 出村克彦ほか編著（1999）『農村アメニティの創造に向けて——農業・農村の公益的機能評価——』大明堂。
8. 寺内光宏（1996）「首都圏区域における農業資源の外部経済効果」『農村研究』第83号。
9. ピアス、D. W. ほか（1994）『新しい環境経済学——農業・農村の公益的機能評価——』和田憲昌訳、ダイヤモンド社。
10. 三菱総合研究所（1991）『水田のもたらす外部経済効果に関する調査・報告書』。

［寺内　光宏］

第9章
農業・農村の多面的機能に関する環境経済評価の現状

1　はじめに

農業・農村の多面的機能　農業や農村は、食料を生産するだけではなく、様々な機能をもっている。例えば、水田が雨水を貯留して洪水を防止したり、雨水等が地下に浸透して地下水を涵養したり、美しい田園景観を形成したり、**グリーン・ツーリズム**をはじめとするレクリエーションの場を提供したりしている。このような機能は総称して、**農業・農村の多面的機能**と呼ばれている。

このような多面的機能は、**外部経済効果**として発揮されている。外部経済効果とは、市場で取引に参加していない人や企業等の主体に正の影響を与えるものである。上述の例でいえば、食料を生産すること以外の項目が外部経済効果となっている。農産物をはじめとする食料を入手するためには、生産者等に対価を支払わなければならないため、外部経済効果とはならない。

この外部経済効果は、市場で評価されない。言い換えると、農業が行われることにより、飲み水や工業用水となる地下水が涵養されたり、都市住民が美しい田園景観を見て満足したりしても、それらの機能を発揮させている農家に対して、受益者が直接的に対価を支払うことはない。ただし、これらの機能には価値があると多くの人が認めている。耕作放棄地が増大する等、農業が衰退してしまうと、これらの機能が十分に享受できなくなる。このよう

な状態では、農村に居住する人はもちろんのこと、都市に居住する人にとっても大きな損失となる。そこで、これらの機能がどの程度の価値をもっているかを推定し、農村環境を保全することの重要性を明らかにする、そしてその結果を政策に反映させることが重要となる。

　上記のような、農業や農村の多面的機能をはじめとする環境を金銭的に評価する方法は、**環境経済評価**、または**環境評価**と呼ばれている。本章では、環境経済評価を行う上で必要となる調査について概説する。また、環境経済評価手法で最もよく適用されている**CVM**（contingent valuation method：仮想状況評価法）について説明を行い、農業や農村に関連する研究に焦点を当てて紹介する。

2　環境経済評価に関する調査

環境経済評価の調査方法　環境経済評価手法の中でも、CVMと第8章で紹介されたトラベルコスト法については、アンケートを実施して、分析に必要なデータを収集することが一般的である。そこで本節では、アンケートの実施に関する説明を行う。

　CVMについても、トラベルコスト法についても、郵送法による調査と調査員が直接質問する面接法による調査が一般的である。トラベルコスト法を適用する場合には、アンケートの対象者が、評価対象となる目的地を訪問した個人であるので、調査の効率性を考慮に入れると、目的地における調査員による面接法が一般的である。ただし、目的地を頻繁に訪問する個人が、アンケートに回答する確率が高くなることには注意が必要である。トラベルコスト法による評価を郵送法による調査を通じて行う場合には、目的地を訪問しない標本を多く含む可能性があり、分析を行うのに十分な標本数を得るためには、相当数の調査票を配布する必要がある。

　CVMの場合には、トラベルコスト法のように評価対象となる場所において調査を行うことはあまりなく、対象が及ぼす受益範囲について特定を行い、

その地域を対象にして調査を行うことが一般的である。CVMにおける面接法の実施には、経験を積んだ調査員を多く必要とすることになる。それは、調査員が仮想的な状況や回答方法に関する説明等、専門的な知識を要求されるからである。このため、郵送法と比較すると、時間と費用がより多く必要になる。また、近年の各種の詐欺事件の影響から、面接調査や電話調査を実施しても、調査協力者がなかなか得られないという問題も生じている。上記の理由から、わが国でCVMを実施する場合には、郵送法による調査が一般的である。

郵送調査の手順　受益範囲が決定したら、標本抽出を行う。標本抽出の方法としては、選挙管理委員会の保有する選挙人名簿、住民基本台帳、電話帳を利用することが多い。ただし、近年では、電話帳に電話番号を掲載する人が少なくなっており、また回答者が世帯主に偏る傾向がある。そのため、選挙人名簿か住民基本台帳を利用することが望ましい。しかし、住民基本台帳等の利用は、個人情報保護の観点から年々厳しくなっており、研究目的であっても閲覧の許可が出ない場合もある。また、許可が得られたとしても、自治体によっては閲覧料が必要になるところもある。

以下では、関東森林管理局東京分局（2002）に従って、選挙人名簿を利用した標本抽出の手順を説明する。まず、選挙管理委員会に各投票区における登録者数を質問する。次に、抽出する選挙区の数を決定する。そこで投票区の累計を求める。そして、登録者の総数から抽出する選挙区の数の分だけ乱数を発生させ、抽出投票区を決定する。最後に、抽出投票区のそれぞれにおいて乱数を発生させて、抽出する被験者を決定する。一般に、選挙人名簿は手書きによる書取りであるので、名簿の書取りの前に抽出作業を終了させて、その結果をもとに記入票を作成しておく方がよい。

この郵送法による調査では、回収率が2～3割程度であることが一般的である。このときには、仮に1,000部郵送しても、200～300部程度しか返送されない。また、有効回答数はこれよりもさらに少なくなる。そのため、回収率を高めるために、対象の関係機関や大学等の学術団体の封筒を利用する、

アンケート票の枚数を少なくする、図表等を用いて分かりやすく説明する、アンケート票を返送しない被験者に対して催促状を出す等の工夫が必要である。ただし、調査対象や調査地域によっても回収率が大幅に異なる可能性がある。

また、時間及び費用に余裕があれば、プレテストを実施することが望ましい。プレテストを実施することにより、アンケート票の問題点が明らかになったり、提示額の妥当性を検証することが可能になったりする。

CVMを行う場合に、現状がどのような状態であり、政策や事業の実施によりどのように変化するのかについて、可能な限り詳細な情報を被験者に提供しなければならない。ただし、その際には、回答を誘導しないように注意を要する。また、評価したい機能以外のものが評価されないようにしなければならない。

調査項目としては、CVMに直接関連する項目や対象に関する認識についての項目以外にも、年齢、性別、居住地、居住年数、職業等の個人属性についても質問を行わなければならない。ただし、アンケートは一般に匿名で行われるので、被験者を特定できるような質問は避けるべきである。

3 CVMによる評価

二段階二肢選択形式CVM　CVMは質問形式が数種類あるが、最も一般的な形式は二段階二肢選択形式である。この形式は、下記のとおりに行われる。まず、設定されたシナリオに対して、1段階目として提示された1つの金額に対する支払意志を質問する。その回答に対して支払意志を表明した被験者は、2段階目の質問として初期提示額よりも高い金額が提示され、支払意志に関する質問を受ける。一方、1段階目で支払意志がないと表明した被験者に対しては、2段階目の質問として初期提示額よりも低い金額が提示され、支払意志に関する質問が行われる。このことにより、被験者の支払意志額の範囲が決定する。これを示したものが、図9-1である。

```
|  | nn |  | ny |  | yn |  | yy |
```

| 0 | 初期提示額がnoの場合の
2段階目の提示額 | 初期提示額 | 初期提示額がyesの場合
の2段階目の提示額 |

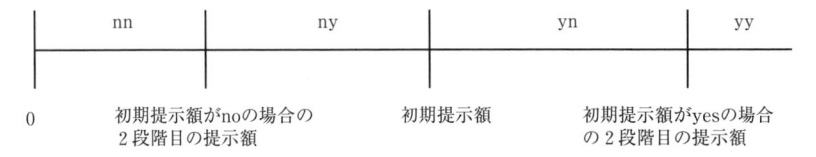

図9-1 二段階二肢選択形式における提示額の概念図

注：表中の2つのアルファベットについては、最初の文字が初期提示額に対する回答であり、2番目の文字が2段階目の提示額に対する回答である。「y」がyes、「n」がnoを意味している。例えば、「yy」は1段階目に「yes」、2段階目に「yes」を表明した場合である。

ノンパラメトリック法　実際にアンケートを行う際に、二段階二肢選択形式の場合、初期提示額及び2段階目の提示額のみを変えて、質問表を数種類作成する必要がある。

　推定方法の1つとして、より容易に評価額の計測が可能になった寺脇（1998）のノンパラメトリック法がある。この研究により、複雑な計算を行う必要もなく、また専門的な統計パッケージソフトを利用しなくてもよくなり、Excelや電卓等で支払意志額を計測することが可能になった。農村環境整備センター（2000）のように、この方法を具体的に推定するためのマニュアルがある。

　寺脇のノンパラメトリック法では、ある初期提示額について、それよりも直近に低い初期提示額を受諾した場合の2段階目の提示額、及びそれよりも直近に高い初期提示額を受諾しなかった場合の2段階目の提示額と同一にすることが一般的である。表9-1は、農村環境整備センター（2000）が示した例である。この表の例で具体的に説明すると、調査票番号2の初期提示額の1,000円は、調査票1の初期提示額を受諾した場合の提示額と同一であり、また調査票3の初期提示額を受諾しなかった場合の提示額と同一である。

　寺脇のノンパラメトリック法では、各提示額に対する受諾率を計算し、それをもとに受諾率関数を推定する。そしてその内側の面積を計算する。この計算の結果が、支払意志額の平均値となる。また、この方法では、支払意志額が0の場合には、受諾率が100%になるという仮定が必要である。また、

表9-1　二段階二肢選択形式CVMにおける提示額の例

調査票の種類	初期提示額	次段階の提示額	
		初期提示額を受諾した場合	初期提示額を受諾しなかった場合
1	500	1,000	250
2	1,000	3,000	500
3	3,000	5,000	1,000
4	5,000	10,000	3,000
5	10,000	30,000	5,000
6	30,000	50,000	10,000
7	50,000	100,000	30,000

注：農村環境整備センター（2000：42）を修正して転載。

最大提示額で打切りを行うことが多い。

抵抗回答と辞書式選好　受諾率を計算する場合に注意しなければならないこととして、**抵抗回答**と**辞書式選好**を表明した標本を除外することがある。抵抗回答とは、調査において評価対象となる財や支払手段等に対して、被験者が何らかの抵抗感を抱き、提示額の支払いを拒否する回答である。初期提示額、2段階目の提示額が共にnoという回答が、抵抗回答である可能性がある。このために、上記の回答を行った被験者については追加の質問を行い、抵抗回答を判別しなければならない。抵抗回答が除外されなければ、支払意志額が低めに歪んでしまう。

辞書式選好とは、他の財をどれだけ減少させようとも、設定されたシナリオを選好するため、回答者の支払意志額が極端に高くなる選好のことである。言い換えると、回答者が複数の財の比較を行い、ある財が極めて重要であると考える選好のことである。初期提示額、2段階目の提示額が共にyesという回答が、辞書式選好である可能性があるため、追加の質問を行い、辞書式選好を除外しなければならない。辞書式選好が除外されなければ、支払意志額が高めに歪んでしまう。

最近では、寺脇（1998）以外にも、比較的容易に評価額の計測を可能にした研究もある。浅野・渡邉（2004）は、二肢選択形式においても、専門のパッケージソフトを使うことなく、評価額の推定を可能にする方法を提案し、平均値を計算する際には有効であることを証明している。この方法は、下記

の手順で行われる。まず、被説明変数を支払意志の有無、説明変数を提示額として、Excel等を用いて回帰分析を行う。次に、回帰分析により推定されたパラメータを用いて、浅野・渡邉（2004）で示された手順に従い、平均値を導出する。浅野・渡邉の方法の利点は、二段階二肢選択形式と比較して、消費者の購買行動に類似しているので、被験者が回答しやすいこと、質問のスペースが小さくてすむことが挙げられる。

4　CVMの適用例

本節では、農業や農村に関連する分野を中心にして、CVMを適用した研究を紹介する。なお、ここで紹介する研究は、2000年以降に発表された論文を中心とする。

農業や農村の多面的機能に関しては、寺脇（1998）、山根ほか（2003）、合崎（2003）等がある。寺脇（1998）は、京都府南部の巨椋池地域を対象に、都市近郊農業がもつ防災機能とアメニティ機能について評価を行った。山根ほか（2003）は、熊本県白川中流域の水田が及ぼす地下水涵養機能の評価を行っている。熊本市周辺に居住する約90万人は、地下水を生活用水として利用している。ところが近年、地下水位の低下が進み、将来的に水不足が起きることが懸念されている。また、最近の研究から、白川中流域の水田が地下水の涵養に大きく寄与していることが明らかになってきた。そこで、山根ほかでは、この地域の農家に水田の水張りを行ってもらうことを目的とした地下水保全税に関する支払意志額の質問を行っている。合崎（2003）は、水田に生息する生物とチュウサギの生息密度に関するデータを提示して、生態系に配慮した水田農業の評価を行っている。このとき、野鳥観察田とふれあい水田の整備に関する計画の実施費用について、支払意志額の質問を行っている。

事業や政策の実施によって維持・発揮される多面的機能に関する評価については、浅野・渡邉（2003）、浅野・大石・児玉（2003）、伊藤・山本・出村

(2002)、吉田（2003）等がある。浅野・渡邉（2003）は大阪府の南河内グリーンロードという広域農道を対象にして、広域農道による地域の利便性を評価するために、農道を維持・管理するための支払意志額の質問を行っている。浅野・大石・児玉（2003）は、全国5地域16市町を対象にして、農業農村整備事業により維持・発揮される多面的機能に関する評価を行っている。浅野・大石・児玉では、農業農村整備事業により維持・発揮される多面的機能の区分として、食料の安全保障、農村社会の維持、国土・環境保全（地域の生活改善、生態系保存、国土保全）、景観保全、保健・休養、児童教育、農村伝統文化の継承を提示している。伊藤・山本・出村（2002）は、北海道山間農業地帯の農業集落排水事業を対象にして、農業外効果である4つの効果について、それぞれ評価を行っている。それは、水洗化による生活快適性向上効果、水周り利便性向上効果、農村空間快適性向上効果、公共用水域水質保全効果である。吉田（2003）は、神奈川県を対象にして、水源環境保全政策を実施するための水源環境税に関する評価を行っている。ここでは、水源環境保全政策の目的として、森林保全と生活排水処理施設整備の2種類の政策を想定している。

　農畜産物に関する評価については、岩本・佐藤・澤田（2003）、丸山・菊池（2001）等がある。岩本・佐藤・澤田（2003）は、北海道産牛肉へのトレーサビリティ・システムの導入に関して、消費者が許容する追加的な支払意志額の計測を行っている。丸山・菊池（2001）は、卵のサルモネラ菌汚染のリスクを軽減することに対する評価を行った。

　農業経営や農業に関連する研究としては、高（2002）、杉中（2005）等がある。高（2002）は、兵庫県但馬町を事例として、農地の作業受託や町内の担い手と農地利用に関わる総合的サポート機能を発揮する農業支援センターのオプション価値を評価している。また高は、オプション価値について、「不確実性の下で、ある財・サービスの将来の利用を確定的に確保するために現時点で支払っても良い最大額として定義されるオプション価格と、ある財・サービスの将来利用から得られる期待消費者余剰の差として定義されて

いる」と述べている。杉中（2005）は、全国の95市町村の不在村農地所有者に対して、所有農地を他人に賃借させる場合の支払意志額または希望小作額に関する質問を行っている。

　上記のように、農業や農村に関連する分野だけでも多岐にわたっている。これらの研究で共通していることは、CVMなどの手法で分析を行うことが不可能、または困難であることである。CVM以外で評価を行うことが可能であれば、その手法を適用した方が望ましい。

5　むすび

　これまで、環境経済評価手法の１つであるCVMに焦点を当て、手法の概説を行った。また、調査方法について簡単に述べるとともに、農業や農村に関連する既存の研究成果について述べた。

　CVMは使用価値も非使用価値も評価することが可能であるが、トラベルコスト法や第８章で紹介されているヘドニック法は評価対象が限定されている。CVMは適用範囲が広いため、様々な対象を評価することが可能になる。しかし、仮の状況を設定するために、調査票を作成する際には慎重に行わなければならない。

　環境評価手法は一長一短あるが、明らかにしたい課題や内容により、適切な評価方法を選択することが重要である。

参考文献
1．合崎英男（2003）「生態系との調和に配慮した水田農業の環境便益の評価――選択実験と仮想状況評価法による便益額の比較――」『2003年度日本農業経済学会論文集』。
2．浅野耕太・渡邉正英（2004）「二肢選択CVにおける平均WTPの一致推定」『農業経済研究』第76巻第３号。
3．浅野耕太・渡邉正英（2003）「農道整備の地域利便性向上効果の経済評価――大阪府南河内グリーンロードを事例として――」『農村計画論文集』第５集。
4．浅野耕太・大石卓史・児玉剛史（2003）「二段階二肢CVMにおける選択回答

の変化——農業農村整備事業を事例として——」『農村計画学会誌』第21巻第4号.
5. 伊藤寛幸・山本康貴・出村克彦（2002）「農業外効果からみた農業集落排水事業の事後評価分析——北海道山間農業地域A町B地区を事例として——」『2002年度日本農業経済学会論文集』2002年, 137〜142頁.
6. 岩本博幸・佐藤和夫・澤田学（2003）「牛肉のトレーサビリティに対する消費者評価」『2003年度日本農業経済学会論文集』.
7. 関東森林管理局東京分局（2002）『民有林直轄治山事業大井川地区における自然環境保全便益の評価手法調査』.
8. 杉中淳（2005）「不在村農地所有者の農地管理に関する意識について」『農村計画論文集』第7集.
9. 高福男（2002）「CVMによる地域農業投資水準の決定」『農業経営研究』第40巻第1号.
10. 寺脇拓（1998）「都市近郊農業の外部経済効果の計測——二段階二肢選択CVMにおけるWTP分布のノンパラメトリック推定」『農業経済研究』第69巻第4号.
11. 農村環境整備センター（2000）『水環境整備の効果算定マニュアル（案）』.
12. 丸山敦史・菊池眞夫（2001）「食品安全性とリスク学習過程——卵のサルモネラ汚染を事例とするWTP関数の計測——」『2001年度日本農業経済学会論文集』.
13. 吉田謙太郎（2003）「表明選好法を活用した模擬住民投票による水源環境税の需要分析」『農村計画学会誌』第22巻第3号.
14. 山根史博・浅野耕太・市川勉・藤見俊夫・吉野章（2003）「熊本市民による地下水保全政策の経済評価——上下流連携に向けて——」『農村計画学会誌』第22巻第3号.

［田中　裕人］

第10章
「環境と地域の社会学」を学ぶ
――新しい視点と方法――

1 「環境と地域の社会学」を学ぶ意義とは何か

「環境と地域の社会学」を学ぶ意義　これから学ぶ**「環境と地域の社会学」**という講義テーマは、「環境」・「地域」・「社会学」という用語が3つも並ぶので、どんなことを習う学問なのか、とっさにイメージが浮かばないかもしれない。はじめに補足的な説明をしておこう。

「環境社会学」と**「地域社会学」**は、いずれもわが国で学問として確立しているが、「環境と地域の社会学」という、「環境」と「地域」の2つの研究領域を「社会学」として同時に扱おうとする固有の学問は、今のところ成立していない。ならば、「環境社会学」と「地域社会学」の2つを結びつけて学ぶ意義はどこにあるか、疑問に思うのも当然のことだろう。

以下述べるように、これまでの研究の流れからいうと、「社会学」のなかでも「環境社会学」と「地域社会学」の両者は、切っても切り離すことができない不即不離の構造をもっており、相互補完的できわめて緊密な関係にあるといってよい。

小論でこの講義テーマを掲げた筆者（講義者）の問題設定からすると、ある事象やある対象に迫ろうとするとき、「環境と地域」を一緒に統合させて捉えた方が、よりリアルなアプローチ、つまりより精緻な「**現実分析**」ができると認識しているからにほかならない。敷衍すれば、環境（問題）を扱お

うとするとき、「地域を分析する」ことは、社会学的な検証ツールとしてとても重要な"切り口"になるといいたい。まず、こう返答することから話を進めることにしよう。

公害問題の歴史　ところで、過去の記憶をたぐり寄せるまでもなく、国内で起こった環境問題が何をもたらしたのか、すでに周知のことだろう。国民の一部の人たちに対してであれ、「負の遺産」としての苦い歴史的経験をもたらしたことは確かで、このことに異議を唱える人は少数派だろう。したがって、史実に照らしてみれば、「環境」問題というよりもむしろ「公害」問題といったほうがより正確である。

　公害問題はすでに江戸時代から存在したと指摘する論者もいるが、ともかく明治期、鉱山からの有毒物質の流出によって周辺地域の住民や農民に与えた被害は甚大で、鉱毒問題は近代日本の「公害の原点」として記しておかなければならない社会的事件であった。もっとも、100年ほど前に惹起した「**足尾銅山鉱毒事件**」が歴史のなかで完結しているわけではない。現在でも「渡良瀬遊水池」の水がめ化工事が示しているように、それ自体新たな公害源となる可能性が高いと指摘されている（菅井、1994）。

　戦後、日本は工業化という名の近代化による「高度経済成長」をひたすら突き進むことになり、全国各地に公害問題（＝より厳密には「**産業公害**」である）をまき散らすことになった。"公害王国"と揶揄されるまでに世界に先例のない環境破壊や健康被害を地域社会や周辺住民に与えた熊本・新潟の水俣病、富山のイタイイタイ病、四日市公害ぜんそくなどの**四大公害事件**のほかにも、スモン病などの薬害、森永砒素ミルク被害・カネミ油症などの有害食品被害などが相次いで発生し、世間を騒がす社会問題となった。こうした事例は多く人の知るところである。

公害問題発生　さて、ここで1つ質問である。日本で惹き起こした公害
のメカニズム　問題発生のメカニズムを冷静に推し測ってみると、そこには何がみえてくるのか。もう少し具体的にいうと、公害問題や環境破壊は「どこで生じたか」と言い換えてもいい。お分かりだろうか。

指摘するまでもなく、公害問題や環境破壊の多くは企業や工場内部で生じているわけではない。その外側の、日々の暮らしが営まれている周辺地域の住民や農民の生活・生業の場で引き起こされ影響を与えてきた。つまり、公害や環境破壊の発生は企業の外の地域社会で起こっているという冷厳な事実だ。

したがって、筆者が冒頭「環境」と「地域」は深い"かかわり"がある（つまり、この両者は相互に密接な関係や構造をもっている）とテーマを立てたのは、このことを念頭においていたからにほかならない。

宮本憲一が「Think globally, act locally. というのは環境問題においても正しいわけで、確かに地球環境問題はgloballyという面もありますが、我々が環境問題を解決しようと思えば、これはact locallyでやっていかなければ、問題は解決しない」（宮本、1995：92）と指摘しているが、正鵠を得た表現といえよう。

日本の公害問題の社会学的研究　これまで日本の公害問題や環境破壊に関する社会学的研究のスタイルというのは、総じて当該地域に生活する人びとや農民の被害状況を的確につかみ、その内実や構造を克明に明らかにするという実証研究（フィールド・ワーク）が大きな特徴をもっていた。

それゆえ、公害による環境破壊や生活・健康被害に関する調査研究を振り返ってみると、じつに丹念に実態調査を積み重ねてきた**地域社会学**や**農村社会学**の地域分析のなかに、優れた成果を見いだすことができる。

この点で、「社会学においては、この時期（1950年代後半から1970年代中期－引用者注）、農村社会学や地域社会学の枠組みによる環境に関する研究が着手されている。それらの研究は、環境社会学という新しい社会学の領域を宣言する方向では展開されなかったが、日本における公害・環境問題の社会学的研究の初期業績群として位置づけられる」（飯島、1998：7）と述べたのは、その後**環境社会学**の創設と学的体系の基礎を固めるべく心血を注いだ飯島伸子であった。

117

2 農村・地域社会学から生まれた環境社会学

草創期の公害・環境研究　前節でふれたように、日本の公害・環境問題に関する草創期の社会学的研究として、第一級の業績群にあげられるのは、1950年代から1960年代にかけて実施された**鉱工業**や**大規模地域開発**による「地域社会に与える社会的影響」を追究した実証分析であった。こうした開発地域で生業を営み生活する人びとや農民への社会的影響を丹念に抉(えぐ)り出す実証研究が、農村社会学者や地域社会学者の手によって公刊されたのである。その意味で、環境問題研究はまさに地域分析から始められたといってよい。

その初期の労作の1つが、群馬県安中地区にある亜鉛精錬工場の操業再開による鉱害問題を明らかにした島崎稔らの調査研究にみることができる（島崎ほか、1955）。この研究は、**日本人文科学会**が**日本ユネスコ国内委員会**の委託を受けて実施した「**近代技術の社会的影響**」に関する調査の一環として進められたものである。日本人文科学会の調査研究が、総じて鉱工業が地域社会に与えた社会的影響、あるいは工業化とその社会的帰結といった分析を中心に企図されたものだが、**安中地区調査**についていえば、分析の核心部分は、鉱毒被害を出した企業とそれが「ひとつの部落構造」に及ぼした鉱毒問題と労働争議を中心視点に据えて、「地域社会と企業体との関係」をリアルに把握するものであった（布施・小林、1979：29）。

その後20年余を経て、現地農民が損害賠償を求める鉱害裁判を提訴したため、島崎は農民の依頼を受けるかたちで、当該地域の鉱害問題を再度調査することになり、安中鉱害と農民の"**生活破壊**"を論証すべく、裁判証言に耐え得るあらたな検討を行っている（なんと、彼は原告側農民の立場から、自己の研究課題とかかわって裁判所において証言台に立っている。私たちには安易な想像を許さない証言要請、つまり被害農民の"生活破壊"の実相を科学的に立証するという説明責任＝法廷での重責を、社会学者として果たした

といってよい）（島崎、1977；安原、2004）。

　この島崎の一連の地域分析をもって、飯島は「日本における公害・環境問題の社会学的研究の嚆矢であるとともに、筆者が知るかぎりは、世界的にも最初の実証的研究である」（飯島、1998：7）と評している。

地域（国土）開発がもたらしたもの　ところで、戦後日本の経済復興は、工業化を軸に進められた**地域（国土）開発**による近代化に求められた。国は、経済復興を電力（多目的ダム建設による電源・河川総合開発）・石炭・鉄鋼などの基軸産業を工業化の中心に据え、その上に石油化学工業の発達が日本経済の最重要課題だと位置づけ邁進することになる。

　それでは、なぜ戦後の経済復興が工業化による近代化－地域（開発）政策にあったのか。それは、敗戦による植民地喪失で市場が狭隘化し資源も減少することに加え、戦災による産業の荒廃・失業の増大という状況に直面したわが国が、打開する道を貿易振興と地域（国土）開発に求めざるを得なかったからである（宮本、1973：22）。

　そこで、地域（国土）開発を大雑把に時期区分すると、1950年代のダム建設を中心とした電源・河川総合開発、1960年代の重化学工業コンビナートを軸に展開した拠点開発、1970年代の国土の効率的分散化・分業化をねらった巨大開発に分けることができる。

　しかし、いずれもこうした国を挙げての取組みは、日本各地に誘致した工業復興地域を中心に、明治期以来再び公（鉱）害問題を発生させることになり、地域住民に致命的な犠牲と苦痛を与える結果となった。

　先述したとおり、栃木県足尾銅山から出た鉱滓のタレ流しによって**渡良瀬川流域**農村の人びとを苦しめた鉱毒被害と**谷中村**の滅亡、群馬県安中の銅精錬工場の操業再開による農民の生活破壊など、戦前に十全な解決がはかられなかったことが、戦後再発するかたちで問題化したことはもはや繰り返すまでもない。

　さきにみた日本人文科学会の調査研究は、おもに1950年代期の特定地域開発（電源開発）に関する研究成果だが、その後1960年代から後半にかけて農

村と都市との地域格差是正と都市部の過大化防止と弊害の除去（いわゆる"過疎・過密"問題）を同時に解消しようと、コンビナート地域開発が本格的に登場することになる。

この時期、日本では**都市化**（アーバニゼーションという）が異常な勢いで進んだために都市問題の解決を求める住民運動が起こったり、地方でも地域格差の是正や過疎対策が早急に求められるようになったからである。つまり、都市と農村の問題を同時に解決しようとするなら、地域（国土）開発を行う以外に手立てがなかったといってよい。そのため、**地域開発政策**はわが国の経済政策の主柱となった（大久保、2006：23-39）。

具体的にいうと、この大規模工業開発は、過密化した都市部から地方の農村部に大規模な産業拠点を分散させ、一挙に巨大開発を推し進めようと考えられたものである。全国に"拠点"都市を設け、素材供給型の重化学工業コンビナートを立地し、その経済的効果と波及によって拠点地域の住民福祉の向上をはかることが目指された。

これが、いわゆる「**拠点開発方式**」と呼ばれるものであり、全国で新産業都市（15カ所）や工業整備特別地域（6カ所）の指定が行われ、工場を誘致するための産業基盤整備が重点政策として進められた（戦後復興の電源・河川開発型から産業立地型への発想の転換である。1962年に策定された**全国総合開発計画〔全総〕**を皮切りに、新全総・三全総・四全総と1998年に閣議決定された五全総まで引き継がれた）。

しかしこうした"拠点"開発は、一面では地域社会に雇用の創出と税収増をもたらしたとはいえ、反面、自然環境破壊と公害を深刻化させ、住民の福祉の向上に著しく反するものとなった。

宮本憲一はいう。「大工場が地方へ分散すればするほど、大都市へ富と人口があつまるのは、この国家独占資本主義の地域経済の論理によっている。いってみれば、利益は中央へ、公害のような損失は地元へ、というのが拠点開発の図式」（宮本、1973：44）であり、「地域開発は生産の社会化と都市化にともなって生ずる地域問題に対応して、公権力（国家および地方自治体）

が地域社会を管理し改造しようとする政策である」(宮本、1977：16) と。

農村社会学における地域開発調査　ところで、公害と地域社会に関する社会学的研究を標榜していた農村社会学の研究グループは、地域開発の具体化が地域社会と住民生活そのものをどのように変化させたと捉えていたのだろうか。ここでは、この分野の中核的な研究グループ福武直らの地域開発に関する調査(『地域開発の構想と現実』全3巻、1965年) をみることにしよう。福武らの調査研究は、「『地域開発』の構想が『住民不在』のまま描かれている虚構であることに怒りをおぼえ」(序文) て実施されたものという。1963年に地域開発の先進地域である三重県四日市市と後進地域の青森県八戸市が、1964年に八戸市と富山県新湊市が調査されている。

　この調査研究は、地域開発が進められる当該地域社会に対する影響の問題を、「開発によせられる住民の期待と現実化しているさまざまの変動が、どのようにくいちがっているか」という「虚構と現実」を明らかにし、そこにおける地域開発のメカニズムを、①住民選別基準、②計画ないし推進主体という、資本と行政の結びつき、国家と地域、行政と住民の関連を「構造的に」明らかにしようとしたものであった (似田貝、1977：298)。

　この調査に携わった蓮見音彦は、「今日行われている地域開発は、独占資本の経営発展をはかるために、国家や地方自治体や民間の物質的精神的な協力をえて、その新工場の建設や工場設備の拡張のための便宜を提供しようとする施策であり、自治体や民間の協力を得ることが容易なように、『地域の発展』『所得格差の是正』といった曖昧なスローガンによってばら色の夢を住民にばらまいている」(蓮見、1965：234) のであって、それゆえ地域開発を国家独占資本主義の資本蓄積の過程と指摘する。したがって、地域開発とは「国家独占資本主義の支配のメカニズムの一つの具象化である」(同：236) と捉えられている。

　つまり、福武らの分析は新産業都市地域における地域開発の構想とその現実を、**社会構造**の分析から明らかにし、住民による「開発」の意義を問題提起しようとするものだった (似田貝、1977：298)。

ここで重要となるのは、地域開発という工業化・近代化の推進過程を洞察する際の「**地域**」を見据える視点にある。これまでの議論から認識できるように、そこに住む人びとや住民にとって地域というのは、生活「実態」そのものを示すが、計画を立案・策定する側の国家官僚やテクノクラートにとっての地域とは、計画全体の合理性・整合性を重視する「**機能**」を意味する、というものだ。この両者の違いは、決定的である。したがって「開発」とはいったい誰のためのものか、という根源的意義が問われざるを得ない。

以上、公害発生の現実と社会学的研究の関係を概観し、地域社会で生じた公害・環境問題について、環境研究がやっと途につく経緯を述べてきた。このように、公（鉱）害や地域開発による地域生活への影響に関する調査研究というのは、おもに地域社会の「**構造分析**」という手法によって明らかにするという、農村・地域社会学の研究集団や地域経済学者らによって担われ、一定の蓄積・論脈を形成してきたといえる。

3　悲劇を抱えた「地域社会・水俣市」の実像

「地域社会・水俣市」の分析　それでは次に、公害・環境問題をめぐる「**地域社会と企業体との関係**」を具体的な事例に則してみていくことにしよう。実例としてあげるのは、世界に類例をみない未曾有の**産業公害**「**水俣病**」を経験した熊本県水俣市である。

2006年は、水俣病が公式確認されてから半世紀の50年目にあたり、地元をはじめ各地で記念事業やイベントが催された（ただし、2004年最高裁が国の責任を認める判決を出したことから認定問題が再燃している。あらたに4,000人を超える人びとが水俣病の認定を求めて申請したり、国を相手に裁判を起こしたりと、未だ解決の全貌はみえていない）。

これまで、水俣といえば「水俣病」をめぐる加害・被害関係を中心とした法的な解決過程や病像に関する膨大な研究調査が蓄積され、数え切れない研究書や調査報告書・記録等が公にされてきた。

第10章　「環境と地域の社会学」を学ぶ

　しかしその一方で、水俣病患者や被害者（団体）、そしてそれらを取り巻く市民や行政との関係を同時に見据えた「**地域社会・水俣市**」を直接分析の対象とした調査研究は、必ずしも多くない。『苦海浄土―わが水俣病―』（石牟礼道子、1972年）『公害都市の再生・水俣』（宮本憲一編・筑摩書房、1977年）や不知火海総合調査団の研究成果『水俣の啓示（上・下）』（色川大吉編・筑摩書房、1983年）など、すぐれた著書・論文もいくつか存在するが、目にする文献は限られている。というよりも、こうした研究が最近になるまで手を付けられない状態が続いてきたのが、熊本県水俣市の実状であった。

公害・水俣病の意外性　　公害・水俣病は、**加害企業チッソ**が、被害を与えた関係住民に筆舌に尽くしがたい深刻な生命と健康の破壊をもたらし、長い間患者本人や当事者を苦しめてきたことは、周知のとおりである。その後、患者や被害者に対する救済問題に関しては、水俣病認定患者に加え、未認定者約1万人に対して一律260万円の解決金を支払うとした1995年の政府解決案の提示によって、一応の政治的決着が図られたと一般には認識されている。とはいえ、さきにみたように政府の対応も依然不透明のまま現在に至っていることも事実である。

　水俣病が発生して50年近く経った今日、現地でのフィールド・ワークによって私たちが改めて確認できたことは、加害・被害関係に加え、もう1つの悲劇を抱えた「地域社会・水俣市」の実像であった（大久保ほか、2003：5‐52）。それは、水俣病をめぐって地域社会が鋭く対立を深めてきたという**社会構造**の存在を知り得たことであり、また、ごく最近に至るまで水俣病を真正面から話しあうことをタブー視してきた地元住民の意外性であった。

　つまるところ、**チッソ・水俣病**が半世紀にわたって被害者に与えた苦痛というのは、加害企業対患者の関係にのみ収束する問題ではなかったということである。戦前からチッソの**企業城下町**として栄えた水俣市は、地元住民の大半がなんらかのかたちでチッソに依存する生活・生業を営んできたという歴史的経緯をもっている。不幸なことに、加害者・被害者双方が水俣市という小さな企業城下町に同居していたというこの事実が、長いこと問題解決を

複雑かつ困難にしてきた。言い方によっては、**企業城下町**という「**地域社会と企業体との関係**」が招いた悲劇の典型例といってよいだろう。

企業城下町・水俣市　　公害研究の第一人者であった宇井純は、この問題について「患者をとりまく社会の反応の方は決して簡単なものではなかった。企業城下町といわれるほど強力な企業が公害の発生源であり、被害者が漁民という地域社会の中でも周辺的に押しこまれた階層であったこと、強力な労働組合が漁民と対立したこと、自治体もまた企業と労組の双方の支配下にあることなど、いろいろな集団の関係と相互作用」（宇井、1995：96）が絡み合っていたからだと語る。

地域社会・水俣市では、加害企業との間だけでなく、市民との間でも水俣病をめぐって非難・中傷、対立、差別といった両者の分裂と亀裂が、患者・被害者に深い傷跡をもたらした。

一方でそれは、加害企業チッソが地域社会に占める絶対的な優位性の現れを意味する。「水俣のように加害企業の経済支配が強い小さなまちで、とくに地縁血縁が濃厚な、個々人の利害が密接に絡む地域社会では、公害はもはや、加害者対被害者の関係を飛び越えて被害者対地域全体、住民対住民の関係に置き換えられてしまい」「被害者の惨状に同情しつつも、大部分の市民がチッソの側に立ったのは不思議なことではない。患者救済を際限なく進めれば、チッソはつぶれる。チッソがつぶれれば、市民の生活は破綻するという恐れは、公害の加害者対被害者の関係を被害者対市民の関係として引き取ってしまった」と、いみじくも指摘したのは、1994年から2002年までの8年間水俣市長を務めた吉井正澄だった（吉井、1997：147-81, 1-2）。

チッソ運命　　こうした「チッソ運命共同体意識」「オール水俣共同戦線」
共同体意識　　（丸山、1985：33）が、水俣病の患者・被害者とこれと対立する市民や行政との間に軋轢と分裂を深め、いっそう被害を拡大させることになった。

以下、紙面の制約から詳述は避けるが、現地を訪れた私たちが「地域社会・水俣市」から見通すことができたのはなんだったのか。残念なことに、

加害企業チッソの経済的な地域支配に対してコントロールする動き（自浄力）を地域社会の内部に持ち得なかったことの一語に尽きよう。

　言葉の正しい意味で、地元住民が「チッソ運命共同体意識」を断ち切れなかったことが、水俣病患者・家族を近隣の共同関係や相互扶助の枠組みから外し、孤立化させ、周辺に押しやり、そのことがさらに彼らを二重、三重に苦しめることになり、被害を封じ込めることに作用したからだ。

　もっとも「地域社会・水俣市」の外縁地区の集落に居住する漁民たちは、空間的にも階層的序列にしても、縁辺部に位置づけられていた（「天草流れ」「薩摩流れ」といった呼称がその現れである）。チッソを頂点とする社会編成（ピラミッド構造）のもとでは、度重なる漁業被害など地域社会全体ではさして問題にならず、一般市民にとってもそれらは取るに足らない些末な周辺的出来事であった（丸山、1985：23；丸山、2000：24）。

　一方、当時の政府（旧・通産省）がチッソの企業活動を容認・放置していたことも、水俣病の問題解決を大幅に遅らせる重大な要因として作用した。要するに話は簡単で、水俣病の拡大を阻止するためには、汚染源である排水を規制し、漁獲を禁止すれば済むことだった。ところが、当時の通産省は、チッソの主要生産物であるオクタノールと原料であるアセトアルデヒドの生産を存続させることが不可避であった。チッソのオクタノールとアセトアルデヒド生産は、日本の化学工業にとって不可欠であったからだ（丸山、2000：29）。結局、排水規制は実施されず、汚染拡大を防止する決定的な決め手を欠いた政府の責任は大きい。

　さらに、地域社会ではもっぱらチッソの操業をまもる立場から、この排水規制反対を擁護したことも、結果的に汚染拡大を増幅させることになった。自治体行政に対するチッソの影響力が強力に作用していたことに加え、チッソ労組の企業優先主義、地元住民のチッソ運命共同体意識が、こうした動きを増進させることになったことはすでに述べたとおりである。

現在の水俣市　さて、本節の紙幅も残り少ないため、小括しておきたい。現在の水俣市は過去の過ちを反省し、「もやい直し」（人

間関係の修復の意味)という市民共通のキーワードを中心に、「環境モデル都市」として「地域再生」する試みが全市をあげて取り組まれている(同市の過去10年以上にわたる23品目ゴミ分別・ゴミ回収は、全国的に有名である)。

　ただし別な見方からすれば、1990年半ばまでの水俣市がおかれていた社会状勢というのは、行政・市民・患者(団体)の三者それぞれが、「人間関係の修復」に乗り出さなければならないところまで、地域社会が行き詰まり追い込まれていた、といった方がむしろ適切だろう。こじれにこじれた市民相互の連帯感を回復し、地域社会としての絆をどう取り戻すのか。患者・被害者と対峙してきたこれまでの行政の姿勢をいかに変革し、彼らとどう向き合うのか。

　再生水俣という新たな局面に入って、私たちはこれからも「地域社会・水俣市」の動向を注意深く見守っていかなければならない(2005年同市水俣川上流の広大な山林地区に「産廃最終処分場の建設問題」が突如、浮上した。「あの水俣市が、なんで産廃問題なのか」との衆目の驚きのなか、「産廃阻止！水俣市民会議」〔会長・宮本勝彬市長〕が結成され、白紙撤回を求める市民運動が起こっている)。

4　言葉の功罪
――「公害」から「環境」へ、そして「地域」から「地球」へ――

悪者不在の　　本章では、まず第1節で環境と地域との密接な関係・構造
「環境問題」　　を説き、社会学的な観点から環境問題にアプローチするとき、自説・持論として「地域分析」の積極的意義を述べた。そして第2節では、読み手のみなさんにとってはたいへん理解しにくい内容だったかと懸念されるが、社会学のフィールドでは、公害・環境研究の淵源が農村社会学や地域社会学の実証分析から創始されたことを振り返った。さらに第3節では、公害・水俣病が引き起こされた熊本県水俣市を事例に、加害企業チッ

ソ－地元社会－患者・被害者という三者の関係を、「**企業城下町**」という視点から分析を試みた。

さて、最後に小論を結ぶにあたって、本講義の中心テーマとなる環境と地域というキータームあるいは概念にかかわって、少し社会学的な議論を展開しておきたい。それは、私たちがふだん何気なく使ったり耳にする「**環境問題**」とか「**地球環境**」という言葉の裏に、重大なメタファー（暗喩）が隠されていること、そしてそれが意味する言葉の功罪についてである。

環境問題に造詣の深い石弘之は、かつてつぎのような興味ある発言をしている。「『環境』という語は便利な言葉である。大気や水を汚染させて他人の健康をそこなう犯罪行為も、この言葉で希釈されてそこには何の罪悪感も痛みもない。とくに『地球環境』という言葉が登場してからは、『私も加害者、あなたも被害者』と、本質は一段と拡散し、免罪符の趣さえある」（石、1994：6）と。

確かに、この「環境」という言葉から、**加害者－被害者関係**は意識しにくい。しかも用語から受ける一般的な印象だと、「**公害**」という「害」のもつ否定的な発想方法や思考回路よりも、「環境」といった方がプラス思考に結びつくようなイメージを与えてしまう。それから考えると、「産業公害」としての争点（イッシュー）は、きわめて可視的で分かりやすかった。要するに、そこでの中心的な対抗関係は企業（資本）あるいは国家（権力機構）対個別地域および関係住民と、つまり加害者対被害者という具合に、図式化することが容易だったからだ。

「地球環境」問題　ところが、スケールの大きいグローバルな「地球環境」問題、例えば地球温暖化とか資源枯渇問題などの議論になるとどうだろう。「産業公害」で図式化・争点化が可能であった、比較的小規模な地域的範囲で適用可能な理論枠組みでは、地球規模の「環境問題」に応用するには、すこぶる難しいと考えるのがふつうではないだろうか。

つまり「環境問題」とか「地球環境」という言葉を上面だけで考えると、

悪者がいない（つまり、ターゲットとなるべき対象者が不在）、被害者－加害者（＝善玉－悪玉）関係を特定しにくいという暗喩を暗に含んでいるから、問題の所在がみえにくい。だから、結局「環境問題」や「地球環境」を論じても、「私も加害者、あなたも被害者」となって、「みんなが共犯者」問題が環境問題であり、全体社会に問題を押しつけるといった格好の、転倒した構造、陥穽（かんせい）にはまりやすいので注意が必要である（大久保、1997：136‐138）。

地域と地球　　しかし、よくよく考えてみてほしい。「地球環境」問題というと、一見私たちには直接かかわりそうもない迂遠な議論のようにみえても、例えばフロンガスを製造していた企業は地域にあったわけだし、また温室効果ガスを排出している発電所、産業施設や自動車から放出される大気汚染・排出ガスも身近なところで起きている問題だ。したがって、地域レベルでの企業活動の社会的責任として、実効ある対策を求めていかなければ、問題解決に至らないことは明白である。その意味で、政府発行の1988年版の『環境白書』を紐解くと、この時期あたりから国内の公害・環境問題は終焉（しゅうえん）して、これからは地球環境の時代だといった主張が登場してくる。また1994年版の『環境白書』などをみてみると、最終的には私たち消費者の生活のあり方に責任をもたせるような考え方や記述がなされてくる（宮本、1995：93）。

とはいえ、私たちの生活様式を形づくり決定するのは、消費者側の自己責任ばかりに帰することができない。市場経済のメカニズムのもとでは、生産者の側に位置する国際的な企業や巨大資本が決定的に重要な立場にある。「地球環境」問題といっても、その多くはグローバルな資本活動を展開している多国籍企業の市場原理主義や経済秩序から起こる問題といえるからだ。

宮本が指摘するように「この多国籍企業をいかにして民主的に統制するかという問題を抜いて、地球環境問題が片付くというのは幻想」（同上）ということになる。

すでに第3節でみたが、あらたに水俣病の認定を求める申請問題が起こっていることからも明らかなように、水俣病や大気汚染の患者救済などについ

ては、暗礁に乗り上げているのが現状だ。政府がいうように国内の公害・環境問題は解決済みではないのである。

「地域」で発生した公害問題とグローバルなスケールで生じる「地球」環境問題とは、まったく切り離された別次元の問題ではなく、両者は本質的に同じ性質のもとでつながっており、違いは主として「規模の差」（飯島、2000：18）に求められる、ということを肝に銘じておこう。いずれにせよ、act locally な「地域（足元）」から「環境」を分析するという切り口（基軸）が、think globally につながるリアルな分析ツールとなるということを念頭に議論を進めて行きたい。

参考文献
1. 布施鉄治・小林甫（1979）「現段階における地域社会研究・序説」地域社会研究会編『地域社会研究会年報　第一集　地域社会研究の現段階的課題』時潮社。
2. 蓮見音彦（1965）「地域開発の虚構と現実　第一節・地域開発と社会変動」福武直編『地域開発の構想と現実　Ⅲ巻・終章』東京大学出版会。
3. 飯島伸子（1998）「総論　環境問題の歴史と環境社会学」『講座社会学12　環境』東京大学出版会。
4. 飯島伸子（2000）「地球環境問題時代における公害・環境問題と環境社会学」『環境社会学研究』第6号。
5. 石弘之（1994）「こんな地球に誰がした」『環境学がわかる』AERA　Mook4、朝日新聞社。
6. 丸山定巳（1985）「企業と地域形成――チッソ㈱水俣――」熊本大学文学会『文学部論叢』第16号。
7. 丸山定巳（2000）「水俣病に対する責任――発生・拡大・救済責任の問題をめぐって――」『環境社会学研究』第6号。
8. 宮本憲一（1995）「足もとから地球環境問題を考える」『環境社会学研究』創刊号。
9. 宮本憲一（1973）『地域開発はこれでよいか』岩波新書。
10. 宮本憲一（1977）「地域開発の現実と課題・『序章』」宮本編『大都市とコンビナート・大阪』（講座　地域開発と自治体1）筑摩書房。
11. 似田貝香門（1977）「Ⅱ．総合調査3．福武直他　地域開発調査」福武直編『戦後日本の農村調査』東京大学出版会。
12. 菅井益郎（1994）「特論　足尾銅山鉱毒事件」朝尾直弘ほか編『岩波講座　日

本通史』第17巻（近代二）岩波書店。
13. 島崎稔・金子栽・高橋洸・浜島朗（1955）「安中地区調査」日本人文科学会編『近代鉱工業と地域社会の展開』東京大学出版会。
14. 島崎稔（1977）「安中鉱害と農民の"生活破壊"」『村落社会研究』13、御茶の水書房。
15. 宇井純（1995）「環境社会学に期待するもの」『環境社会学研究』創刊号。
16. 大久保武（1997）「環境問題と生活文化」橋本和孝・大澤善信編著『現代社会文化論』東信堂。
17. 大久保武ほか（2003）「再生・水俣の実証研究」『ARIBABA研究年報』第5号、東京農業大学食料環境経済学科環境コミュニティ研究室。
18. 大久保武（2006）「地域開発政策と農村の変容」『地域社会学講座　第3巻　地域社会の政策とガバナンス』東信堂。
19. 安原茂（2004）「島崎地域調査の発端と裁判証言への展開」『島崎稔・美代子著作集　第6巻　安中調査と鉱害裁判』礼文出版。
20. 吉井正澄（1997）『離礁』自費出版。

［大久保　武］

第3部
農村経済を学ぶ

第11章
日本農業の特質と構造

1　はじめに

　日本の農業や農村の構造は世界の諸国との対比でどのような特質を有し、どのような構造を持っているのであろうか？　また、その特質はどのような条件の下で形成されてきたのだろうか？

2　稲作灌漑農業と農地改革

　周知のようにアジア諸国といっても、一様ではなく経済発展の水準、農業構造などは異なり、国民の所得水準も異なる。こうした差異はいかなる経済構造条件から生じたのであろうか？

灌漑農業　　表11-1は東アジア、東南アジアの主要国の稲作の特徴を示した表である。これからわかることは、常識に反してアジアの諸国における稲作の比重が相対的に低下してきており、アジア＝稲作という図式が描けなくなってきていることである。

　耕地面積に占める稲作面積比率は韓国が79％と一番高く、ついでタイの63％、フィリピンの62％、インドネシアの50％となっており、他の諸国は過半を下まわっている。このようにアジア諸国を一様に稲作国とはいえないが、やはり稲作が農業の中で基幹作物であることは否定できない。また、歴史的

第11章　日本農業の特質と構造

表11-1　アジア諸国の稲作の特徴

	耕地面積 (1,000h)	稲栽培面積 (1,000h)	稲作灌漑面積率 (％)	耕地灌漑面積率 (％)	単収 ha/トン
日本	4,474	2,049	99	46	3.84
韓国	1,519	1,200	67	47	4.88
中国	124,136	33,019	93	17	3.71
タイ	14,700	9,271	7	4	1.30
インドネシア	20,500	10,282	72	16	2.86
マレーシア	1,820	691	66	25	1.56
フィリピン	5,550	3,425	61	60	1.82
ベトナム		6,303	53		2.02

注：データについての吟味は頁数の制約で省略。概数と見てほしい。
出所：総務省統計研修所編『世界の統計　2004』。

表11-2　アジア諸国の国民1人当たりGDP（2004年）

（単位：ドル）

日本	韓国	マレーシア	タイ	中国	インドネシア	フィリピン	ベトナム
36,083	14,284	4,759	2,539	1,481	1,155	1,062	553

出所：総務省統計研修所編『世界の統計　2005』。

にみると稲作農業が支配的であったことは否定できない。

次に稲作灌漑面積率をみると日本が99％であるのに対して、中国93％、インドネシア72％、韓国67％、マレーシア66％、フィリピン61％、ベトナム53％、タイ7％となっている。

日本では際立って灌漑が普及していることがわかる。

次に、アジア諸国を1人当たりGDPでみる（表11-2参照）。便宜上、先進国は日本、韓国、中進国はマレーシア、タイ、開発途上国はインドネシア、フィリピン、ベトナムに分類する。

中国は国全体でみると途上国であるが、沿海部は中進国の水準にすでに達していると思われる。

図11-1で、国民1人当たり水田耕作面積と水田灌漑率をみる。国民1人当たり水田耕作面積が大きく、水田灌漑率の低いグループ1、国民1人当たり水田耕作面積が小さく水田灌漑率の高いグループ3、両指標とも中位のグループ2に分かれる。

第3部　農村経済を学ぶ

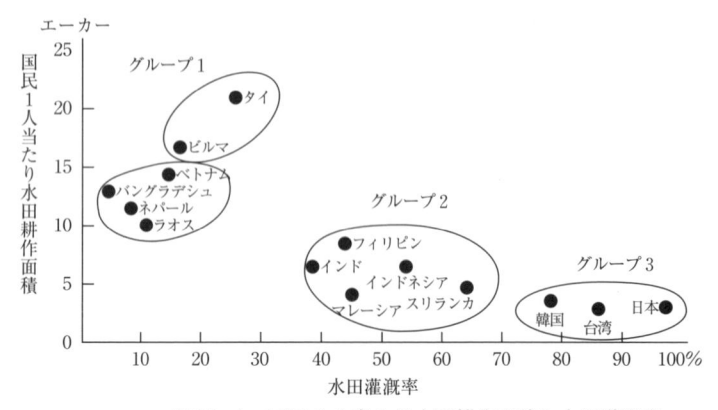

図11-1　国民1人当たり水田耕作面積と水田灌漑率

出所：FAOの資料。

　国民1人当たり水田耕作面積の大きさと水田灌漑率との高低には、負の相関があることがわかる。

　次に耕地面積に占める稲作灌漑率を計算すると、日本、中国、インドネシア、韓国、マレーシア、フィリピン、ベトナム、タイの順になる。

　タイが例外的位置にあり、インドネシアが韓国を上回っているなど1人当たりGDPの順位と異なるが、おおむね稲作灌漑率と所得水準との間には関係があると見てよい。

　つまり、稲作灌漑の基盤の建設と維持管理は個々の農家では不可能で、共同の組織的労働と資本蓄積が必要であり、アジアの発展度の高い国はこうした条件を築き上げ、その成果の上にたち、内発的発展を可能にするだけの余剰を生み出したといえる。アフリカ諸国や中近東諸国の経済発展がいまだ十分でないのに比べるとアジア諸国の戦後の発展は際立っている。

農地改革　また、1945年以降にアジア各国で行われた土地改革（**農地改革**）の差異がもたらした農業構造の差にも注目しなければいけない。日本は、農業発展のための必要条件である、農地改革と土地改良制度の改革を、1945年以前にすでに準備し、45年以降本格的に展開させた。

農地改革は、戦後改革の一環として、最も早く手がけられたものである。

第1次農地改革案が不十分であり、対日理事会の勧告案を受けたことを背景に1946年に第2次農地改革案が、作成され実施に移された。都府県では不在地主の全小作地と在村地主の小作地の1町歩を越える部分、自作地の3町歩を越える部分を国が強制買収し、これを原則として旧小作農に売却する内容であった。この結果、戦前は46〜48％を占めていた小作地の比率は9％強にまで縮小し、純小作地は5％にまで減少した。

社会主義国で、土地改革を徹底的に行った中国、ベトナムなどを別にしても、日本、韓国、台湾は資本主義国の中では先例を見ないほど徹底して土地改革を行った。反面、タイ、マレーシア、インドネシア、フィリピンなどは土地改革が遅れ、いまだに広範に大土地所有を残している。土地改革の徹底度とその後の内発的発展との間には大きな関係があると見てよいだろう。

剰余の大半を村外の不在地主に高率の小作料で収奪される地主制のもとでは、働く意欲が喪失するのみならず、土地を改良しようとする意欲も失せ、生産力の停滞を引き起こす。

東南アジア、東アジア諸国と日本の土地の賦存状況を比較した場合、日本の精緻な灌漑施設の意義と効果の重要性が指摘できる。

日本の灌漑施設は、数百年にわたっての農民の賦役——無償の労働——が刻み込まれたストックとして存在しているのである。ストックは単に施設の造成だけではなく、施設の維持管理労働の蓄積でもある。農民は絶えず、井戸浚いや道普請などの地域的社会資本を共同の労働で維持管理することによってストックの資産価値を高めてきたといってよい。

日本は、社会的共通資本である土地や農業水利施設の投資や管理に対して独自のシステムを歴史的に形成してきた。このシステムは、農業の構造のみならず、社会のあり方も規定している。日本の経済システムはアジア諸国にとっても参考になると思われる。

3 土地改良事業の展開と農業生産力の向上
――日本の経験――

　戦後の日本の驚異的ともいえる農業の土地生産性の向上は、1920年代の**土地改良**への国家投資と補助事業制度の成立の及ぼす影響によるところが大きい。

　1919年の開墾助成法や、1922年の用排水改良事業補助要項の創設によって本格的に土地改良への国家投資の途は敷かれた。用排水改良事業補助要項は、500ヘクタール以上の府県営事業に対して、50％以上の国庫補助を行うものであり、耕地整理事業と比べて、その規模ははるかに大きい。

　灌漑施設への国家資本の投入による改修、新設、補助金の整備は戦後の本格的な土地改良の前史である。

　戦後の農業生産力の展開をみると、1945年から55年前半にかけて10アール当たり収量の顕著な上昇が見られる。この生産力の上昇の主要な要因は稲作の新技術の普及である。

　新技術は、新品種の導入、化学肥料の導入、農薬の普及、栽培管理技術の向上である。

　この新技術の導入は生物的技術だけによって可能になったのではなく、それを支える**土地改良**の技術の裏付けによって可能になったのである。

　図は省略するが、戦後の土地改良への行政投資の単位面積当たり累積額を横軸にとり、農業労働10時間当たりの純生産を縦軸にとって、その相関関係を地域別にみると土地改良への投資額の高いところが生産力が高く、投資額の低いところが生産力が低くなっていることがわかる。

　とくに湿田の乾田化、湛水防除、農業用水の補給による旱魃からの回避は生産力の向上に大きく寄与したといえる。

　また、近年土地改良事業の品質改善効果が注目されている。これは畑地の灌漑を行うことにより、収量が安定するのみならず、品質も向上する効果で

ある。

土地改良事業の転換　戦後の土地改良事業（農業農村整備事業）の性格の変化をみると、1949年から一貫して灌漑排水整備事業が第1位のシェアを占めているが、その比重は低下し続けている。圃場整備も戦後すぐには灌漑排水事業と並んで第1位を占めていたが、その落込みは大きい。逆に1970年ごろから農村総合整備事業の伸びが著しい。

灌漑排水事業の効果は主として増産効果として現われる。これに対して1965年ぐらいから顕著に伸びてきた農道事業は主に省力効果として現われる。

圃場整備事業も農業機械化が可能な圃場を作ることにより省力効果があらわれるが、実際の作業面での省力効果は農道による移動時間の短縮の方が大きい。

1970年代初めに開始された農村総合整備事業は、従来の事業が農業生産面での事業であったのに対して、農村を対象とした事業である。

土地改良事業の主流が、農業用の土地基盤の整備から、農村を対象とした住環境や環境の整備に移行したことを物語っている。

維持管理組織　日本では、土地改良事業により建設された土地改良、水利施設の維持管理は農民の自主的な管理組織である土地改良区と末端の集落組織によって行われている。古くは奈良時代の溜池築造や江戸時代の河川改修、新田開発が地方の領主権力の手によってなされたが、その維持管理は、農家の地縁集団である集落が行っていた。小改修や保全、水の配分は、集落構成員の自発的な集団労働により、現在の水管理組織の原型は、日本の近世、江戸時代の集落の発展に伴って確立されたと言われている。そうした伝統的な地域組織である集落が、多くの地域活動を農業生産活動の一環として行ってきたのである。

農業生産のための水利施設の維持管理と地域用水の管理組織とは渾然一体となっていた。施設の維持管理には村人が全戸出役していた。農業用の水利施設の受益者と地域用水の利用者とは分離されていなかった。こうした状況

は明治期になってもなんら変わることはなかった。

集落の全構成員による自主的な水利組織は日本の農村の構造を規定づけるものである。

公権力や地主による強制的な労力提供により、農業水利施設の建設、管理を行うのではなく、農民の自主的な投資、管理への参加意欲を掻き立てるのが日本の仕組みである。生産力の向上による増収、省力化の利益が農民に帰属される仕組みが、戦後の農地改革によって作られた。

戦後の土地改良法では、土地改良は、関係者（耕作者）の3分の2の合意申請によって行われ、事業規模によって、国、県、市町村の補助割合が決まっている。また、維持管理は関係者が自主的に行うようになっている。

農民の自主性を引き出しながら、補助金や採択の認可によって農村をコントロールするのである。戦後日本農村の保守基盤を支えてきたのは、土地改良を中心とする補助金行政である。農業、農村整備事業に対する国、県、市町村の補助金を合わせると農家負担は10〜20％になり、手厚い補助をしていることがわかる。

日本の農業、農村整備は、農家の自主性の尊重と上からの行政的コントロールの見事な結合があるのが特徴である。

4　日本の農村工業化政策と農工間所得格差、地域格差の是正

日本農業のもう1つの特徴は、他国と比べて農家の**兼業化率**の高いことである。

2005年では、専業農家22.6％に対して、農業を主とする第1種兼業農家は15.7％、農業を従とする第2種兼業農家は61.6％となっていて（表11-3）、総兼業化ともいえる状況である。どうして、日本はこんなに兼業化が進んだのであろうか。そのことを解く鍵は日本の**農村工業化政策**にある。

ここでは、戦後（1945年以降）日本が、**農工間所得格差**や**地域格差**を、主に農村工業化政策を用いて解消していった歴史的経験の考察を行う。

表11-3　兼業農家比率の推移
(単位：%)

年度	専業農家	1兼農家	2兼農家
1960	34.3	33.6	32.1
1970	15.6	33.7	50.7
1980	13.4	21.5	65.1
1990	15.9	17.5	66.5
2000	18.2	15.0	66.8
2005	22.6	15.7	61.6

出所：農業白書付属統計各年版。

表11-4　農工間1人当たり所得格差
(単位：1,000円)

年度	農家	勤労者
1965	146.8	177.2
1970	300.3	327.8
1975	784.4	693.5
1980	1,096.5	968.5
1985	1,328.3	1,191.7
1990	1,646.6	1,442.9
1995	1,785.3	1,616.1

出所：農業白書付属統計各年版。

農工間所得格差　　表11-4は、戦後の日本の農工間所得格差の状態を示したものである。

1960年時点で、平均的に見て、農家の世帯員1人当たり家計費は、6万700円で都市勤労者の8万5,700円の7割しかなかった。

この地域格差の是正が1961年の農業基本法の政策の柱であった。農工間所得格差の是正が農業生産性の向上と並んで重要な政策課題となった。この時期、農工間の所得格差の是正は、規模拡大によって、農業だけで生活できる自立経営の育成により達成され、自立経営の育成は農業から他産業への労働力の移動による離農、農地の自立農家への集中により可能になると計画されていた。

この計画は失敗した。農家は他産業従事とあわせ働く兼業農家となったが、農地を手放さず農村に滞留したのである。しかし、兼業化することにより農外所得は増え、農家所得は増大し、1970年代には都市勤労者所得を上回るまでになった。

地域別にみても1人当たり家計費の上位5県と下位5県平均との格差は、1960年では2.24倍もあった。上位5県は都市圏に位置し下位5県は農村県に属している。こうした格差は1960年代以降次第に解消され、農家世帯員1人当たり家計費は1970～75年に都市勤労者1人当たり家計費とほぼ均衡し、1990年には都市勤労者1人当たり家計費の14％増になっている。地域格差も2002年には1.54倍にまで縮小している。

第3部　農村経済を学ぶ

　格差縮小の原因には賃金格差の是正と、就業率の上昇とがあるが、1960年代以降の格差縮小は、主に就業率の上昇、すなわち、農家世帯の多就業化によるものである。農家の多就業化を可能にした要因は、在宅通勤兼業を可能にした農村地域への工場立地、農村工業化である。

　農村工業化そのものは、1930年代の日本の農村不況のときに農村救済策として提唱されたものである。その理論的主唱者は理化学研究所の大河内正敏である。大河内は『農村の工業』という著作のなかで、農村部への加工的工業の導入が、農村の潜在的過剰人口の受け皿になるといい、さらに、企業内の分業ラインを空間的に地域に波及することを提唱している。

　当初は、自然発生的な農村部への工場立地による兼業化の進展であったが、1970年の総合農政からは、農村工業導入促進法による農村工業化政策により、意図的に農村部への工場分散を図り、総兼業化を目指すようになった。

地域開発政策、農村工業化政策　高度成長期の地域開発政策においては、太平洋ベルト地帯周辺への産業基盤整備投資が重視された。格差縮小への配慮は見られたが、基本的には成長率極大化を目指した地域開発政策であった。この間、農村から都市への大量の人口移動が生じ、（潜在）失業者の減少した農村地域で1人当たり所得が上昇した。また、大都市及び周辺工業地帯発展の結果、労働力不足が生じ、工場の地方分散が進んだ。これらの結果、地域間所得格差が縮小した[1]。

地域所得格差　まず、1人当たり県民所得の格差の動きをみてみよう。1950年代の格差拡大、1960～70年代の格差縮小、1980年代の格差拡大、1990年代の格差縮小傾向となっている。一方、賃金水準の格差はこれと若干異なった動きを示している。1958年までの格差拡大、1966年までの格差縮小、1973年までの格差拡大、1976年までの格差縮小の後1980年までほぼ不変、1983年まで格差拡大の後1987年までほぼ不変、その後格差縮小となっている。1人当たり所得と賃金との大きな違いは、60年代後半から70年代前半の間、所得格差が縮小したのに対し、賃金格差が拡大した点である。長期的に見れば、20世紀後半の50年間で都道府県間格差が縮まってきた

ことは間違いない。

　格差が縮小しただけでなく、初期時点において低所得であった県の方がその後の成長率が高かったのである。これだけを見れば、低所得地域の追上げがある程度実現したことになる。この追上げには、政府の農村工業化政策による地域の賃金水準の上昇と就業率の向上が寄与しているといってよい。

　しかし、この傾向は2000年代に入って逆転する。地域間所得格差や個人間の所得格差は増大し「格差社会」の到来と言われるようになった。

日本の農村工業化の特徴　農村工業化には2つの類型がある。第1は、地方自治体が主導する工業団地造成や、工場誘致策による面的な導入である。もう1つは企業主導による地域的分業網の育成である。後者は工場を面的に集積するのではなく、道路で結ばれた工場を網状に地域に散在させる。

　工場の地方分散は、1960年代以降、電気、衣服、自動車工業を中心に急速に進展した。近代的工業は、多くの部品を1つの流れ工程の生産工程に集中し、組み立てることによって効率化を図っている。多くの部品生産、組立ては下請けが担当していて、本社は最終完成組立て、検査のみを担当している。通常ある企業の敷地内でこうした分業が担われているが、これを空間的に地域間分業しているのが日本の特徴である。

　本社工場——最終組立て、検査、納品
　1次下請け——大部品組立てあるいは限定的な製品の生産
　2次孫受け——部品組立て
　末端——農家の内職による細部品の組立て
が、同心円状に配置されている。

　本社工場は輸出港や大消費地に立地し、同心円状に系列会社を配置し、遠方に広がるにつれ細部品の生産が行われるようになっている。完成品、大部品、小部品、細部品になるに従い、輸送費は低廉になり、労働集約的になり、低賃金依存型になる。

5　日本型社会の特質

　日本社会は、世界の国々と比較してどのような特質を持っているのであろうか。日本の企業は、年功序列制、終身雇用、企業内組合、意思決定の稟議制といった特質があり、欧米の企業が、能力給制、転職による労働力の流動、職種ごとの労働組合、強力なリーダー制をとっているのに対して大きく異なっている。一言で言えば、欧米が個人主義的であるのに対して、日本は集団主義をとっている。こうした日本企業の集団的性格は日本農業の集団的性格に規定されているところが多い。

　つまり、灌漑稲作農業は、共同で灌漑に必要な施設を造成し、維持管理を行う。また、稲作にとって最も必要な水の配分も構成員の総意で平等に行う。しかし、共同体以外の人に対しては排他的な行動をとる。

　日本の企業が会社を中心とする集団的構成をとるのは、こうした歴史的背景による。

注
1）内閣府経済社会総合研究所国民経済計算部『県民経済計算年報』の数字を根拠としている。

参考文献
1．岡部守（2001）『土地利用調整と改良事業』日本経済評論社。
2．岡部守（2003）『水土里の再生』筑波書房。
3．末吉健治（1999）『企業内地域間分業と農村工業化』大明堂。
4．玉城哲ほか（1984）『水利の社会構造』東京大学出版会。
5．松浦利明・是永東彦編（1984）『先進国農業の兼業問題』農業総合研究所。

［岡部　守］

第12章
農業経営学の方法と課題

1　農業生産をめぐる経営学的視点

農業生産の範囲と概念　いうまでもなく人間は食料を消費することで、体をつくり、日々の諸活動のエネルギーとしている。食料を消費し栄養を摂取することが、高度な文明を築き上げた人類にとっても、その生存のために不可欠な条件であることには変わりがない。その食料はいろいろな形で生産される。しかし、現段階で食料を植物や動物以外から作ることができない以上、農業生産活動は生物を利用した生産活動ということとなる。この生物を利用した生産活動そのものが農業生産である。

今日われわれの消費する食料は、当然のことながら、農業生産によるものだけではない。食品工業等のアグリビジネスと呼ばれる農業関連産業が発達し、農業で生産された食料資源に加工等の様々な処理をすることで、食料のもつ様々な制約を緩和し、われわれの消費をより容易かつ豊かにすることに貢献している。その意味で、食料生産を広義にとらえる場合、農業生産活動とともに、食品工業などの農業関連産業をその経営主体として考慮する必要がある。

しかし、本章では直接の農業生産活動に携わる経営体を農業経営と考え、間接的に食料生産を担当する食品工業などの農業関連産業はそれに含めないこととする。食品工業の経営は、基本的には農業経営というより、一般の企

業経営そのものである。すなわち、食品工業の経営論理は企業論として扱うことが望ましく、本章で議論する農業経営に含めることは適当でない。

経営体把握をめぐる経済学と経営学の相違　食料環境経済学とは、食料の生産・流通・消費あるいはその環境を対象に経済学の方法論によって接近する学問領域ということになろう。その研究対象は当然のことながら国民経済（あるいは国際経済）という広い領域（マクロ）を対象としている。もちろん、食料の環境問題を考える場合、単なる国民経済的な食料の需要や供給を議論するだけでは、その問題領域に接近できない。より狭義の地域経済の単位（セミマクロ）での考察も必要不可欠である。しかし、その範囲（大きさ）はともかく、ある一定の広がりをもつ領域ないし地域空間を対象とする。

経済学には**経済主体**という概念がある。これは経済活動を構成する主体という意味であり、経済学は、こうした経済主体の経済行動の結果を、抽象的に想定した経済主体の論理をふまえながら考察する学問領域である。国民経済全体を単純化すると、経済主体は大きく2つに分かれる。すなわち、企業と家計である。企業は家計から、生産に必要な資源である、土地、資本、労働力を調達して、生産活動を行う。ここでは、生産に必要な要素資源（用役）は家計が保持し、企業自体はそれを所有していないことが前提である。企業は生産活動の結果として、様々な財やサービスを生産し、それを家計に販売することで企業収入が得られる。企業の生産した財やサービスは家計（所得）によって購入される。企業は家計から調達した要素資源の対価として、家計に対し地代、利子、賃金を支払い、これが家計の所得となり、企業の生産する財やサービスを購入することができるのである。

国民経済的にみれば、この2つに政府という経済主体を追加するとより現実的な国民経済の経済循環構造の基本的な仕組みを説明できる。いずれにしても、経済学では財やサービスを生産する主体は企業として把握され、企業という概念を通じて経済行動のメカニズム、国民経済全体としての経済成長や変動を分析対象とする点に特徴がある。

これに対し、本章で提示する方法論は経営学である。その特徴は、リスクを前提とする経営体の**意思決定過程**にある。経営学では、この意思決定過程を、plan【計画】→do【実行】→see【評価】の3つの過程で構成される**管理の循環**または**マネジメント・サイクル**と表現する。ここで、【評価】はまた、【計画】にフィードバックして反映されるため、循環（サイクル）となるのである。この意味では、経営学は、経済学でいうところの経済主体としての企業を対象とするものの、それは経済学の目的である国民経済全体の成長や変動と関連させて問題とするのではなく、持続的な利益を最大かつ安定的に追求するという具体的な経営目標をもつ企業行動そのものを分析対象とする。しかも、この企業は経済主体という経済学の概念で高度に抽象化された存在ではなく、より実体性のある企業である。経済学の評価は、国民経済などマクロレベルでなされるが、経営学は個別に行動する経営体の目標達成度の側面から行われる。この個別企業の経営目標の達成とそのための経営管理や経営戦略の構築という学問体系が経営学の特徴を端的に表現するものである。

 さらに、経営学の特徴は、経営体自身の成長発展メカニズムの解明が重要な目的になることである。経済学では、企業は、経済条件の変化に対応して、収益追求のための最適な経済行動を選択することが期待される。企業自体では経済条件を変えることができず、経済変化に伴う受動的な行動が前提となる。しかしながら、経営学では企業は経済条件（これを経済学では与件と表現する）の変化に伴って受動的に行動するだけでなく、経済条件そのもの、すなわち経営にとっては外部条件である与件を経営発展の過程で内部化し、自分である程度コントロールすることができると考える。ここに経営学のダイナミズムがある。

農業経営の特徴と原理　経済学では、経済主体としての企業の経済行動原理を与件にその理論が組み立てられている。これに対し、経営学はその企業活動そのものを対象とすることはいうまでもない。しかし、農業経営の多くが農家すなわち**家族農業経営**（以下、家族経営と表記）という独自

第3部　農村経済を学ぶ

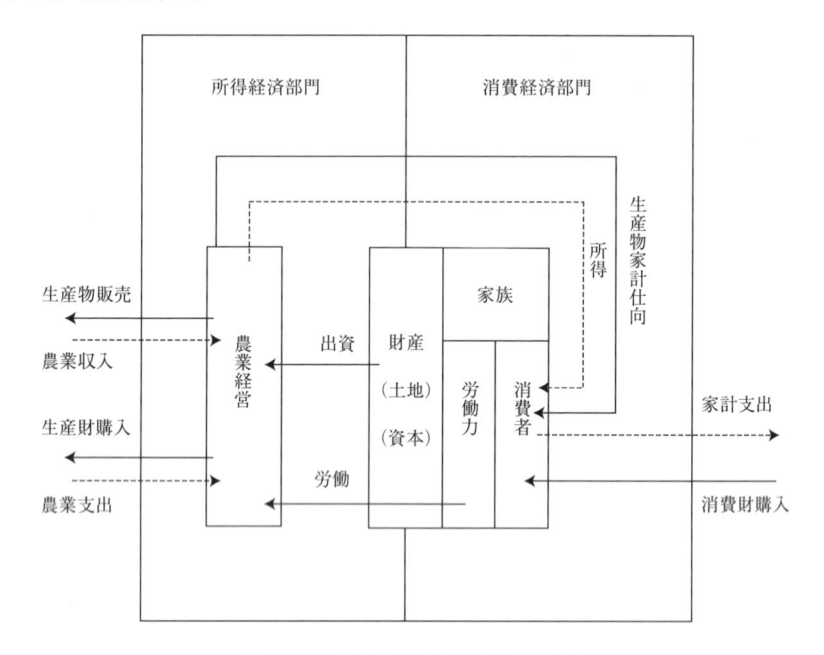

図12-1　農家経済の仕組み（概念図）

の経済主体であることは、農業経営学を一般企業の経営学と違った学問領域として成立させることを意味する。経済学の対象とする企業は、もう1つの経済主体である家計と完全に分離した経済主体である。すなわち、企業はそれ自体で自己完結した行動原理をもち、家計も同様に完結した行動原理をもちながら、相互に独立している。その意味で、一般企業の行動原理は、それぞれの経済論理で比較的説明しやすい領域である。

　しかし、農業生産活動を担当している農家すなわち家族経営の行動原理となると、そう単純ではない。農家は、一方で農産物を生産することで安定的な収益性を追求する。その限りでは企業の行動原理そのものである。ところが、もう一方からみると、農家を単位とした消費経済の単位でもあり、その観点では企業ではなく家計としての経済行動をとるわけである。ここに、農業経営体としての農家の特徴がある。すなわち、農家は、収益性を追求する所得経済部門と、所得経済部門に経営のための資源を提供することによって

得た所得を、家計経済部門として消費し生活に役立てるという二面性をもっている（図12-1参照）。この農家の経済行動の独自性が農業経営学を、一般の経営学から分離し、独自の学問領域として成立させる大きな理由の1つである。

　先に、農業生産は生物を利用した生産活動にその特徴があると述べた。そのうち、植物体を利用した農業生産は耕種部門と呼ばれる。耕種部門の特徴は、その生産に生きた土地という資源を利用することである。土地のもつ、理化学的性質を最大限に活用し、それに気候や水等の条件が活用されて生産されるわけである。農業生産技術が高度に発展した今日でも土地のもつ高度な機能を軽視することはできない。もう1つの動物体を利用した農業生産は畜産部門である。この畜産部門は、家畜を利用して家畜そのものやそれを使って生産物である牛乳などを生産するもので、その限りでは、耕種生産に比べると土地との関係は直接的ではない。しかし、家畜の食べる飼料は耕種部門で生産される以上、間接的ではあるが土地の有機的な機能の恩恵を受けていることには変わりがない。近年の農業生産技術の発達は、こうした農業生産の土地制約を緩和する方向に進んでいるとしても、その制約自体がなくなることは当面考えられない。その意味で、農業生産における経営的な特徴は、生物生産とくに土地利用の視点にあることはいうまでもない。

2　農業経営学の体系化

ドイツの農業経営学　　農業生産は人類の生存にとってなくてはならない存在である。食料をいかに生産するかは有史以来の大きな課題であったことはいうまでもない。しかし、農業生産が長い歴史的な課題であったとしても、その昔から経営学が存在したわけではない。これは、経済学も同様であろう。今日の形で経済や経営が問題となってきたのは、現在の市場経済の形成と深い関わりをもつ。すなわち、自給自足的経済を脱し、生産力の発展により市場経済、商品生産が主体となる資本主義経済

の成立発展が経済学を体系的に成立させ、その一環で経営学も成立してきたとみるべきであろう。

　農業経営学のテキストによると、農業経営学の系譜はドイツから始まっている。テーア（Thaer, A. D.）の『合理的農業の原理』による農業純収益概念の確立が、従来の生産原理から利潤原理への転換をもたらし、土地を中心とする経営理論の発展の基礎を築いた。世界で最初に産業革命を達成し、資本主義経済を成立させたイギリスではなく、近代化の遅れた農業国であるドイツで農業経営学が成立してきたのは、なぜか。今まで説明した農業経営の特徴と関連させると興味深い。しかも、その後のドイツ農業経営学の流れが、土地利用を中心とした**経営方式論**や**経営集約度論**といった方向で発展してきたのは、農業経営学の性格を示すものとして注目される。これには、当時のドイツで、ユンカー経営と呼ばれる地主的貴族経営が支配的であり、そうした経営では地代の最大化が経営目標とされていたこともその要因の1つと指摘される。その後、チューネン（Thünen, J. H. von）、エーレボー（Aereboe, F.）を経て、ブリンクマン（Brinkmann, T.）に至るドイツの経営学は、日本における第2次世界大戦前の農業経営学の草創期に大きな影響を与えた。

アメリカの農業経営学　イギリスで体系化され発展してきた経済学は、第2次世界大戦を前後して、当時世界の覇権を確立したアメリカでより精緻な体系が構築された。そして、農業経済分析においても、そうした経済学の理論的フレームワークが活用されるようになった。新大陸におけるアメリカ農業は、旧大陸と異なり、土地利用をはじめとする古い慣習や制約条件から比較的自由なものであった。その結果として、旧大陸の土地を中心とする経営理論ではなく、経営資源の適正な結合による経営の合理性の追求が主たる目的であった。農業経営調査や農産物生産費調査などを基本とした実践性の高い農業経営学がアメリカにおける農業経営学の特徴である。第2次世界大戦前後の経済学の発展は、こうした実践的なアメリカの農業経営学にも大きな影響を与えた。**回帰分析**等の統計手法や**線形計画法**等のオペレー

ションズ・リサーチと呼ばれる手法は、戦後アメリカにおける農業経営学の中核的な手法にまで成長した。日本における農業経営学の展開について、戦前期までがドイツの影響を強く受けていたとすれば、戦後のそれはアメリカの農業経営学であり、今日においてもアメリカにおける農業経営学の影響は色濃く残っている。それはまた、経済理論がアメリカの農業経営学を通じて戦後日本の農業経営学の構築に大きなインパクトを与えたことでもある。アメリカの農業経営学は、その内容からして農業生産の経済学でもある。

3　日本の農業経営学と農業経営の育成

日本の農業経営学と経営育成政策の展開　日本では、すでに明治後期の1909年、伊藤清蔵『農業経営学』が刊行されているが、日本の農業経営学は西欧諸国の学問の移入の歴史といってもよい。戦前までの農業経営学は、すでにふれたように、ブリンクマンなどドイツの農業経営学の影響下にあったが、戦後とくに1955年前後からアメリカにおける農業経営学が日本に紹介され、その体系化が行われた。そのため、地代論や集約度理論が中心であり、抽象的理論的色彩が強かった戦前の農業経営理論にかわり、戦後のそれはアメリカの理論と方法が普及し、農業経営学は経済理論を援用しながら、今日にみられるより数量的かつ実践的な性格を強くした。

　戦前、日本の農業経済学の重鎮であった東畑精一は『日本農業の展開過程』のなかで、日本の農民を単なる業主に過ぎないと指摘し、日本農業を動かしているものは、地主と政府であると論じた。日本農業の本来の担い手が農民や農家というのであれば、それは当然、それらが経営主体として行動し存在していることとなる。しかしながら、東畑の論じるごとく、戦前の農家は経営者としてではなく、他の意思決定にしたがい行動する従業員のような役割しか演じられなかったとすれば、その時代には本当の農業経営は存在しなかったことになる。戦前の地主制を基本とした農業生産体制は、確かに農業経営の自由な発展を阻害していたのかもしれない。

第3部　農村経済を学ぶ

　第2次世界大戦後の日本農業の大きなエポックは、いうまでもなく寄生地主制の解体、農地改革による自作農制度の創設である。戦後の民主化の一環として農地改革は日本に広範な自作農を創設し、自作農による自由な営農条件の確立による農業生産力の向上が農業政策の基本的な課題となった。しかし、この自作農体制も順調な発展を示したとはいえない。非農業の戦後経済復興の達成と1960年前後からの急激な経済成長の実現により、農業と他産業（工業）の生産性格差（所得格差）が顕在化し、農業に一層の効率化を迫った。

　こうして生まれた日本農業の育成すべき農業経営の目標が、1961年の農業基本法においてはじめて提示された**自立経営農家**という概念である。農業基本法第15条においてそれは「正常な構成の家族のうちの農業従事者が正常な能率を発揮しながら、ほぼ完全に就業することができる規模の家族農業経営で、当該農業従事者が、他産業従事者と均衡する生活を営むことができるような所得を確保することが可能なものをいう」とうたわれている。これは、統計的には「世帯員1人当たりにみた町村在住の勤労者世帯の勤め先収入と同水準の農業所得を確保している農家」と定義されているが、その割合は農水省統計情報部「農家経済調査」からの推計によれば、現在せいぜい5〜6％程度の農家戸数シェアであるという。その後、60歳未満の基幹男子農業専従者（年間150日以上自家農業従事）のいる農家、すなわち、**中核的農家**という担い手農家の概念も登場したが、いずれも、育成すべき農業経営の主体を農家という家族経営に期待したことに変わりはなかった。

　しかし、自立経営農家や中核的農家の育成という目標を設定したにもかかわらずその成果は芳しくなかった。とりわけ、稲作を中心とする**土地利用型農業**は、他産業の発展の結果として兼業化が進み、他の作目と比較して、そうした農家のシェアは著しく低かった。

新しい経営体育成の方策　農業の担い手育成上における重要な経済環境の変化が国際化の進展である。日本農業は、国際的に進んだ貿易制限撤廃と自由化の動きに基づき、非自由化品目（輸入数量制限）を徐々に少

なくし、牛肉やオレンジといった日本農業の基幹品目もすでに輸入自由化されてきた。ウルグアイ・ラウンド農業交渉では、ついに米（米もその後関税化した）を除くすべての品目の数量制限が撤廃され、関税化された。つまり、今まで強固な貿易制限で保護されてきた日本農業にも国際化の波が強く押し寄せて来た。急激な円高は、農産物の内外価格差を拡大し、日本の農産物は国際価格と比較し、きわめて高価格であると各方面から指摘され、それがまた市場開放を促した。

　こうした経済環境激変のなかで政府は、1992年に「新しい食料・農業・農村政策の方向」という新政策プラン発表し、国際化に対応した今後の農業の方向性を提示した。その新政策プランのなかではじめて重要な概念が登場した。それは、経営体という概念である。すなわち、今後の農業生産の担い手として「個人又は一世帯によって農業が営まれる経営体であって、他産業並の労働時間と地域の他産業従事者と遜色ない水準の生涯所得を確保できる経営」を**個別経営体**とし、また「複数の個人又は世帯が、共同で農業を営むか、これと併せて農作業を行う経営体であって」労働時間や生涯所得は個別経営体に準じるものを**組織経営体**と規定し、具体的には、農事組合法人や有限会社、経営の一体性を有する農業生産組織などを指すという。この新政策で注目すべき点は、土地利用型農業における経営体育成の考え方を提示したこと、その担い手について従来の農家概念の延長ではなく、新しく経営体として明示したことにある。ここに、日本の農業政策の表舞台に経営体育成という新しい概念が登場したのである。従来、農業経営学があっても、経営体がないという日本農業の現実からみれば大きな政策転換である。この方向は、1993年に制定された農業経営基盤強化促進法における**認定農業者**制度や、1999年に制定された**食料・農業・農村基本法**等、今日に至る担い手育成政策のなかでより明確化されてきている。

　食料・農業・農村基本法では、その第21条で「国は、効率的かつ安定的な農業経営を育成し、これらの農業経営が農業生産の相当部分を担う農業構造を確立するため（中略）農業経営基盤の強化促進に必要な施策を講ずるもの

とする」とし、さらに第22条では「国は専ら農業を営む者その他経営意欲のある農業者が（中略）経営管理の合理化その他の経営発展及びその円滑な継承に資する条件を整備し、家族農業経営の活性化を図るとともに、農業経営の法人化を推進するために必要な方策を講ずるものとする」とし、望ましい農業構造の確立を目指して、家族経営の活性化と農業経営の法人化を進めることを宣言した。

　2005年に策定された**食料・農業・農村基本計画**によれば、望ましい農業構造の確立に向けた担い手の育成・確保策として、まず、認定農業者制度の活用により地域における担い手を明確化し、これらの者を対象に施策を集中的・重点的に実施することである。加えて、その際、集落を基礎とした営農組織のうち、将来効率的かつ安定的な農業経営に発展すると見込まれるものも担い手として位置づけ、小規模農家や兼業農家も担い手として営農組織の一員となることができるよう、農地の利用集積を図りつつ、営農組織の育成と法人化を推進することが提示されている。こうして、2007年から始まる**品目横断的経営安定対策**における対象経営の経営規模の下限等の条件設定を通じて、今後は農業政策の対象が地域の担い手である、認定農業者（家族経営が中心だが、農業法人を含む）、将来の法人化を想定した**集落営農組織**、農業法人に重点化することが想定される。

　従来の農業政策は、米政策や野菜政策というようにモノ（品目）に注目した品目別政策が中心であった。それに対して今日では、モノでなく担い手（ヒト）を政策対象とする経営体育成政策に比重が大きくシフトしてきた。担い手経営を安定させる対策として、従来の品目別対策にかわり、経営体を対象とする品目横断的経営安定対策が中心となる。したがって、経営安定対策の対象となるためには、一定の規模や経営体としての形式をクリアする必要があり、そうした経営体をいかに育成していくかが課題となる。

4　経営学の基本概念と現代的課題

経営目標と経営体の認識　農業経営学の系譜を振り返ると、それは**経営目標**としての物的概念から経済概念への転換に突き当たる。経営目標としての**利益**概念の確立が農業経営学の学問的な自立化を促した。それは大きな歴史的な転換点であったかもしれない。そして重要なことは、こうした経営目標が多くの場合、その経営学の体系を規定しているということであろう。古くはドイツの農業経営学が地代の最大化を目的とした土地利用経営学を確立してきたし、戦後日本に導入されたアメリカの農業経営学は、経済学というツールを使いながらも、自立的な経営者を前提として経営部門の最適結合や資源の最適配分に関する実践的な接近による、企業的家族経営体を分析する経営学を確立してきた。さらに、日本では近年に至るまで長い間経営体としての認識が希薄で、農家すなわち家族経営が農業生産を担い、経営理論の適用が可能な経営体そのものの育成が課題であった。

いずれにしても、経営目標は実は経営体自体の認識と深く関わるものであり、それが経営学の体系性とも関連している。ドイツにおける地代すなわち**土地純収益**の最大化を目的とした経営体と経営学の構築、アメリカにおける家族から独立した経営者自身に対する労働報酬である**経営者労働報酬**の最大化、そして、家族員の協業による要素所得としての地代、利子、賃金に加え利潤が含まれる日本における**農業所得**の最大化、さらには株式会社をはじめとする企業経営の**利潤**の最大化といったそれぞれの経営目標は、各経営体における費用概念（いわゆる**経営費**のこと、**生産費**とは違うので注意）の相違であるとともに、いずれも経営体認識と深く関わっている。いわば、経営体がどのように認識されるか、すなわちどのような生産要素で組織されるかで、経営目標の相違が生ずるし、経営行動そのものの違いも生まれるのである。

こうした経営目標と育成すべき経営体、それに関する経営理論の構築は実は一体的な関係にある。これらの体系は、クーン（Kuhn, T. S.）の言葉で

やや大げさに表現すれば、農業経営学のパラダイムであるといえるし、その体系変化はパラダイム転換と表現できよう。したがって、経営学を論じるにあたり、経営目標把握はきわめて重要性であるとともに、今後の日本における農業経営をどうするかを論じるためにも、経営目標を頂点とした経営体やその理論的体系性をきちんと確立する必要があるということである。そして、さらに強調すべき点は、経営目標としての**私経済的利益**の重要性である。今日、農業の多面的価値や経営目標の多様化が指摘されているが、経営体が私経済的利益の追求という最終的な目標を軽視しては経営体そのもの、あるいは近年重要な概念として注目されている持続的農業としての存続自体が困難となると考える。

農業経営における経営形態の行方

今日、農産物をめぐる国際的な自由化、輸出入規制撤廃の動きは、日本農業そのものの存立基盤自体を問題にせずにはおかない。地球上に農業生産がなくなれば人類そのものの存続は困難であるとはいえ、日本という一国に農業生産がほとんどなくとも、国際的な自由貿易体制のルールが確立され、農産物の輸出入が安定的かつ効率的に行われれば、日本という国に住む人びとの食生活はある程度、保障されるという考えも成り立つかもしれない。いずれにしても、こうした新たな条件下で、日本農業を今後とも維持する必要はあるのか、どの程度の農業（生産のミニマム）が日本に必要であるのか、現在の農業に投げ掛けられた課題は大きい。これは単なる農業だけの問題ではなく国民全体の課題でもある。しかし、この課題にどう応えるのか、農業生産を担う主体が各々の農業経営である以上、これは今後の農業経営をどうしていくべきかといった課題でもある。

こうした観点から、今日注目される課題は、担い手の**経営形態**である。従来の農業生産は農家による家族経営を主体としてきた。現在でも、養豚、鶏卵、ブロイラーなどの小家畜を例外とすると、家族経営のシェアは圧倒的である。鶏卵やブロイラー生産では、土地への依存度がきわめて低く、気候条件に左右されず工業生産と同様に周年的かつ同時並列的生産が可能である。

このため、規模拡大が急速に進み、企業的な経営のシェアが圧倒的に高くなり、家族経営はすでに少数派である。これに対し、稲作を中心とする土地利用型農業では、規模拡大には私的に所有された農地の面的集積が必要であり、かつ多くの場合季節性の影響を強く受ける農業部門では、工業のような生産は困難である。したがって、こうした作目では、いまだ小規模な家族経営が圧倒的であるが、こうした土地利用型農業部門でも、農地を集約した企業的経営を育成していくことが、今日における経営体育成の大きな柱の1つとなっている。とりわけ、今日では農業法人とともに、集落営農組織の育成にかける期待が大きい。しかし、集落構成員の地縁的な共同組織である集落営農組織に経営体としての実体や機能をどのように実現してくのか、課題は多い。

そして、経営形態に関連する大きな課題として一般企業の農業参入問題がある。従来の農地法をはじめとする農業法制は、基本的には家族経営（あるいはその延長上にある協業経営）をターゲットに策定されたものである。一部で行われている**リース方式特区**による農業参入を例外として、現行農地法では、**農業生産法人**に認定されない一般企業の農地取得を認めていないが、これは今日の農地制度改正の大きな争点であるとともに、今後の土地利用型農業を考えていく重要な論点である。その意味で、経営体の育成は、多くの制度的な枠組みと無関係ではいられない。

こうした新たな時代に対応した農業生産の経営体について検討するために、より重要な点は農業経営学の目標体系、経営体把握に関する新しいパラダイムを提示することであろう。従来の農業経営学の独自性が家族経営の行動分析にあったとすれば、今日では他産業を対象とした企業論の成果を農業経営学にどう活かしていくのか、生物生産という独自の土地利用形態を有する経営学をどう構築していくのか。その場合従来の資源浪費型あるいは環境負荷型の生産形態でなく、資源循環型農業生産体系をどう構築していくのか、さらに、経営を支援する地域組織体や**農業サービス事業体**はどうあるべきかなど、農業経営学に求められる課題はまさに山積し、その解決が模索されている。

第3部　農村経済を学ぶ

参考文献

1．金沢夏樹（1982）『農業経営学講義』養賢堂。
2．金沢夏樹ほか編（2001）『農業経営者の時代』農林統計協会。
3．木村伸男（1994）『成長農業の経営管理』日本経済評論社。
4．木村伸男（2004）『現代農業経営の成長理論』農林統計協会。
5．熊谷宏（1981）『農業経営・計算の小事典』富民協会。
6．長憲次編（1993）『農業経営研究の課題と方向』日本経済評論社。
7．天間征（1966）『定量分析による農業経営学』明文書房。
8．西村博行（1997）『農業経営』放送大学教育振興会。
9．日本農業経営学会編（2003）『新時代の農業経営への招待』農林統計協会。
10．日本農業経営学会（2007）『農業経営学術用語事典』農林統計協会。
11．農水省農業研究センター編（1999）『線形計画法による農業経営の設計と分析マニュアル』農林統計協会。
12．長谷部正ほか編（1996）『農業情報の理論と実際』農林統計協会。
13．松田藤四郎ほか編（1994）『水田農業の経営革新をはかる』同文館出版。
14．八木宏典（2004）『現代日本の農業ビジネス』農林統計協会。
15．頼平編（1982）『農業経営計画論』地球社。
16．頼平（1991）『農業経営学』明文書房。

［北田　紀久雄］

第13章
農政の展開過程と農業法

1 はじめに

　2006年6月14日に、わが国農政の新しい節目を象徴する「**担い手経営安定新法**」が国会で成立した。2007年度から導入される品目横断型の経営安定対策に対応するための法的な整備である。これは、米・麦・大豆などの土地利用型農業について、すべての生産農家を対象としてきた過去の品目別の価格政策を改め、特定の担い手層のみを支援する所得政策の実施を内容とするものである。具体的には、原則として個別農家で4ヘクタール以上、集落営農の場合は20ヘクタール以上に絞って交付金の支払いを行い、規模の経済性の発揮が想定できる一定面積以上の経営の確保・育成を目的とするものである。こうした施策の導入については、WTO体制下における今後のわが国農業の存立に向けて、国際競争力の弱い**土地利用型農業**の基盤の強化を図ることや、同体制下のルールに合致する国内支持政策（緑の政策や青の政策）の整備を進めることを背景としている。ただ一方で、このような政策展開は、小規模農家の存続を否定するものとして批判論もある。
　上段では、わが国農政上の新しい法律を例に挙げ、その政策的な内容・目的・背景を端的に示す方法で紹介した。本章では、このように農業法の主要な素材を随所で取り上げながら、わが国農政の展開過程を3つの時期区分に整理して論じることをねらいとする。

また、ここで農業法とは何かについて確認しておきたい。そもそも法とは、単に立法府である国会が定める法律のみを意味するものではなく、社会秩序を維持するために必要な規範のすべてを指すものである。したがって、農業法とは、農業を取り巻く社会的事象のあらゆる判断基準を包含するものと言える。

この点について、斉藤政夫氏は、「①農村における慣習、②地方団体の条例・規則、③国家の法律・命令、④国際条約、⑤判例、また以上のものを規制する学説、条理などが、農業法の法源である」（斉藤、1987：9）としている。

以下では、農業法のこうした幅広い素材の中から、とくに上記の③に該当する法律やそれに基づく命令（政・省令等）について、最も主要なものを取り上げながら論じていくものである。

2　農地改革と自作農体制確立

戦後のわが国農政の展開過程を論じるにあたり、政策上の力点やその背景の変化に沿って3つの時期に大きく区分し、各時期の特徴を取り上げていきたい。なお、3つの時期区分のもとに、農業法に関する主要な項目を表13-1に列記した。

まず第1の時期区分は、1945年の太平洋戦争終戦から、1961年の農業基本法制定前までである。この時期は、わが国の敗戦に伴うGHQ（連合国軍総司令部）による占領下の農政展開を起点としており、**農地改革**の断行とそれに基づく自作農体制の確立に向けた法制度の整備が着実に進められるとともに、戦後の絶対的な食料不足への対応とその克服こそが、農政展開上の究極の目的であった。

農地改革の断行とその目的　1945年12月にGHQは、「**農民解放指令**」を日本政府に示した。これは、「農地改革に関する覚書」とも呼ばれるが、農地改革の実施を提起したばかりではなく、同改革後の自作農への支援

表13-1　戦後農政の3つの時期区分に基づく農業法年表

第1の時期区分：終戦から農業基本法制定前まで

年	内容
1945年	終戦。GHQによる「農民解放指令」。第1次農地改革（内容が不徹底で実施されないまま第2次農地改革へ）。
1946年	第2次農地改革スタート。
1947年	農業協同組合法制定。農業災害補償法制定。
1948年	農業改良助長法制定。
1949年	土地改良法制定。
1951年	農業委員会法制定。
1952年	農地法制定（自作農主義に基づく農地制度の確立）。
1955年	米の事前売渡申込制度導入。GATT加盟。
1956年	農業改良資金助成法制定。

第2の時期区分：農業基本法制定から新農政プラン策定前まで

年	内容
1961年	農業基本法制定。農業近代化資金助成法制定。
1962年	農業生産法人制度（改正農地法・改正農協法による）スタート。
1969年	自主流通米制度スタート。新都市計画法制定。農業振興地域の整備に関する法律制定。
1970年	改正農地法制定（農地流動化の促進を追加）。
1971年	農業者年金基金法施行。稲作転換対策スタート（米の生産調整開始）。
1975年	農用地利用増進事業スタート。
1978年	水田利用再編対策スタート（転作政策の本格化）。
1980年	農用地利用増進法制定。
1981年	改正食糧管理法制定。
1987年	水田農業確立対策スタート。
1989年	特定農地貸付法制定。
1991年	オレンジ・牛肉輸入自由化。

第3の時期区分：新農政プラン策定から現在まで

年	内容
1992年	農林水産省による「新しい食料・農業・農村政策の方向」（新農政プラン）の策定。
1993年	大冷害で米の緊急輸入。GATTウルグアイ・ラウンド農業合意。農業経営基盤強化促進法制定。特定農山村法制定。
1995年	食糧法制定。
1999年	食料・農業・農村基本法制定。
2000年	食料・農業・農村基本計画（1回目）決定。有機農産物認証制度導入。
2001年	省庁再編により農林水産省は3庁4局体制へ。国内でBSE問題の発生。
2002年	政府による米政策改革大綱。新しい農業者年金基金法施行。BSE対策の全頭検査制度導入。
2003年	改正農薬取締法制定。改正農林水産省設置法に基づき「消費・安全局」の新設。構造改革特区制度（法律は2002年制定）に基づきいわゆる「農業特区」も認定。
2004年	改正食糧法施行。改正農業委員会法制定。
2005年	食料・農業・農村基本計画（2回目）改定。
2006年	改正食品衛生法に基づくポジティブリスト制度施行。担い手経営安定新法制定。

を重視し、農業技術の普及組織や農民による近代的な協同組織等の必要性を含む幅広い内容に言及しており、いわば戦後農政の枠組みづくりの起点とも言えるものである。

　農地改革の最大の目的は、農村の民主化にほかならない。それは、寄生地主制を打破し、小作人に農地を解放して、耕作者の大勢が自ら農地の所有権者となる状況（自作農体制）を作り出すことによって実現された。

　当初、日本政府によって作られた第1次農地改革の構想はあったが、内容が不徹底で実現されないまま、GHQ主導による第2次農地改革が行われた。その実施に関する法的な整備としては、1946年の農地調整法の一部改正と、自作農創設特別措置法の制定である。これらを通じて、1950年8月までの間に、全国で190万ヘクタール強の農地が解放され、改革前に5割近くあった全農地面積に占める小作地の割合は、1割弱へと減少した。GHQ占領下の強力な指導のもとに進められたものである。

　また、農地改革は、農村の民主化政策にとどまるものではない。食料増産に向けての足場を築く政策手段としても評価する必要がある。耕作者が小作人時代には、当然に地主への毎年の小作料の支払いが前提となるが、自作農となれば、以前の小作料部分を自らの営農活動への投資に回すことができるため、土地改良費や肥料代等の確保を通じて、生産力増強への条件が導かれる。同時に、自らの農地での作業は、農民の耕作意欲の向上にも繋がるものである。

自作農体制の維持と食料不足の収束　以上のような農地改革の遂行と終結までのプロセスの中で、引き続いて①自作農体制をいかに支援し、また、②同体制自体をどう維持するかといった点が、政策の中心課題となった。こうした中で、前者については、自作農間の自立互助の考え方に基づく協同組織の発足を意図した農業協同組合法や、自然災害のリスクを補填する農業共済制度の整備に向けた農業災害補償法が、それぞれ1947年に制定された。さらに、1948年の農業改良助長法や、自作農的土地所有のもとでの農民の発意と同意に基づいて行う土地改良事業の実施に向けた土地改良法（1949

年)、1951年には農地改革後の農地行政を進めるための前提となる農業委員会法が制定された。これらは、いずれも各法律の目的に沿って関係機関もしくは団体の設置が図られ、**農業協同組合**をはじめとする今日のわが国における各種の農業支援組織の骨格を形成した。

一方、後者の自作農体制自体の維持に関する法的な整備は、1952年の**農地法**制定によって集大成された。同法は、農地の権利移動のすべてについて、農業委員会等の公的な機関による許可が必要となる仕組みを導入し、原則耕作目的以外の農地の取得を認めない権利移動統制を行うとともに、耕作している者の権利を徹底して保護する規定を整備した。加えて、農地取得の上限面積等も定め、農地の権利が再び戦前の地主に引き戻されないための厳格な法律体系が作られた。自作農主義に基づく農地制度の確立である。

戦後の食料の絶対的な不足への対応については、戦時中の1942年に制定された食糧管理法に基づいて、政府による主食の一元集荷・管理のもとでの流通統制が行われてきたが、1950年代半ばには、次第に食料需給の厳しさは収束し、その事情を象徴する仕組みとして、生産農家が事前に各年度の政府への米の販売数量を申し出るといった「事前売渡申込制度」が1955年から導入された。

3 農業基本法下の農政展開とその矛盾

第2の時期区分は、1961年の**農業基本法**制定から、1992年の農林水産省によるいわゆる新農政プラン策定前までである。この時期は、農政の憲法とも言うべき農業基本法(旧基本法)が制定され、農業の近代化路線に基づく政策が推進されたことや、国民の食料消費構造の著しい変化も背景となって、次第に米の生産過剰への対応を余儀なくされたのが主な展開状況である。

農業基本法下の重点施策と成果　1961年制定の農業基本法のポイントは次の通りである。同法は、まず前文において、高度経済成長期の農業・農村情勢を分析した上で、同法第1条を通じて、農業と他産業との生産

性の格差是正と、農業従事者と他産業従事者の所得の均衡を政策目標に掲げた。その実現に向けて、第2条で8項目にわたる施策を取り上げているが、とりわけ政策展開上の主軸となったのは、以下の3点と言える。

　第1点目は、**農業生産の選択的拡大**である。前述の第1区分の時期における食料不足期には、生産政策の重点が米麦中心の増産であったが、それに代わり、国民の所得水準の向上に伴う需要の変化に対応し、畜産物や野菜・果樹などへ、生産活動の幅を広げることが進められた。

　第2点目は、**農業構造の改善**であり、これこそが旧基本法農政における農業近代化路線の中核をなす政策手段であった。この政策展開に基づく1962年からの農業構造改善事業によって、かつての馬耕から機械の導入へ、併せて機械の効率的な利用にも対応した農地の基盤整備等が強力に推進され、農村における農作業風景が、急速に一新していくことになる。

　この農業近代化路線を助長する数多くの仕組みが作られ、それに関連する代表的な法的整備として、1961年の農業近代化資金助成法や、協業を促進する観点からの農業生産法人制度（農地法改正・農協法改正による）の形成が1962年に図られた。

　第3点目は、農産物の価格安定である。このことが基本法に明記されることで、農業と他産業との間の所得格差を確実に埋めていく方法として、不足払いや安定帯価格制度等を含む各農産物の流通特性に応じた多様な形態の価格支持政策の充実化が図られた。とくに、米については、食糧管理法のもとで、生産者米価（農家から政府への売渡し価格）は、生産費・所得補償方式が採用され、事実上稲作経営は、一定の純収益と翌年の再生産活動が保障れることになった。

　上記の3点は、一定の政策目的を達成した。中でもここで強調したいのは、第2点目の農業構造改善に関する成果である。農業における機械化の進展や農地の基盤整備は、土地生産性はもとより、それ以上にわが国農業にとって有史以来の飛躍的な**労働生産性**の向上をもたらした。例えば、稲作経営においては、農林水産省の統計によると、10アール当たりの年間の労働時間が、

1960年の173時間から、1980年の64時間へと減少した。つまり、わずか20年間で、同一の経営面積で比較して、稲作に要する農作業時間は、平均して7割近くが削減されたことになる。

農業近代化と農地制度のギャップ　このような農業基本法のもとでの農政展開は、一定の成果を上げる一方で、次第に政策上の大きな矛盾を露呈させることになる。

その第1は、基本法の目指した農業近代化路線と、前述した自作農体制の維持を目的とした農地制度との衝突である。農業の構造改善とは、農地・労働（担い手）・資本といった生産要素それぞれの体質強化を図り、生産力の増強を実現することであるが、同時にこれらの生産要素間の組合せの改善も達成されなければならない。すなわち、機械化による資本装備が進んでも、農地面積の規模拡大が進まなければ、過剰投資となって経営の体質強化には繋がらない。

しかし、農地法のもとでの耕作権の強い保護規定は、一度農地を貸してしまえば、二度と農地の所有権者には、耕作権が戻らないという認識が広く農村に定着し、安心して他人に農地を貸す行為が抑制されたことから、農地の借入れによる規模拡大を志向する農家の育成を事実上阻む結果となった。このため、1970年に農地法の改正が行われるが、問題の解決には到底及ばず、農地法とは別の手続きで農地の権利移動を可能にする農地流動化のための体系的な法令の整備が進められることになる。

その核心部分を簡約して言えば、市町村行政が樹立する農業振興の計画の中に盛り込まれた農地の貸借は、農地法の適用を除外し、貸借の契約期間が満了すれば自動的に権利が農地の貸し手に返還される**利用権設定**の仕組みを導入した。この仕組みは、当初1975年の農用地利用増進事業を皮切りに始まり、1980年の農用地利用増進法によって拡充された。さらに、次の時期区分で登場する1993年の農業経営基盤強化促進法の中に組み込まれる。このように、耕作権の保護規定を根幹に持つ農地法と、利用権設定に代表される農地権利の流動化を促進する仕組みの両者が共存する農地制度が形成されて、今

日もこうした枠組みが続いている。

米の生産調整時代へ　第2は、基本法下における農産物の価格支持政策の進展は、潜在的な農業生産力の維持や農業者の所得水準の向上に結び付いたと考えるが、需要の動向が反映されない高い価格の設定により、需要と供給のバランスを著しく崩す品目が現れ、とりわけ米の過剰問題が1960年代終盤から深刻化した。米の過剰生産は、食糧管理法のもとでの政府による買上げ（政府米）の仕組みのもとで、在庫量の増大と莫大な財政負担の発生を余儀なくされた。

これを端緒として、1970年代から現在も続く**米の生産調整**の歴史がスタートする。それは、当初1971年からの稲作転換対策において、過剰生産分を抑制するための単純休耕の方式で進められたが、次第に他の作物への転換を図る**転作**へと生産調整の取組み方が移行した。

転作政策は、1978年からの水田利用再編対策を皮切りに本格的に始まり、その方式も、各農家がバラバラに転作（いわゆるバラ転）を行っても奨励金を交付する当初の仕組みから、やがて転作田の集積を政策上の原則とする集団転作方式へと変わった。生産調整の実施目標も拡大傾向をたどり、1987年の水田農業確立対策の開始時点で77万ヘクタールと、全水田面積の約3割に達しており、稲作農家の経営上の大きな隘路となった。しかし、転作政策の実施・定着は、米の需給調整による価格の大幅な下落の防止を図るとともに、水田の高度利用、総合食料自給率水準の回復に向けた大前提となる取組みであることなど、多面にわたる観点から、今日もなお農政上の最重要課題の一環となっている点に留意する必要がある。

4　経営政策の推進を含む新時代の農政展開

新農政プラン以降の農政　第3の時期区分は、1992年の農林水産省によるいわゆる**新農政プラン**策定から現在に至るまでの、ここ十数年間である。この時期は、GATT（関税と貿易に関する一般協定）やそれに続く

第13章　農政の展開過程と農業法

WTO（世界貿易機関）のもとでの農産物貿易交渉の影響を大きく受けながら、国内農政の軸足が、次第に特定の担い手層重視の方向へと転換を遂げることになる。加えて、かつてないほど消費者の要求を多分に踏まえた法律・政策が登場する。

新農政プランとは、「新しい食料・農業・農村政策の方向」と称されるものであり、現在のわが国農政のいわば核心部分の一角を占める①法人化に対する支援を含む**農業経営政策**や、②中山間地域等の活性化を目指す観点からの**農村地域政策**といった要素を盛り込み、これらの推進を積極的に提起した点に大きな意義があった。このプランを踏まえ、農業経営政策及び農村地域政策の両者の具体化に向けて、それぞれ1993年に**農業経営基盤強化促進法**、特定農山村法が制定された。その後も同プランを端緒とする政策展開が、現在の農政上の基本理念の構築にも多分に反映し、1999年の「**食料・農業・農村基本法**」の制定にも結び付いたと考えられる。

この時期区分における農政上の基本理念や政策課題を集大成したものは、言うまでもなく、上記の「食料・農業・農村基本法」である。同基本法の特徴は、旧基本法と違って、①政策の対象分野を、農業生産を取り巻く問題に限定せず、国民全般の食料や農村地域の問題にも政策遂行上の焦点をあて、同時に、②同法に基づき、10年後を見通した政策目標やその達成に向けた行動計画等を盛り込んだ「**食料・農業・農村基本計画**」を5年に一度の政令の形で策定することになっていることである。

また、同基本法の骨格となっている基本理念は、①食料の安定供給の確保、②農業生産の多面的機能の発揮、③農業生産の持続的発展、④農村の振興の4点である。

「食料・農業・農村基本計画」は、すでにその第1回目の計画が2000年に、それを見直した第2回目の計画が2005年にそれぞれ策定された。いずれの計画もわが国の総合食料自給率が40％（供給熱量ベース）という低水準の中で、その向上目標と目標達成に向けた取組みの体系的な整備が中心課題となった。

このような農政展開の中で、この時期に政策の方式がかつてとは大きく変化した点をあげるとするならば、次の2つである。

農業経営者育成に向けた政策　第1は、すべての農業生産者を支援対象としてきた従前の政策から、特定の農業経営者を育成する政策へと転換が図られたことである。上記の新農政プランにおいては、個別経営体・組織経営体といった農政用語が現れ、近代的な経営管理手法を備えて、損益として成り立つ経営の育成を図ることが重要な農政課題となり、農業経営の法人化も視野に入れた体系的な経営政策の樹立の必要性を示唆した点に、それ以前の政策展開とは異なる意義があった。

ここで育成すべき農業経営のイメージについて、もう少し噛み砕いて説明しておきたい。

例えば、上記2つの経営体のうち、個別経営体に該当する家族農業経営の場合を例にして言うならば、家計と経営の分離を前提とした簿記の記帳によって計数管理が行われ、経営目標の明確化や農産物の販売戦略を備えていること、加えて、就業条件の設定をはじめ経営内の個人の地位が確立していることなどの要素を整えていることがモデル的な姿と言えよう。

ちなみに、この点に関連して言えば、家族農業経営内の話合いをベースにして、経営改善の進め方や家族構成員の処遇等を明らかにする取組みである**家族経営協定**の普及は、政策上も重要な意味を持つと考える。

新農政プランを踏まえながら、1993年には、経営政策の具体化に向けて、前にも触れた**農業経営基盤強化促進法**が制定された。同法に基づいて始まったのが、現在の経営政策の中心となっている**認定農業者制度**である。これは、農業者が作成した「農業経営改善計画」を市町村が認定し、その認定農業者に対して、行政上の支援施策の集中化を図ろうとするものである。つまり、各地域ごとに、誰を政策上の育成すべき担い手として位置づけるかを明確にする仕組みである。認定農業者には、例えば、税制・金融面での優遇措置や、経営規模拡大にあたっての農地情報の提供などの支援施策が振り向けられる。同制度発足以来、年々認定農業者の数は着実に増加し、2006年3月末時

点で20万1,000経営に達している。

　この認定農業者制度の導入が転機となり、農政上の支援対象を一定の担い手層に絞り込む方向へと転換することになった。

WTO体制下の国内農政　第2は、GATTやそれに続くWTO体制下における国際的なルールに規定された国内農政の改革が進められていることである。1993年のGATTウルグアイ・ラウンドの農業合意に伴い、わが国の米の市場開放が決定し、ミニマム・アクセスによる米の輸入を受け入れることとなった。また、これを転機に、国内においては、1995年に食糧管理法を改め食糧法が制定され、政府による管理を基礎とした流通形態から、農家による米の自由な販売を制度上認めた民間流通へと移行した。

　また、**WTO**体制下では、GATT時代に引き続いて関税・輸入課徴金等の貿易障壁の削減に向けた多国間交渉が進められているのはもちろんであるが、同時に、自由貿易の促進を阻害する可能性がある各国の国内政策の見直しが深く議論され、農産物の過剰生産の要因となるような価格支持政策の縮小・撤廃、生産を刺激しない形の所得政策の重視といった考え方が国際的なルールとして採用される状況となった。こうした方向に沿って、わが国においては、2000年から中山間地域等の**条件不利地域**における**直接支払い**の制度が導入された。これは、平地に比べて傾斜地等における「農業の生産条件に関する不利を補正するための支援を行うこと」（食料・農業・農村基本法第35条2）によって、国土や自然環境の保全をはじめとする**農業の多面的機能**の発揮を確保するために行われる交付金制度である。また、本章の冒頭で触れた2007年度からスタートする「**担い手経営安定新法**」に基づく制度も、同様にWTO体制下のルールに対応したものである。

消費者重視の政策展開　以上2つの観点を取り上げたが、このほかに近年の農政展開の中で、特記しておくべき状況は、かつてないほど消費者サイドからの食の安全問題に対する関心が高まる中で、それに対応した消費者重視の政策が急速に進展したことである。この背景には、一部の食品メーカー等による食品表示の偽装事件や、牛肉をめぐるBSE問題の発生等が大

きく影響している。こうした中での象徴的な関連法制の整備としては、①有機農産物の認証制度の発足（2000年）、②BSE対策として食肉処理される牛への全頭検査制度の導入（2002年）、③飲食料品の品質表示を義務づけているJAS法の罰則規定の強化（2002年）、④農林水産省設置法改正で同省における「消費・安全局」の新設（2003年）、⑤無登録農薬の販売禁止等を含む農薬取締法の改正（2002年）や、農産物の残留農薬基準を大幅に厳格化した改正食品衛生法に基づくポジティブリスト制度の施行（2006年）等があげられる。

5　総　括

　本章では、戦後のわが国農政およびそれに基づく農業法の主要な展開を論じてきた。おわりに全体の総括として、政策の分類に注目しながら次の3点をあげておきたい。

　第1は、生産政策が時代背景の変化とともにその力点を大きく変更してきたことである。戦後の食料不足時代には、米麦中心の増産が進められたが、高度経済成長期には、国民の食料消費構造の変化に対応して農業生産の選択的拡大が奨励され、それに続いて米の生産調整の時代へと突入した。また、今日においては、食料自給率の向上こそが、生産政策の主要な目的となっている。

　第2は、全農家を対象としてきた構造政策や価格政策の時代から、一定の担い手層の育成に焦点をあてた経営政策の時代へと変化を遂げてきたことである。旧基本法のもとで、構造政策と価格政策がいわば車の両輪となって進められたことは、農業の生産性や農業者の所得向上に一定の成果を上げたものの、同法の理念と現実が乖離する局面に至っても、政策展開の基本的な枠組みを継続し、農業経営の確立という観点からは、その停滞を助長する向きも多かった。これに代わり、1992年の新農政プラン等を契機とし、法人化も視野に入れた近代的な経営管理手法を備えた農業経営の姿が構想されるとと

もに、その育成に向けた経営政策の体系的な整備が農政上の中心課題の一角となった。

第3は、今日において、現行「食料・農業・農村基本法」の名称にも象徴されるように、消費者を意識した食料政策や、中山間地域等の活性化を図るための農村地域政策といった政策分野が、農政上の新しい枠組みとして大きくクローズアップされる状況となってきたことである。とくに、食料政策をめぐっては、食品安全行政の推進が重要な一環となったこと、農村地域政策については、農業の多面的機能の発揮と一体となった農村地域社会の維持・振興が重視されている点が特徴と言えよう。以上3つに集約した。

ところで、今日、WTO体制のもとで、国際的な貿易ルールづくりが進められ、同時に、2国間・地域間のFTA（自由貿易協定）やEPA（経済連携協定）の形成の動きが活発化している。これらの取組みについては、各国国民の相互のメリットを追求しようとする自由貿易本来の思想に立脚するべきであり、農産物の輸出国の論理のみに依拠した単純な（あるいは急速な）自由貿易の推進は、むしろ全地球的規模で見れば、農業生産活動の衰退と農地資源に代表される生産基盤の縮小を余儀なくするものであろう。わが国は、各国の特質を生かした農業の共存の必要性を、継続的に主張して国際的な理解の拡大を図るとともに、国内にあっては、地産地消や耕作放棄地解消運動をはじめとする地域レベルからの生産・流通に関する主体的な再編活動を助長することこそが、直面する重要な推進課題と言えよう。

参考文献
1．五條満義（2003）『家族経営協定の展開』筑波書房。
2．斉藤政夫（1987）『農業法学研究』吉岡書店。
3．財団法人農政調査会編（1996）『農業構造政策と農地制度』財団法人農政調査会。
4．関谷俊作（2002）『日本の農地制度・新版』財団法人農政調査会。
5．竹中久二雄（1992）『農業経済学』明文書房。
6．日本農業新聞編（1999）『21世紀の農政大改革』日本農業新聞。
7．日本農業新聞編（2006）『ファクトブック2006』全国農業協同組合中央会。

8．農林水産省監修（2006）『農林水産六法・平成18年度版』学陽書房。
9．農林水産省（1992）「新しい食料・農業・農村政策の方向」。
10．服部信司（2001）『グローバル化を生きる日本農業——WTO交渉と農業の多面的機能——』NHK出版。

[五條　満義]

第14章
農村政策の役割と展開

1 農村とは何か

農村のイメージ　読者は、農村をどのようにイメージするであろうか。**農村**は、食料を生産する場であり、食料生産の担い手である農家の生活の場でもある。日本は、2002年現在、人口約1.3億人、国土面積3,779万ヘクタール、農用地面積割合13％である。ちなみに同じ島国である英国は、同年、人口5,929万人、国土面積2,436万ヘクタール、農用地面積割合70.3％（含む草地）である。そして英国の国民1人当たり農用地面積は、日本の7.6倍である。日本は、英国に比べて急峻な山の多い点で異なる。すなわち日本の農村は、国土面積の13％という限られた農用地面積で資本と労働力を投入する集約的な農業生産によって国民の必要とする食料を供給する場という特徴がある。日本の農村は、生活の場の側面からみると、1955年以降の経済発展によって、農外からの所得を得ている兼業農家の増加だけではなく、非農家も生活するように変化している。農村において農家だけではなく非農家も居住することを混住社会という。働く場（就職先）は、都市から遠くに位置する農村において、農村人口の減少を防ぐために必要である。

農村をイメージするとき、関連する言葉として農業集落がある。**農業集落**とは、構成農家が農業生産上助け合っている30戸程度の集団であって、農村

における基礎的な単位地域のことである。農村は、幾つかの農業集落によって構成されている。

都市近郊農村に位置する農業集落を構成する世帯数は非農家を中心に増加している。それに対して、都市から遠隔にある農業集落の構成世帯数は減少している。この集落単位で構成する世帯が協力的であれば、住民の生活・農業生産がより快適で円滑なものとなる。しかし逆の場合、農業生産環境が低下しやすい。

農村は、放置しておくと、都市近郊農村において農業部門から他産業部門への土地利用の要求（農地転用圧力）が強まって農地面積が減少しやすい。一方、都市から遠隔にある農村は、放置しておくと、人口の減少によって農業集落の運営が困難になること、および鹿、猿などによる獣害の増大もあって、生活環境の悪化だけでなく、残った農家の農業を営むこと自体にもマイナスの影響を及ぼす。

2　農村政策とは何か

政策とは　政策は、放置することによる問題の拡大を防止・改善するために政府・政党・個人や団体・企業などが、その目標達成のための手段としてとる、特定の方法のことである。この定義からすれば、政策は、国家で行うことのみではない。しかし、政府の一国という大局的な視点から国民の税金を用いて展開される政策は、民間で行うには困難な分野に限ってみれば必要である。ここでいう農村は、都市に近い農村も含まれるけれども、都市から遠距離にある農村の経済的な振興が中心になる。なぜならば、それは都市近郊農村であれば工業、商業、サービス業などの働く場が多いけれども、都市から遠方の農村において、それが少ないので、農業の振興、生活環境の改善だけでなく、**農業関連事業**の振興によって働く場を作っていかなければならないからである。なお、国際化の時代（現在）において、多くの企業（製造業）は、国内の農村よりも、労賃の安い開発途上国へ工場

を移している。

　農村政策は、農村という一定の地域内における農業及び農業と関連する産業の振興と良好な生活環境を改善することを目的とした政策のことである。そこでは、農村における農業者の視点、生活者の視点、そして新たな農業関連事業起こしの視点が共に必要である。行政は、本来政党の作成した政策を実践するための代理機関である。しかし農林水産省は、食料・農業・農村基本法の立案（決定は国会）、基本計画の作成（決定は閣議）、予算の獲得と執行、政策のチェックに関わっており、政策の実質的な執行機関としての権限と機能を有している。

　農業関連事業とは、農家、農家グループ、農業生産法人が行なう農産物加工、直売、農家民宿、農村レストランなどの事業のことである。これは、農業経営の多角化と似ているが農業関連産業と異なる概念である。

　食料・農業・農村政策は、1999年度以降、食料・農業・農村基本法の下で展開されている。この基本法は、主に、総則（目的、理念）と基本施策（基本計画、食料施策、農業施策、農村施策）で構成されている。実際に展開される施策は、食料施策、農業施策、農村施策である。食料施策を食料政策、農業施策を農業政策、農村施策を農村政策と呼んでいる。

農村政策の特徴　　農村政策と他の２つの政策を比べて、農村政策の特徴を示しておこう。食料政策の特徴は、食料生産、流通、消費という食料供給の流れを安定的にする政策のことである。そこには食料の加工、輸出入、外食も含まれている。農業政策の特徴は、農業担い手の確保・育成政策である。それに対して農村政策の特徴は、農村という一定の地理的な範囲における総合的な振興を図る政策のことである。そこには道路・排水施設などの農村整備も含まれる。これら３つの政策間の相互関係も重要である。仮に、農産物輸入増大の影響を受けて日本の農産物生産量が減少すれば、以下のことが予想される。その第１は、食品加工企業で用いられる原料農産物がますます安価な輸入農産物に依存する。第２は、農村人口の減少、耕作放棄地面積の増加が一層進むことである。ちなみに農業政策の中心をな

す大規模農家（4ヘクタール以上）の育成は、この農家が農作業しやすく、かつ安定収量を望める好条件の農地（優等地）を優先して利用するから、悪条件の農地で生じやすい耕作放棄地面積の増加を抑制することにはならない。農地の利用を高めるために食料政策、農村政策は、農産物生産政策を担う農業政策を支えることが必要になる。たとえば食料政策は、食品産業が輸入農産物を原料・食材として利用することから国内産農産物の利用を促すというベクトルの転換によって農業政策を支えることが大切である。農村政策においても、農村政策の中で2000年度から行われている中山間地域等直接支払制度によって、とくに傾斜のきつい農地で増加している耕作放棄地・不作付地の発生防止・解消する側面から農地の利用を高めることによって農業政策を支えることが重要になる。

表14-1によれば、農業担い手数と未利用農地面積は逆の動きを示している。農地面積が国土面積の13％しかない。これらから貴重な農地の有効利用は国民全体の課題となっている。

表14-1　未利用農地面積の推移

（単位：1,000ヘクタール、万人）

西暦年次	未利用農地面積	農業就業者数
1985	233	444
1990	311	392
1995	327	327
2000	488	288

注：未利用農地面積＝耕作放棄地面積＋不作付地面積。
資料：総務省『労働力調査』、農水省『農林業センサス』。

3　農村政策のあゆみ

農村整備事業は、食料・農業・農村政策実施以前から行われている。それを農村政策の前史と位置づけることができる。その場合、1999年度以前の農業政策（旧農政）を知っておく必要がある。なぜならば、現在と大きく異なる農政が展開されていたからである。

第14章　農村政策の役割と展開

農基法農政の内容　　その政策は、農業基本法に基づいて展開された農業政策（1961〜98年度）である。この政策を略して**農基法農政**と呼ぶことにする。農基法農政は、日本経済の急速な発展を背景として行われる。この政策は、農業と工業との所得格差が拡大してきたので、その格差を是正することを目的として展開された。農基法農政は、その目的を実現するために、①生産政策、②価格・流通政策、③構造政策、の三本柱（手段）で展開される。生産政策は、主に農業の機械化に対応した農業生産基盤整備政策と、消費の高まっている農産物に生産を合わせていくという生産の選択的拡大政策のことである。価格・流通政策は、主に米を代表とする農産物の価格を引き上げていくという価格支持政策である。構造政策は、農業所得のみで生活できる農家＝自立経営農家を育成していくという農家の選別政策のことである。このように農基法農政は、消費の高まっている農産物を生産して、それを高い価格で販売し、規模の大きな農家を育成することによって、農業と工業との所得格差を是正しようとするものである。この農基法農政は、発足以降10年程度の期間において効果的な役割を果たした。しかし、1970〜75年度において米、温州みかん、牛乳などの主要な農産物が生産過剰となって、生産政策、価格・流通政策の展開を困難にする。さらに構造政策も1970年頃になると、農地価格の上昇から農家の農地に対する生産手段から財産へという認識（農地の資産的保有意識の高まり）の変化もあって、自立経営農家への農地流動化を緩慢なものとしたために規模拡大の制約が指摘されるようになる。

農村政策のあゆみ　　**農村政策の前史**は、このような農基法農政の展開の中で、生産政策（農業生産基盤整備）によって形成される。農業生産基盤整備は、1960年代から1970年代半ばにかけての農業機械化のもとで必要とされ、労働生産性を高めるという役割を果たした。その後農業生産基盤整備政策の展開は、1975年頃になると主要農産物の生産過剰による価格の低迷の中で農家の負担金問題から停滞する。この負担金の多くは借入金で対応する。当然のこととはいえ、これは借金の返済という農家の

経済負担を伴う。

　このような農基法農政展開の中で農村政策は、山村振興法（1965年度）に基づく生活環境整備事業の着手によってスタートする。1965年度は、経済の高度成長期（1955～75年度）の中間にあたる。日本のこの時期における経済の急速な発展は、都市部における労働市場を大幅に拡大させたので、農村からの多くの労働力を必要とした。その結果、農村から都市へ大量の労働力移動が行われた。とくに山村では、少ない人口が一層減少するという過疎問題が拡大した。その対策として行われた事業が道路、電気、上水道、生活廃棄物の処理施設を整える生活環境整備事業である。その後、山村だけではなく、平地農村においても、道路、生活排水施設などの整備に関する農村整備の需要が高まる。

　1972年の土地改良法の改正によって、換地制度の中に非農用地が加えられた。日本の農家の所有する農地は、1カ所にまとまっているのではなく、数カ所に分散されている（零細分散作圃）。これは、効率的な農作業の抑制要因である。この換地は、農業生産基盤整備事業を行うとき、農家の所有している農地をできる限りまとめるために行われる。その事業展開のなかで、公共用地という非農用地を作って、その土地の売却代金収入によって受益者である農家の経済的負担を軽減させた。さらに、この非農用地の創出と売却収入によって、農業生産基盤整備と併せて住民のニーズの高い農村整備も可能になる。

　農村総合整備事業（後の農村整備事業）は、①1972年に農村基盤総合整備パイロット事業（総パ事業：略称）として始められ、②1973年から農村総合モデル事業（モデル事業）が、そして③1976年度から農村基盤総合整備事業（ミニ総パ事業）が加わる。このミニ総パ事業は、総パ事業を特定の農村に限定せず、多くの農村で可能なように一般化した事業である。モデル事業は、環境基盤・環境施設に重点をおいた事業である。これらの3事業によって前史としての農村政策が本格化する。その背景には、経済の高度成長の中で①工業部門の労働市場の拡大による農村人口の減少・兼業農家の増加、そして

第14章　農村政策の役割と展開

②排水・ゴミなどから生じる公害問題があった。農村の道路は、農業用から通勤用としての性格を強めていく。

　1984年の土地改良法の改正で共同減歩の対象用地として生活環境施設用地が加えられ、土地改良事業でそれまでの農村総合整備事業の他に農業集落排水事業ができるようになる。共同減歩とは、農業生産基盤を整備するとき、主に農道・用排水路の新設・拡幅で耕地面積が減少する分（減歩）を地権者みんなで受け持つことをいう。農村総合整備事業の中に1986年度から農業集落排水事業が創設され、目玉的な存在になる。さらに農村総合整備事業は、1989年度から農村総合環境整備事業、中山間地域農村活性化総合整備事業が加わり、ますます生活重視の事業となる。そして、1991年度に農村総合整備事業は、**農村整備事業**へと名称変更し、総パ事業も中山間地域農村活性化総合整備事業へ再編された。現在の農村整備事業は、①農道整備事業、②農業集落排水整備事業、③農村総合整備事業、④農村振興整備事業、⑤中山間総合整備事業で構成されている。そして農村整備事業は、農業生産基盤整備事業と一体となって進行するケースが増加する。

4　農村政策の必要性

　農村政策の必要性の第1は、農産物輸入自由化の中で、弱体化しやすい農産物生産政策を担っている農業政策を農村政策で支えていくことである。世界的に進行しているグローバル市場経済の下で農産物貿易の自由化によって、安価な農産物の輸入増大が予想されるという状況において、従来の価格支持政策による農工間の所得格差の是正という国内に視点をおいた政策体系は通用しなくなった。このため、新しい経済環境に対応できる国際的な視点からの政策体系の構築が必要になった。それは、直接的には規模拡大によるコストダウンで、安価で輸入される農産物と競争できる国内農業を確立することである。ただそれは、理想的であっても困難なことである。そこで、日本の農業を守るための工夫が必要になる。それは、農業政策（農業担い手の

育成)、食料政策(食料の安定供給)、農村政策(農村の振興)の政策間の連携を強めることによって、農業政策を食料政策、農村政策で支えていくという必要性である。その連携の具体的な中身は、例えば、中山間地域等直接支払制度の集落協定による耕作放棄地の発生防止・解消である。

　農村政策の必要性の第2は、農村における非農家の増加につれて生活改善に関するニーズが高まったことである。農村社会は変化している。その変化が最も激しかったのは、1965～75年度と1990年代であった。前者の年代は、第2種兼業農家(農業所得＜農外所得)の割合が4割から7割へ高まった時期で、農家の兼業化が急速に進んだ。後者の年代は、非農家率50%を上回る農業集落の割合が過半となった時期である。このような農村の変化は、農業集落といえども、農家は少数派となり、しかもその農家の過半が非農業部門から主たる所得を確保している兼業農家である。すなわち農業集落であっても、その内実は多様な世帯で構成されている。これらの世帯に共通していることは、そこで生活している点である。このため、生活環境改善の関心の高まりとそれに関する意見集約が容易になる。その結果、農村政策の必要性が高まってきた。

　第3は、都市居住者の農村への関心が高まりつつあることから生ずる農村政策の必要性である。グリーン・ツーリズムは、食料・農業・農村基本法だけではなく、1994年6月に農山漁村滞在型余暇活動のための基盤整備促進に関する法律(いわゆる農山漁村休暇法)の制定によって制度化されている。都市住民が農村を訪れ、気分転換を図るというリフレッシュ機能の側面からの農村に対する関心の高まりである。グリーン・ツーリズムは、都市住民が農村を訪れ、草の根的な交流を通して農村の振興に役立つ。このため農村政策は、グリーン・ツーリズムを「都市と農村との間の交流等」として位置づけている。

5　農村政策の内容

　食料・農業・農村基本法で定められる農村政策の内容は、①農業生産基盤、生活環境の整備、福祉の向上、②中山間地域における農業生産条件に関する不利を補正するための支援、③都市と農村との間の交流、④市民農園の整備、⑤都市及びその周辺における都市住民の需要に即した農業生産の振興である。①については、基本法における農村の総合的な振興（第34条）で記されている。これは、(1)農村において生活環境整備のニーズが高まっていることから、それと(2)農家の負担金を課せられる農業生産基盤整備とを一体的に行うことから位置づけられているものと考えられる。②については、中山間地域等直接支払制度が2000年度から導入されている。③については、食料・農業・農村基本法の他に、すでにふれたように農村休暇法で基盤整備が行われ、都市と農村との交流が実施されている。④については、都市部だけではなく、農村部においても行われている。⑤については、農基法農政で扱われていなかったが、農村政策において都市農業の振興として位置づけられたものである。

6　農村政策における基本計画の内容と変化

　食料・農業・農村基本法では、その第15条において基本計画の策定を義務付けている。これは、農基法農政においてみられなかったことである。**食料・農業・農村基本計画**は、食料・農業・農村基本法に掲げられた基本理念、施策の基本方向を具体化し、それを的確に実施していくために策定するものである。またこの基本計画は、今後10年程度を見通して定めるものとし、食料、農業、農村をめぐる情勢の変化並びに施策の効果に関する評価をふまえ、おおむね5年ごとに見直すことになっている。第1回の基本計画は食料・農業・農村基本法が制定された同じ年度の2000年3月に閣議決定された。そし

てその5年後の2005年3月に第2回基本計画が閣議決定された。そこで、より具体的な農村政策の内容と変化について、これらの基本計画からみていくことにする。

第1回基本計画 　農村政策に関する第1回基本計画の内容は、食料・農業・農村基本法の農村政策に関する条文内容を再掲した文言が多く、具体的な内容に乏しかった。これは、①基本法制定の8カ月後に基本計画が決定されたので、農村政策を具体化する時間制約と②食料自給率に関する基本計画の策定に多くの時間を割いたことによる農村政策の具体化作業の遅れに起因している。

第2回基本計画 　第2回基本計画における農村政策の項目名は、第1回基本計画にみた基本法条文内容の再掲と異なって、政策の具体的内容をグルーピングして示したものとなっている。そこでは、表14-2のように、地域資源保全管理政策の構築という第1回基本計画でみられなかった項目が示されている。これは、第1回基本計画で積み残した課題を第2回基本計画で具現化したものである。

また、第2回基本計画における具体的な政策内容は、第1回基本計画と大幅に異なって、食料政策、農業政策、農村政策という3政策の独自性が崩れて、これら3政策に重複した具体的政策内容がみられる。それは、表14-2のように、第1に、農業と食品産業との連携に関して、食料政策、農業政策、農村政策に共通して、基本計画の具体的な政策内容として提示されている。第2に、農村政策の具体的政策内容に地産地消の推進があるが、表14-2の食料政策の第1項目に同じ地産地消の推進がある。第3に、耕作放棄地に関しても、農村政策の条件不利政策の目的が耕作放棄地の発生防止・解消であるが、農業政策の第1項目においても提示されている。このように第2回基本計画では、具体的政策内容の独自性が崩れている。それは政策間の共通領域というように考えれば問題はない。留意すべきことは、食料・農業・農村基本法との関係で、基本計画の具体的政策内容をどの政策に本来的に所属するのかを明確にしておくことである。食品産業と農業との連携は、基本法の

表14-2 食料・農業・農村基本計画の変化

第1回基本計画	具体的内容	第2回基本計画	具体的内容
食料政策		食料政策	
1．食料消費	食品の品質管理、表示、食生活指針	1．食料消費	**リスク分析**、食生活指針、**地産地消、地域農業と関連産業の活性化**
2．食品産業	基盤強化、食農連携、流通合理化、リサイクル促進	2．食品産業	食農連携、流通の効率化、リサイクル促進
3．食料貿易	安定輸入、輸出促進、備蓄等	3．食料貿易	**不足時対応マニュアル作成・普及**、備蓄
4．国際協力	技術・資金協力、食料援助	4．国際協力	技術・資金協力、食料援助
農業政策		農業政策	
1．農業構造	生産基盤整備、農地利用集積、農業経営規模拡大、家族経営活性化、法人化	1．農業構造	個人・**集落営農の法人化**、経営の多角化、食農連携、耕作放棄地対策、**株式会社参入（リース）**、生産基盤整備
2．経営安定	経営安定措置、麦・大豆の需給、品質の反映された価格形成	2．経営安定	**品目横断的政策**
3．経営の基礎的条件	技術開発・普及、生産資材費低減、経営指導、新規就農対策、女性・高齢者の役割	3．経営の基礎的条件	新技術の開発・普及、生産資材費低減行動計画、女性、高齢者、若者の活用
4．自然循環機能	農薬、肥料の適切な使用、家畜排泄物の有効利用	4．自然循環機能	**バイオマス、環境保全型農業**
農村政策		農村政策	
		1．地域資源保全管理	**景観形成、農地・農業用水の保全**
1．総合的振興	生産基盤と生活環境の一体的整備、道路・上下水道・情報通信基盤整備、宅地・公園整備、医療・保健、農地防災整備	2．農村経済の活性化	バイオマス、加工、地産地消、食農連携、道路ネットワーク、条件不利地域政策
2．都市・農村交流等	グリーン・ツーリズム、道路網整備	3．都市・農村交流等	グリーン・ツーリズム、市民農園、道路・河川・公園の整備、定住促進による集落機能の維持・再生、生活環境施設の管理体制整備
3．中山間地域等の振興	就業機会、定住促進、条件不利地域政策	4．農村生活	生産基盤・生活環境の一体的整備、情報通信基盤整備、バリアフリー化、医療・福祉、道路・農地防災整備

注：1）基本計画の目数をできる限り統合・簡素化したので、順序、項目名が変わっている。
　　2）ゴチック体は、第2回基本計画の具体的内容として新設されたものである。
出所：農林水産省のHPなどから作成。

食料政策の食品産業の健全な発展（第17条）にあるから、本来的に食料政策の分野である。地産地消については、基本法に存在しない言葉であるが、農村振興に関係することであるから農村政策に属する。耕作放棄地対策も基本法において存在しない言葉である。耕作放棄地対策は、農業政策の農地の確保及び有効利用（第23条）と農村政策の条件不利を補正する支援（第35条の2）及び食料政策の食品産業の健全な発展（第17条）と関係する。この条件不利を補正する支援は、2000年度に中山間地域等直接支払制度として制度化されている。この制度の目的は、耕作放棄地の発生防止・解消にある。耕作放棄地対策は、制度の具現化からみて、現在のところ農村政策に属する。

農村政策に関する基本計画の主な具体的内容は、①農業生産基盤・生活環境の一体的整備、②グリーン・ツーリズム、③中山間地域等直接支払制度（条件不利地域政策）である。農業生産基盤・生活環境の一体的整備は、農村が農業生産の場であると同時に農家の生活の場であることから、一体的に基盤整備を行うことが効率的である。ただ、農村の生活環境整備事業は、農業生産基盤整備がすでに終了している地域において農業生産基盤整備と一体的に行う必要性はない。

農村整備歳出額の変化　農業生産基盤整備、農村整備（生活環境整備）は、土木・建設工事を中心としたハード事業と呼ばれるものであり、財政の予算項目において公共事業として位置づけられている。そこで、国の予算からこれらの変化をみていくことにしよう。農村整備歳出額は、図14-1のように、1990年代前半において農業生産基盤整備の歳出額に追いつくような勢いで増加していたが、1990年代後半以降急速に減少している。農村整備事業は、農道整備事業、農業集落排水整備事業、農村総合整備事業、農村振興整備事業、中山間総合整備事業で構成されている。農村整備事業歳出額が急増していた1990年代前半において、図示していないが、農道整備事業、農業集落排水整備事業の歳出額が急増していた。1990年代の半ばからの農村整備事業歳出額の急速な減少要因は以下のようである。それは第1に、農村整備は公共投資としての性格をもっている。日本

第14章　農村政策の役割と展開

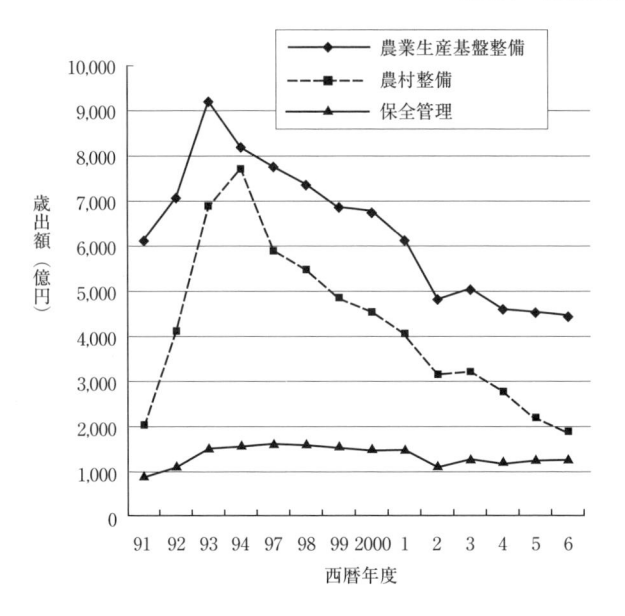

図14-1　農業・農村整備事業歳出額の推移

注：2005年度以降は当初予算。
出所：財務省『国の予算』、農水省のHPより作成。

の公共投資（国の一般会計）は、政府の財政難とその投資効果の低下もあって1988年約15兆円から2005年7.5兆円へ半減している。農村整備事業歳出額もその影響を受けて急速に減少する。第2に、農村整備事業の代表的な農道整備事業、農業集落排水整備事業において国の補助金の他に地方自治体の財政負担がある。しかし、地方自治体は、財政難から農村整備事業の導入を遅らせている。第3に、農村におけるコミュニティセンターなどの共同利用施設投資は一巡しているために新たな共同利用施設の需要の少ないことも減少要因としてあげられる。今後は、道路、排水路、共同利用施設というハード事業だけではなく、住民の合意形成、住民参加の方法、組織形成といったソフト事業とセットになった事業と事業完了後における保全管理事業が伸びていくものと考えられる。

グリーン・ツーリズムとは

グリーン・ツーリズムは、都市と農村との交流政策の一環として展開されている。都市と農村との交流は、双方の居住者が相互理解を深めて、学習することから必要とされる。例えば、農業者が農産物の販売を強化したくても、都市部の消費者へその農産物を美味しく食べるための料理の方法を伝える必要がある。逆に、都市部の消費者が安くて健康に良い食料を購入したくても、農村からいつ、どこでそのような食料があるのかという情報をえる必要がある。また、過疎化の進んでいる農村は、都市の居住者が農村で交流することだけで終わるのではなく、人口の減少を防ぐために定住につながることを望んでいる。グリーン・ツーリズムは、農村における自然、文化、人々との交流を楽しむ滞在型の余暇生活と定義づけられている。そこでは、まず都市住民が農村を訪問することから始まる。彼ら・彼女らが緑濃い農村でゆっくり過ごし、リフレッシュすることが大切である。そして都市住民が農業・農村の良さという価値観を農村住民と共有する。筆者は、都市住民が日本農業の大切さを理解し、農業・農村の支援者になることを期待したい。

グリーン・ツーリズムの課題

グリーン・ツーリズムで問題になることは、第1に、日本において西欧のような長期休暇政策が導入されていないので、農村における長期滞在の制約になることである。第2は、とくに過疎化の進んでいる多くの農村が観光・レクリエーション資源の優れた農村とは限らないという点で、日本の多くの農村において展開できにくいという限界である。ただし、農業・エコ体験とか援農というソフトウエアを導入することによって観光・レクリエーション資源に恵まれない農村であっても長野県飯山市のように優れたグリーン・ツーリズムの展開は可能である。第3に、グリーン・ツーリズムは、本来農村住民による内発的な展開を中心とするものであるけれども、多くの農村において、その組織化、運営方法、適合するソフトウエアの選択に関して画一的であり、かつ不十分なことである。

以上の問題点があっても、グリーン・ツーリズムは、従来の宿泊施設導入

中心のグリーン・ツーリズムから各農村の個性を色濃く打ち出した農業・エコ体験、農村レストラン、郷土文化・祭り、標高差によって楽しめる川下り・トレッキングなどへ改善されつつある。このように、グリーン・ツーリズムにおける個性的なソフトウエア選択による差別化は、農村の人々の学習効果を高めて完成されるまでに一定の時間を必要とする性格のものと考えられる。それだけに農村住民によるグリーン・ツーリズムのソフトウエア開発に対する熱意が重要になる。市町村農林行政が国から補助金を受けて共同利用施設の導入に力点をおいた時代は、バブル経済崩壊の1991年までで終わっている。グリーン・ツーリズム政策は、国際的に農産物貿易の自由化が進む中で、日本の国土面積の13％という貴重な農地を今後も農地として利用していくために必要とされる支援政策なのである。

　農村政策は、それが国の政策であっても、地方自治体（市町村役場）において展開されるものである。そこで重要なことは、農村の組織形成と機能発揮である。ここでいう**農村組織**は、農村全体（市町村の行政的な地理的範囲またはそれをこえる広域範囲）の活性化のための組織のことである。例えば、長野県飯山市振興公社なべくら高原・森の家は、当市内で展開されているグリーン・ツーリズムに必要な広報・宣伝活動と自然体験に関するソフトウェア開発で有名である。また長野県飯田市を活動の中心としている南信州観光公社は、首都圏の小中学校への宣伝活動をとおして農村・農業体験を中心とした修学旅行児童・生徒の誘導で知られている。これらの市における農村組織は、いずれも行政、地区（旧村）と連携を強めており、**産業クラスター**（新しいアイデア、ソフトウェア、サービス、製品を生み出す地域的基盤としての産業集積）を形成している。

参考文献
1．井上和衛（2000）『農村再生への視角』筑波書房。
2．石原健二（1997）『農業予算の変容』農林統計協会。
3．柏雅之（2002）『条件不利地域再生の論理と政策』農林統計協会。
4．辻雅男（2006）『農村再構築の課題と方向』農林統計協会。

5．橋詰登（2005）『中山間地域の活性化要件』農林統計協会。
6．日暮賢司（2004）「農村政策の基本特性と課題」『農と食の現段階と展望』東京農大出版会。
7．山崎朗他（2000）『クラスター戦略』有斐閣。

［日暮　賢司］

第15章
農村社会の変動と地域社会の再編

1　はじめに

**同時代の　　**自分が生きている時代を知ることは、だれにとっても必ずし
**とらえ方　　**もたやすいことではない。人類の歴史のなかで、現代がどの
ように位置づけられるかを考えることは、社会と人間のかかわりを探ろうと
する社会学にとり、1つの大きな課題である。なぜならば、自らがどのよう
な時代に生きているかを知ろうとすることは、少なくとも人間が社会的な存
在、言いかえればわれわれ一人ひとりが、何らかの形で社会あるいは他者と
のかかわりなしでは生きてゆけない、ということを認識することにつながっ
ているからである。時代の動き、社会の方向性をつかむなかで、人は自らの
行動指針を把握し、確認するのである。

**　情報の選択　　**しかし、それはどのようにしたら正確につかむことができ
るのだろうか。各種のメディアが発達した現在、時代の動
き、社会の動き、人々の動きをめぐる情報があふれている。しかし、それら
すべてが矛盾なく、だれにとっても納得のできる、間違いのない情報である
という保証はない。むしろ、それは互いに矛盾しあう内容をもち、現実の多
様かつ混沌としたあり方をそのまま反映している。したがって、そうした情
報から一人ひとりが求める答えは主体的に選択しなければならない。例えば、
今日の日本社会の急激な変化についてのこれまでの議論をみると、その多く

はともすれば景気の好不況に大きく左右される経済的な局面とその関連領域が強調される傾向がある。確かに経済的な要因が、国家、企業、家計に大きな影響力をもち、その結果、国政のあり方、企業活動、人々の消費行動、さらにはそれらのベースとなる社会理念、価値観なども直接、間接に影響を受け、変わらざるをえないことがある。高度経済成長やバブル経済などがまさにその典型である。しかし、はたしてそうした経済的な要因を過大評価しすぎてはいないだろうか。

現在の見極め　わが国の場合、いわゆる十五年戦争後の急激な政治、経済、社会の変動を経験してきたが、なお自分たちがどこへ向かおうとしているのかをつかみにくい事態が継続している。こうした問題意識は、世代を異にすることにより、また属する社会階層により違うことはいうまでもない。しかも一人ひとりが同じように時代の渦中にあるにもかかわらず、往々にして目に見える事象を過大に評価したり、逆に重要なことがらを見過ごしたりすることが起こりがちである。だからこそわたしたちは、現実に生起していることがらを視野に入れつつ、それらの意味を考察しつづけ、いま生きている時代＝**同時代**と自らを客観的にとらえ、冷静に判断することが必要であるといえる。

本章のねらい　本章においては、いま一人ひとりに求められているこうした時代認識、社会認識の問題についての手がかりを得るために、わが国における農村社会あるいは都市における地域社会などを題材にして、とくに社会学的な視点と概念にもとづく農村社会研究を軸としながら考えてみたい。すなわち、農業を主に営む農家が形づくってきた地域としての農村社会が、社会学的にみるとどのような特徴をもつ地域社会であり、その農村社会の変化はどのような様相を呈し、現代社会においてどのような位置づけにあり、それがどのように再編されようとしているかを考えてみたい。

2　わが国の伝統的な農村社会

鈴木栄太郎の農村社会研究　わが国の伝統的な農村社会を構成してきた基本的な社会・単位が家と村であることを指摘し、農村社会の仕組み（社会構造）の全体と部分との関連を、いち早く提示したのは鈴木栄太郎であった。鈴木は、その主著『農村社会学原理』（1940年）において、農村が家族を基礎にして成り立っている、あるいは制度としての家族を是認しこれを様々な慣習などで保護し、助長しているという意味で「家族本位制」をなしていることを見いだしたが、これはまさに家の重要性の指摘にほかならない。

鈴木は、さらに村落を様々な社会関係を有する**機能集団**の累積体としてとらえた。この農村社会にみられる社会関係がもつ特性として地域性、全人格性、永続性、集団性をあげているが、これらの特性を備えた社会関係にもとづいて、農村という地域社会内で形成され、機能している集団として、次のような10種類をあげている（ただし、これらの集団のなかには今日では必ずしも存在しないものが含まれる）。①行政的地域集団――町、村などの行政的集団、②氏子集団――集落単位の神社などを中心に構成されるもの、③檀徒集団――檀那寺を中心に構成されるもの、④講中集団――信仰・金融などを契機とする講などの集団、⑤近隣集団――日常生活や冠婚葬祭の時などに相互扶助を行うもの、⑥経済的集団――無尽講、農家小組合、産業組合・農会など、⑦官設的集団――小学校、青年団、婦人会、消防団など、⑧血縁的集団――親戚、同族（本家・分家）など、⑨特殊共同利害集団――水利組合など、⑩階級的集団――地主組合、小作人組合など。この場合、これらの集団分類の基準が必ずしも明確でない点があるため、重複して分類されるものもあるが、かつてこれらの集団が、限られた地域的、空間的な領域としての農村において、生産と生活の諸場面でそれぞれ有機的に機能してきたことは否めない。そして、それぞれの集団に属するメンバーが互いに重なりあって

いることが、農村という地域社会を一個の小宇宙として完結させてきた。このことは、他方で農村の閉鎖性や排他性を強めてきたこと、あるいは個人よりも集団の利益が優先されがちであったことと無縁ではない。

自然村　鈴木はさらに、こうした諸集団が累積する地域的まとまりを、「**自然村**」と名付け、これはほぼ江戸時代の村（年貢を貢納する単位）すなわち藩制村にあたるとした。すなわち鈴木によれば、地域社会としての範域はそこに累積する社会関係や社会集団により、第一社会地区（小字や組）、**第二社会地区**、第三社会地区（行政上の町村）に分類することができ、自然村はこの第二社会地区（集落）に相当するとした。この自然村における社会的統一を可能ならしめているのは、単に上記のような集団や社会関係の累積しているという事実だけではない。さらに村の構成メンバー相互に共有される「村の精神」と彼がよんだ精神的、情緒的なつながりがあり、このために「村は発展し成長する一個の精神であり、行動原理なのである」とした。鈴木のこうした記述はやや抽象的で、社会関係とは次元を異にするのではないかという批判もあるが、わが国のかつての伝統的な農村社会のあり方を巧みに表現しているといえる。

家と同族・講(組)　ここで指摘されているような集団構成や個人間の社会関係は、家を基礎単位とし、家によって規制されてきた。しかし、鈴木の場合、村全体の仕組み（社会構造）のなかで、その部分を構成する個々の家がどのような相互関連をもっているかについては、必ずしも十分に明らかにしてはいなかった。むしろその後の有賀喜左衛門や喜多野清一らによる**同族や講（組）**に関する調査研究にもとづいた「**家連合**」の研究によって深められたといえる。ここでいう家（イエ）というのは、住居としての意味だけではなく、そこに居住する成員とあらゆる家産とを含めて、世代を超えて連続する、歴史的に形成されてきた関係性を有しているが、その基本は、家業の経営と当主とその後継者をめぐる相続と継承の関係である。これが農村社会における社会関係の基礎単位であった。この家を構成する家族は、いわゆる**直系家族**をなし、両親が跡継ぎ家族と同居して、

3世代同居をなすという形態が一般的であった。

　同族というのは、家の系譜関係にもとづく縦につながる上下関係（本家と分家）による集団組織である。この本家・分家の関係は、地域によってはかなり緊密な規制力をもち、生産から消費に至るあらゆる領域において機能してきた。一方、講や組は家を構成単位とするとはいえ、むしろ平等な横の関係で結合していることで、同族とは組織化の原理が異なる。こうした結合原理の違う農村社会が地域的にやや分布を異にしてそれぞれ存在していることは、すでに有賀らによって明らかにされてきたが、その後、福武直は先学の研究成果をふまえ、同族結合と講組結合という類型概念を提唱し、それぞれが典型的にみられる地域性を考慮し、東北型と西南型とに分類した。

原型としての村と家をめぐって　このように戦前までのわが国の農村社会学における研究においては、村と家とが主要な論点とされ、これらをどのようにとらえ、理解するかが大きな課題であり、各地での実証的な調査研究によって、これまで相応の成果をあげてきたといえる。ここで対象とされたのは、あくまでもかつてのわが国の農村社会、具体的には1940年代前半ごろまでの、ある意味で原型としての村と家である。これらはわが国の伝統的な社会構成原理として歴史的に形成されてきたが、社会一般に広くみられる**地縁**、**血縁**という関係性がベースとなっていることはいうまでもない。そのため比較文化的な意味で、異文化圏にみられるさまざまな関係性との類似や相違を比較検討するという試みも行われてきた。

　1940年代後半から1960年代初頭にかけて、一連の戦後改革が行われてきた。とくに農業、農村に関連する制度的な動きとしては、例えば**農地改革**による農地解放や**農業基本法**の制定などがあげられる。これらはいずれも、農村の民主化や農業経営の近代化、合理化などをめざすものである。戦後、わが国の農村社会が急速に変化してきた過程において、かつて農村社会学およびその関連諸科学の研究成果によって明らかにされてきた原型としての農村社会と現実のそれとが、かなり位相を異にしてきたことは否めない。そのため伝統的なかつての「村社会」のあり方が問われ、その改革が強く求められた。

例えば古い「**村落共同体**」の解体が戦後改革の1つの目標でもあった。すなわち上述のような社会関係や社会集団により維持形成されてきた農村社会が、前近代的で半ば封建的な性格を有するとされた。確かに農村社会に暮らす人びとにとって「村社会」は、閉鎖的であり、人間関係が煩わしく、古い因習が残っているという意識が強かったし、そうした現実もあった。このため政策的にもそうした農村社会を改革することが求められたといえる。

3　農村社会の変化の諸相

　戦後60年におけるわが国の社会変化は、様々なレベルで進行してきたが、とくに農村地域が経験し、直面してきた変化はダイナミックなものであったといえる（表15-1参照）。時代の推移とともに農政が推移し、それとともに農村及び農業に依存する農家が直面してきた変化は実に枚挙にいとまがない。農業・農政をめぐる推移を概観するならば、戦後の食料増産の時代から→米余りによる生産調整（減反）を経て→安い輸入農産物との競合を迫られ→環境に負荷を与えない持続的農業生産の模索が求められ→農産物の安全性

表15-1　農村社会における社会変化の諸相

社会変化	内容
人口移動と年齢構成の変化	過疎化、挙家離村、高齢化、少子化
経済構造の異質化	近代化、兼業化、脱農化、工業化、グローバル化、農産物輸入
伝統的な社会関係の弛緩	近代化、合理化、核家族化、個人化、家継承の困難、近隣関係の停滞
社会的連帯意識の希薄化	村意識の変化、混住化（非農家の増加）、脱地域化、共同作業の低下、地域組織の停滞
自治機能・自治意識の低下	地域社会の崩壊、中央集権化、市町村合併
人々の価値観や利害関心の分化／対立	価値観の多様化
農業生産（農法）における技術革新／組織変革	農薬・化学肥料、機械化、組織化、法人化
交通・通信体系の技術革新	高速化、情報化、広域化、IT化、ネットワーク化
生活様式の変化	近代化、都市化、都市的生活様式の普及、自然との乖離
地域文化伝承の困難	世代間交流の喪失、伝統意識の衰退、伝統行事の衰退

の確認・対応に追われる現代へ、ということになるであろう。

人口移動と年齢構成の変化　1960年代の高度経済成長による1つの影響として、農村地域から都市地域への人口移動は、その規模においても、また農村地域に与えた経済的、社会的な影響にしてもとくに著しいものがあった。もともと農村地域の余剰人口（次・三男や女性）が都市における就業機会（あるいは就学や結婚の機会など）を求めて移動することは一般的な現象であった。しかし、この時期における人口移動は、かつてのそれとは規模や内容が異なり、農村地域の人々が生まれ育った地域よりも、都市での暮らしに期待し、都市地域へと大規模に移動したのであり、結果として、人口配置のバランスを大きく変えたということに止まらず、様々な意味での地域間格差を拡大し、決定づける方向性をもっていたといえる。

　地域人口が著しく減少し、地域社会としての機能や活力を低減させる、いわゆる**過疎化**現象が社会問題化したのも、それが単なる人口移動現象ではなく、まさにこうした内容を含んでいるからである。とくに生活条件が劣悪な山間地域の集落では、世帯員全員が他の地域に移転する**挙家離村**が相次ぎ、地域に残る人びとにしても、人口構成の面からすれば出生数が低下して若年層がいなくなり、急速に高齢化が進行しつつある。

　都市と農村との間に生じた居住人口や就業人口の格差と、それに伴う生活上の諸問題は、もはや集落レベルでの地域住民の努力や市町村レベルの行政的な取組みだけでは必ずしも解消できない。それは、農村社会とそれをとりまく全体社会それ自体の経済構造、**社会構造**の問題につながっているからである。

伝統的な社会関係の弛緩　かつて鈴木栄太郎が描き出したような農村社会内に累積していた、多くの伝統的な社会関係にしても、それがかつてのような機能的な関係として維持されることが困難になってきた。これは地域を支え、人びとを結びつけてきた産業としての農業それ自体が大きく変わり、とくに経営面でも兼業化が進展したことと関係している。さらに農作業における技術革新として機械化が進展するとともに、かつてのような共

同作業の必要性が薄れ、人びとの絆としての共同性や相互扶助などに代わり、いわば生産及び生活の両面における個別化が進行したことも大きな意味をもっているといえよう。これを近代化、合理化の一側面とみることもできるだろう。しかし、こうした現象がもたらした結果として、今日では地域社会としての存続にとって、最低限必要な社会関係の形成とその維持が大きな課題となっている。このことは一方で、地域における社会関係や集団の構成単位をなしていた農家としての家それ自体の継承をも困難とし、さらに農業における後継者不足を生んでいる。

社会的連帯意識の希薄化 伝統的な社会関係や人間関係が変化していくことは、見方を変えれば人びとの**社会的連帯意識**が希薄化し、地域社会としての統合力が弱くなったといえる。かつての農村社会の1つの特徴として、同質的な人びとによる構成が顕著であったことがあげられる。つまり、人口の出入りはそれほど多くはなく、職業、出身、価値観などにおいてそれほど大きな違いがみられず、結果として地域社会としてのまとまりも、主にそれを基盤とすることができた。しかし、前述のような都市への人口移動とともに、他方で村内に新たに来住する人口も増加し、地域によっては、いわゆる新旧住民の混住化という様相も呈するところもあった。こうして形成された地域では、したがって地域への帰属意識や愛着もかつてのような、ある程度均一なものを前提としては期待できなくなった。こうした状況は、原型としての「村」の**解体**とみることもできよう。

自治機能・自治意識の低下 人々の意識上の変化は、集落レベルでとらえるならば、1つの地域社会として維持してきた自治的な機能が低下することを意味している。歴史的に維持、形成されてきた小地域としての集落は、一個の独立した空間領域をなしていたが、その存立基盤は、すでに指摘したような均質な結合関係であり、共有された利害関係であった。それらの変質に伴い、地域社会の崩壊が進行してきたといえる。

生活様式の変化 さらに時代の変化は、農家の人びとの暮らしにも影響を与え、その生活様式を大きく変えてきた。国全体が、

ある意味で都市化の波をうけ、とくに生活様式の面では、都市と農村はそれほど大きな相違がなくなりつつある。この**都市的生活様式**の普及という現象は、人びとの生活意識や価値観にも反映している。また、生活上のニーズを家族や世帯員以外の専門的なサービス機関に依存するという、いわゆる「**生活の社会化**」という現象も、本来、高い自給性を備えた農村家族においても、都市と同様、近年急速に進行しつつある。

交通・通信体系の技術革新　人びとの暮らしや地域社会の存立にとって、交通・通信体系が変わったことも大きなインパクトであったといえる。その変化は、生活上の便宜を高めるというメリットをもたらした反面、当該の地域社会における人の流れ、物資の流れ、情報の流れが、内と外の双方向に大きく動き始めることとなり、新たな要素、異質な要素が容赦なく入り込んでくる結果となった。多くの場合、こうした動きは伝統的な意識のもとに維持されてきたことがらにインパクトを与えることになった。他方、こうした変化があったからこそ、生活水準や教育水準が向上できたという面もあることはいうまでもない。

地域文化伝承の困難　地域文化という面で考えると、これまであげてきたようなレベルでの変化の総体的な影響として、歴史的に世代を超えて受け継がれてきた地域文化が次第に忘れ去られ、失われつつある。地域行事などは、形としては存続しつづけても、それが本来もっていた意味、それを受け継ぐことにより維持されてきた世代間関係、人間関係というものが、少しずつ質を変えざるをえなくなってきた。今日では、かなり意図的な取組みがなされないかぎり、地域文化の伝承は困難である。地域を支えてきた壮年や高齢者たちが、まだ自らが受け継いできたものを自覚し、それを次の世代に伝えようという意欲をもちつづけているかぎり、急激な社会変化のなかでも、核となる部分は残されていく可能性が高い。現実にも、そうした意欲的な取組みが成果をあげている例が少なくない。しかし、近い将来そうした世代がいなくなった時点で、農村社会はさらに大きく変化することが予測される。

第3部　農村経済を学ぶ

4　住民参画による新たな地域社会づくり

農村と都市　都市における暮らしにおいては、これまでみてきたようなことは直接的な関連をもつとは考えにくい。しかし、都市における私たちの暮らしや社会の成り立ちも、実は伝統的な地域社会の中で形成されてきたものである。その地域社会形成の契機は、具体的な様相を異にするとはいえ、農村においてと同様、**地縁**と**血縁**という基礎的な結合原理がもとになっている。1960年代後半以降の社会変化は、すでにみたような農村ばかりでなく、都市においても地域社会のあり方を大きく変えてきた。このことは、地域社会を維持させる地域性、共同性という要素がその実体を失い、地域社会の崩壊ともいえる側面をもつとみられた。そのために行政上の必要から地域社会の統合や再編という政策的な取組みが強まった。

コミュニティ施策　例えば、「生活の場における人間関係の回復」（国民生活審議会報告、1969年）をめざして、「**コミュニティ**」という新たな概念が行政施策のなかに位置づけられ、以来、都市においても、また農山村においても「コミュニティづくり」が共通の政策課題とされてきた。このコミュニティの理念それ自体は、古い型の伝統的な「地域共同体」ではなく、新しい地域社会の論理による地域住民の共同性や意識をもとに形成されるものであり、ある意味で地域住民が自らの必要に応じて作り上げるという、運動体としての性格も期待されていた。しかし、実態として推進されたコミュニティ形成は、どちらかといえば、行政という上からの働きかけによる「コミュニティづくり」であった。本来そのベースとなるべき住民の自主性や主体性は、必ずしも十分に活かされなかった。結果として、行政上の地域単位としての意味が先行し、ハード中心の施設整備がほとんどであったといえる。

地域社会政策　この**地域社会政策**という概念は、必ずしも明確ではない。いわゆる地域政策において想定される地域の規模の違い

による、下位概念ととらえるならば、これまで、とくに地域社会が対象となる政策展開がまったくなかったわけではない。かつての「コミュニティ施策」はある意味で、わが国における最初の地域社会政策といえるのかも知れない。しかし、必ずしも成功したとは言い難い。また、いわゆる条件不利地域の活性化をめざすという内容をもつ施策、例えば山村地域、過疎地域、離島、豪雪地域、中山間地域などを対象とした対策においても、基本的には**地域社会の活性化**が目標とされてきたといえる。しかし、そうした対象地域の設定による制約のため、施策体系それ自体が硬直化し、時間の経過とともに地域の実情に合わなくなってきた面もでてきたといえる。そして、多くの場合、施設整備、インフラ整備などのための補助金が優先され、ハード面が重視され、結果として道路や施設が作られてきた。それに対して、そうしたハードを活用するソフト面での取組みや、地域住民を巻き込んでその主体的な参加によって活用できるような試みが不足していたともいえる。

　新たな地域社会づくり　それでは、農村地域において、今後どのような政策的対応が考えられるのだろうか。ここでは、この問題を住民主体あるいは**住民参画**を原則とした、新たな地域社会づくりという観点から考えておきたい。この課題は、行政上の必要から農村地域を地域社会として維持、発展させるということも含むが、今後、より重要なのは、むしろ地域住民にとってよりよい暮らしや生活を追求するなかで、今日的な状況において、どのような地域社会へと再編することが望ましいと考えられるのか。また、それはどうすれば形成できるのか。そのために行政はどのような役割が考えられるのか、ということである。すでに指摘したように、現実には、伝統的な社会的結合原理にもとづく関係や集団が、その基盤を失うことにより大きく揺らぎ、弱まってきたという事態が進行している。したがって、そうした現実を見据えたなかでこの可能性を探る必要がある。とくに**平成の大合併**により広域的な市町村へと自治体の再編成が進行するなかで、地域住民の生活拠点としての地域社会のあり方が課題とされる。

　ここで手がかりを与えてくれるのは、近年、各地で展開されてきた様々な

「地域づくり」「まちづくり」「むらおこし」、あるいは**農村女性**たちの**起業活動**である。こうした住民主体の取組みにおいて、行政の関与の仕方やリーダーの存在、基盤となっている関係性、メンバーの参加層などその形は多様である。それらに共通してみられる特徴は、かつてのコミュニティづくりのような理念先行とは異なり、身近な生活や暮らしをベースとした具体的な経済活動やイベントの展開が中心となっていることである。例えば、特産品の開発、伝統食の掘り起こし、農産物の加工と販売、観光農園や農家民宿、都市の消費者との交流など、実に多彩な取組みがみられる。必ずしもそれらのすべてが成功し、長続きしているとも限らないが、いずれも地域住民（高齢者や女性も含めて）が目にみえる形で参画している。地域によっては行政がイニシアティブをもつのではなく、側面支援に徹している。行政も新たな地域社会づくりをめざして、こうした住民主体で成果をあげている個々の事例から学ぶという発想や姿勢が必要である。

参考文献
1．鈴木栄太郎（1970）『農村社会学原理』（鈴木栄太郎著作集第1巻、第2巻）未来社。
2．米山俊直（1996）『都市と農村』（放送大学教材）放送大学教育振興会。
3．桝潟俊子・松村和則編（2002）『食・農・からだの社会学』新曜社。
4．日本村落研究学会編（2005）『消費される農村』農山漁村文化協会。
5．日本村落研究学会編（2007）『むらの社会を研究する――フィールドからの発想――』農山漁村文化協会。
6．日本村落研究学会編（2007）『むらの資源を研究する――フィールドからの発想――』農山漁村文化協会。

［熊井　治男］

第16章
「新時代」の農村計画の方向性と方法

1　はじめに

　本章では、わが国の農村計画の戦後における展開と今日の到達点、「新時代」における課題として取り込まなければならない事項、これらの事項を踏まえたうえでの「新時代」における農村計画の方向性（目標、計画体系、計画方向）と方法、このような農村計画を順調に実施するための合意形成とマネジメント、そしてこれからの農村計画を議論する際に重要な経済学（分野）を述べる。ここで「新時代」とは、農業・農村をめぐる環境が大きく変化した1990年代以降、2000年代の今日および今後をさしている。

2　農村計画の実際と研究の現段階
──今日の到達点──

地域農業計画の端緒　　わが国で戦後、地域農業計画が本格的に策定されだしたのは1970年代に入ってからである。
　1961年の農業基本法は農業従事者の農業所得の増大に向けて、大規模かつ自己完結的な自立経営の方向をめざした。しかし、そのための条件であった市場メカニズムによる農地の売買流動が進展しなかったため、そのような方向での農業構造再編は頓挫した。一方、1970年代に入ると諸外国からの農畜

産物輸入圧力と国内消費者からの農畜産物価格低減要求が強まった。加えて、山間地域で耕作放棄など農業荒廃が発生し、優良農業資源や自然環境の保全といった地域農業の公益的機能の確保が重要な課題になった。

　農家群にとって、農畜産物生産コストを切り下げつつ農業所得（私益）の増大を図り、同時に公益的機能をよく発揮する地域農業を形成するにはどうすべきか。両課題を同時に解決するために次の3つの方向が追求された。①農業生産を「地域」という枠組みで捉える。②このような「地域」のなかで「農家間の協調的関係」を構築する。③この協調的関係のもとで「適切な地域農業」を形成する。

　農家群は、ある農業経営部門について協調（協同）的関係を構築して「規模の経済」を実質的に実現し、同時にこうした異なる複数の大規模部門を結合して「複合の経済」を実質的に確保する方法をとった。また1980年代に入ると、農家群は、基幹的男子農業専従者を抱える比較的大規模な農家（農業経営）を地域の中核としてここに農地利用や農作業を集積し、地域として規模（経営面積規模、作業規模）の拡大を図る方法をとった。そして、以上の2つの方法の典型的な場が「集落営農」であった。つまり、農家群は「農業経営の地域化」を指向した。

　ところで、地域における農家群の協調的関係の構築は「非市場的行動」である。だから、この行動が順調に進むためには当然、その対象が明確になっていなければならない。農家群にとって、進む方向の「地域農業の全体像」をよく認知できなければならない。こうして1970年代に入ると、農家群の協調的行動の対象である地域農業の全体像、つまり「地域農業計画」が全国で策定されるようになった。そして、現場のこの動向に呼応して、農業経営学分野を中心に地域農業計画の研究が始まった。

農村計画の端緒　ところで、こうした適切な地域農業の形成のためには、土地や水など地域資源の利用について地域農業面と地域非農産業面、地域生活面の間で調整が必要になってくる。とくに1970年代に入ると、農村地域は混住化が進んだだけにそうであった。加えて、適切な

地域農業の持続のためにはこれを担う農家群の持続が必須であり、このために農家群の生活・社会環境の充実が重要である。つまり、一定地域の地域農業と農家群の発展・持続のためには、そこの地域資源の農業面・非農産業面・生活面からの利用調整と農家群の生活・社会環境の整備が重要である。

そこで、地域農業計画は非農産業面と生活環境面をもそのなかに取り込むようになり、1970年代後半に入ると、これらの側面を地域農業面と同等の重要度で扱った、次のような内容の「農村計画」が多くの現場で策定されるようになった。①地域農業計画、②地域非農産業計画、③地域道路計画、④地域用・排水計画、⑤地域生活・社会計画、⑥地域自然環境計画、⑦地域土地利用計画（農用地、非農産業用地、市街地、居住地、森林地区、自然環境地区など）からなる農村計画である。そして、このような現場の動向を受けて、農村計画は農業経営学のほか農村社会学、農業土木学、農村建築学、緑地学などの分野から、学際的な形で研究が進んだ。

制度計画の端緒　以上のような地域農業計画と農村計画の現場での動向は当然、制度（政策）に影響を与える。1970年代以降、地域農業計画と農村計画の策定を支援する種々の政策が実施されたが、当初のとくに重要なものをいえば以下のようである。

地域農業計画については、農林省が所管する1969年の農業振興地域整備法（農振法）による「市町村農業振興地域整備計画」（農振計画）がある。これは、地域の最重要資源である土地の合理的利用を図る見地から農業の振興を図るべき地域を明らかに（線引き）し、そこの農用地の保全と有効利用の方法とを描いたものである。この農振計画の内容は、地域農用地保全計画、地域農用地利用計画、地域農業生産基盤整備計画、地域農業近代化施設整備計画などからなる。全国の農村的市町村（都道府県知事が指定）に策定が義務づけられた最も重要な「制度」地域農業計画であり、今日も続いている。

農村計画については、農林省が所管する1972年からの農村基盤総合整備パイロット事業（総パ事業）、1973年からの農村総合整備モデル事業（モデル事業）、1976年からの農村基盤総合整備事業（ミニ総パ）などによる「農村

総合整備計画」と、自治省が所管する1969年からの「市町村総合振興計画」とがある。前者の農村総合整備計画は農振計画を策定した市町村を対象に策定され、その内容は農振計画に集落道、集落排水、集落飲雑用水、農村公園、集落集会施設などの地域計画を加えたものである。一方、後者の市町村総合振興計画もこれが農村的市町村における場合は農村総合整備計画を拡充した形の農村計画であり、農業者と非農業者を含む地域居住者の「総合福祉」の増大を目標とし、その内容は大体、前述の7つの部門地域計画からなった。

　いまひとつ、農村計画の策定を支え、リードした重要な政策として1977年の「第三次全国総合開発計画」（三全総）がある。三全総は、農村地域の振興政策をそれまでの経済面主義から経済面・生活面・環境面一体主義へと転換し、その後の農村計画（内容と策定）の展開に根幹的影響を与えた。

　農村計画の実際　こうして、地域農業計画から出発した農村計画はこの
　面での現段階　40年間に全国の市町村に普及した。1つの市町村の全域を対象とするもの、そのなかの小域（集落や旧村）を対象とするもの、複数の市町村にまたがるものなど、農村的市町村のほとんどが複数の農村計画を策定している。今日のこれらの農村計画の特徴を整理して示すと次のようである。

(1)　今日の農村計画はその対象地域、目標、内容からして、①中山間地域型農村計画、②都市隣接地域型農村計画に大別でき、両計画が主流である。

　地方農村人口は、1950年代後半以降今日まで一貫して大都市や地方中核都市に流出した。この結果、とくに中山間地域では今日、多くの農家が高齢者単一世帯となり、地域人口の大幅な減少と劣弱化、農業経営と地域農業の担い手の弱体化が進み、地域社会は崩壊の危機にさえある。地域資源と地域環境の保全は当然困難である。このため、①適正（最小限）地域人口の確保、②このもとでの農業経営と地域農業の再構築、③これによる地域資源と地域環境の保全をめざして、次のような内容の農村計画が策定されている。①地域経済系の再構築（農業、非農産業、都市／農村交流）、②地域生活・社会系の整備、③地域環境系の保全（文化環境、レクリエーション環境、自然環

境、景観環境）、④地域安全系の整備、⑤地域土地利用系の再確立にわたる農村計画である。市町村を対象とする「市町村計画」が多いが、集落や旧村を対象とする「小域計画」、複数の市町村にまたがる「広域計画」もある。

　一方、地方農村人口の都市への大幅な移動は都市隣接農村地域の都市化を進め、この地域の土地利用や環境に多大の混乱をもたらした。とくに重要な現象が「市街化調整区域」の農地と「里山区域」の林地の無秩序な転用、これによる環境の悪化である。そこで、このような都市隣接農村地域では最近、農地と里山林地の適切な利用をめざして次のような内容の農村計画が策定されている。①適切な農業経営と林業経営、地域農業と地域林業の確立、②適切な都市／農村交流の促進、③地域資源の保全（農地、林地、河川、ため池）、④地域環境の保全（居住環境、自然環境、景観環境、やすらぎ環境、レクリエーション環境、教育環境）、⑤地域土地利用の確立（農地、農業施設用地、林地、林業施設用地、都市／農村交流用地、住宅用地、生活施設用地、公共用地、小規模産業用地）。この農村計画は1つの市町村を対象とする「市町村計画」が多い。

(2)　そして、以上の農村計画は「地域資源と地域環境の保全」をとくに重視している。

(3)　これらの農村計画はその実施効果を重視している。

　農村計画は元来、制度計画を除くと、いわば「地域的活動協定書」であり、その実施義務はない。一方、農村計画の実施は多くの関係主体の負担を伴う。したがって、農村計画をスムーズに実施できるためには、その効果があらかじめ明らかでなければならない。このため、ほとんどの農村計画はその実施効果（投資効果、環境効果）を予測している。

(4)　これらの農村計画はその作成過程において「ボトムアップ手法」を採用している。

　初期の農村計画は多くが自治体（役所）主導で作成されたが、今日のそれはほとんどがボトムアップ／フィードバック・システムを採用している。農村計画が適切で、関係主体の合意と実施が順調に進むためには、その作成過

程において関係主体の参加が欠かせない。

農村計画の研究面での現段階　そして以上と連動して、最近の農村計画研究はとくに次のような課題が中心になっている。

(1) 中山間地域型農村計画の解明：①農村計画の体系、②地域農業、地域林業、地域非農林産業、都市／農村交流、生活環境、自然環境、景観環境などの計画方向と計画手法。
(2) 都市隣接地域型農村計画の解明：①農村計画の体系、②地域農業、里山、都市／農村交流、居住環境、自然環境、景観環境、地域資源、地域土地利用などの計画方向と計画手法。
(3) 地域環境（自然環境、景観環境）の保全と評価手法の解明。
(4) 農村計画の実施効果予測手法（投資効果、環境効果）の解明。
(5) 農村計画の作成手法、合意手法、実施手法、制度化（条例化）手法の解明。

3　「新時代」の農村計画の方向性

ところで、1990年代に入ると、わが国農業・農村をめぐる諸条件は大きく変わった。とくに、消費者の消費意識と農村への期待、一方で、農業と農村を支える農家の所得・生活意識の変化である。これらは当然、農村計画の方向性（目標、計画体系、計画方向）に影響を与える。とくに重要な変化事項と農村計画の方向性に言及すると次のようである。

第1は、農林産物消費をめぐる「グローバリゼーション」と「ローカリゼーション」である。グローバリゼーションは経済分野で先行しており、生産と消費、物材、資本、情報が国境を越えて交流する状況をいう。農林産物消費をめぐるグローバリゼーションのもと、わが国の農林業生産は国際的・国内的に厳しいコスト競争に晒されている。したがって、農村計画はこれに対処できる地域農林業の体系を模索しなければならない。しかし、その生産基盤条件が恵まれないために、これをコスト基準から模索するのは大変に難し

い。そこで農村計画は同時に、地域に根ざし、品質性を主張できる地域農林業の体系を議論する。「ローカル・アイデンティティ」を重視した地域農林業の方向である。一方で、農林産物消費をめぐるローカリゼーションがこれを支えてくれる。今後の農村計画はグローバリゼーションとローカリゼーションの2つの流れに適切に対応しつつ、ローカル・アイデンティティを踏まえた地域農林業の姿を模索しなければならない。

第2は、「循環型社会」を重視する消費者意識の高まりであり、これを実現する場である農村地域への期待である。健全な物質循環と大気循環を実現し、本来の自然環境と景観環境、生物多様性を保全する、持続可能な農村地域の再構築への願いである。今後の農村計画は当然、地域経済系（農林業、非農林産業）、地域生活系、地域環境系（自然環境、景観環境、文化環境、レクリエーション環境）の全体にわたって循環性を重視する方向を模索しなければならない。とくに、それが本来的にもつ自然循環機能をよく発揮する地域農林業の姿を議論しなければならない。

第3は、農村の伝統的景観の保全に向けた消費者意識の高まりである。1960年代以降の農業・農村生活の近代化、燃料革命、最近の農林産物をめぐるグローバリゼーションに伴って、伝統的農村景観は放置され、荒廃の途を歩んだ。しかし、「成熟社会」の今日、消費者は伝統的な農村景観を重視するようになった。農村計画は当然、この伝統的農村景観を保全する方向を模索しなければならない。しかし、このような景観は地域住民の所得的・生活的営みと関わりが深い。したがって、今後の農村計画は、地域経済系、地域生活系と関わらせながら、伝統的農村景観の保全の方向を模索しなければならない。

第4は、農村地域住民の所得意識の変化である。とくに、地域内発型農林関連産業の振興による所得確保への期待である。グローバリゼーションが進むなかで、農村地域における一般的非農林産業の展開は難しい。今後の農村計画は、地域住民の所得確保に向けて、ローカル・アイデンティティを重視した地域内発型農林関連産業の振興を議論しなければならない。

第5は、都市地域(消費意識)と農村地域(所得意識)の両方からの都市／農村交流(グリーン・ツーリズム)への期待の高まりである。今後の農村計画は当然、ローカル・アイデンティティを主張できるルーラル・アメニティ重視型の地域創造(地域産業、地域景観)を模索しなければならない。

第6は、農村地域住民の生活意識の変化である。地域住民は生存、自己啓発、レクリエーションに関する欲求を当該地域で満足できることを望む。今後の農村計画は、当該地域における高い水準の地域生活系の実現を議論しなければならない。

最後に、ローカル・アイデンティティを重視し、地域内循環性に配慮した以上のような地域農林業、地域農林関連産業、都市／農村交流、地域生活、地域環境などの有効な方向を模索する対象地域として、従来の市町村域は狭いかも知れない。今後の農村計画は、複数市町村からなる広域地域をその対象地域とすることも視野に入れなければならない。

4　中山間地域の農村計画

それでは、以上のような「農村計画の方向性」を意識すると、「新時代」の農村計画の体系はどう考えればよいか。前述したように、今日の農村計画の主流は中山間地域型農村計画と都市隣接地域型農村計画であるので、最初に、中山間地域型農村計画について具体的に議論しよう。

農村計画の目標　前述したように、地方農村人口は1950年代後半以降今日まで一貫して都市へ流出してきた。とくに中山間地域でそうである。このために、この地域の農家は高齢者単一世帯が多くなり、農業経営と地域農業の担い手は弱体化し、崩壊の危機に直面している地区(農業集落)さえある。地域の資源と自然環境の保全はもちろん難しい。

このような中山間地域の農村計画の目標は当然次のように設定されなければならない。

〈正常な家族構成の世帯を中心とする一定（予定）の地域人口の確保〉

　ここで「正常な家族構成」とは、そこにおける持続的（長期）定住を保証する家族員構成をさしている。両親と子供2人の家族構成が最小限である。「一定（予定）人口」とは、農業生産を中心とする経済活動や町内会活動など社会活動を支えるのに必要な、最小限の地域人口である。耕地面積が50ヘクタール程度の農業集落を想定すると、この地域農業を持続するには農家が30戸、うち正常な家族構成の農家が20戸（66％）、農家人口で120人程度が最小限必要であろう。

　しかし、集落維持がすでに困難な「限界集落」に対してはこのような目標基準は適用できない。

農村計画の計画内容　そして、以上のような数の農家世帯・人口を確保・維持するためには、第1に、次の地域経済条件を満足しなければならない

(1) 地域の経済資源（とくに農家労働力）は有効に（余すことなく）活用され、その収益性（とくに年間労働報酬）は一般（市場）水準をほぼ達成している。

(2) この状態のもとで、1世帯当たり農家所得は一般水準をほぼ達成している。

　中山間地域では一般産業の展開は難しい。地域経済の基幹はやはり農林業である。①生産基盤条件、立地条件、ローカル・アイデンティティをよく踏まえ、②自然循環機能を発揮し、③伝統的農村景観の保全に寄与し、④ローカル・アイデンティティを主張できるルーラル・アメニティ（地域景観）の創造に寄与し、こうしたうえで⑤上記2つの条件を満足する地域農林業を模索しなければならない（条件Ⅰ：地域農林業系の確立）。

　しかし、地域資源（とくに上述した数の農家労働力）を地域農林業だけで有効に活用できることは難しい。地域非農林産業の展開をやはり模索しなければならない。①自然循環機能に配慮し、②伝統的農村景観の保全に寄与する地域非農林産業で、「地域なじみ型産業」である（条件Ⅱ：地域非農林産

業系の確立)。

　そして、このような非農林産業の１つが「農村観光産業」(都市／農村交流)である。①ローカル・アイデンティティとルーラル・アメニティに根ざし、②自然循環機能に配慮し、③伝統的農村景観の保全に寄与する農村観光産業である(条件Ⅲ：農村観光産業系の確立)。

　第２に、中山間地域ではとくに①交通条件、②購買施設条件、③医療施設条件、④教育施設条件、⑤雪対策(除雪・消雪)などの地域生活条件を満足しなければならない。農村の自然循環機能と伝統的農村景観に配慮しながら、他の地域と同等水準の地域生活環境を実現しなければならない(条件Ⅳ：地域生活系の整備)。

　第３に、とくに①自然環境、②景観環境、③文化環境、④レクリエーション環境の４面の地域環境を適切に保全・確保しなければならない。①自然循環機能と生物多様性に貢献する農村自然環境、②ローカル・アイデンティティを醸し出す農村景観環境、③ローカル・アイデンティティを主張する農村文化環境、④基本的娯楽を満たす農村レクリエーション環境を保全し確保しなければならない(条件Ⅴ：地域環境系の確保)。

　そして第４は、その地域が安全であること(条件Ⅵ：地域安全系の確保)。

　すなわち、中山間地域における一定地域人口の確保・維持のためには以上の条件の確立・確保が基礎要件であり、これを〈**中山間地域の一定(予定)人口の確保・維持のための６つの地域系**〉と呼ぼう。図16-1にこの関係を示した。中山間地域型農村計画においてはとくに６つの地域系をよく議論しなければならない。

地域土地利用計画の重要性　ところで、以上の６つの地域系を効果的・調和的に満足するためには、当該農村地域における各地域系の分布(実現)地区を次のようにあらかじめゾーニングすることが重要である。①農林業系ゾーン、②非農林産業系ゾーン、③農村観光産業系ゾーン、④生活系ゾーン、⑤環境系ゾーン。地域の土地利用計画である。こうすることによって「地域系の空間分業の経済」を確保できる。

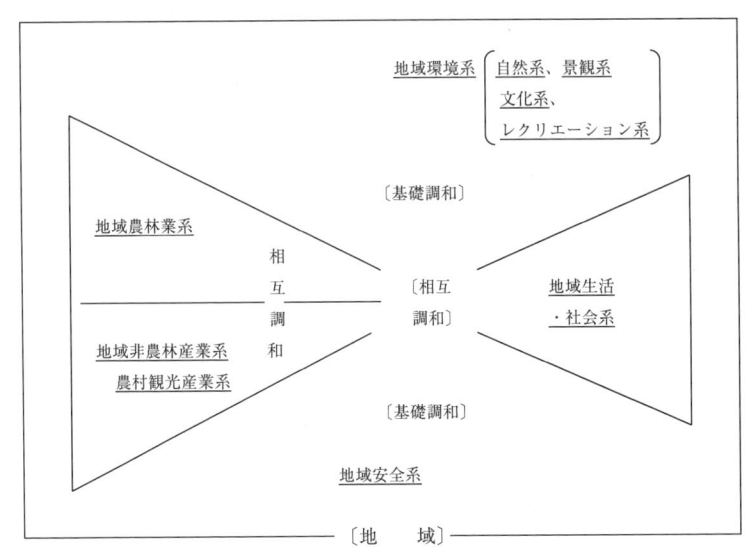

第16章 「新時代」の農村計画の方向性と方法

図16-1 中山間地域の一定（予定）人口の確保・維持のための6つの地域系

農村計画の計画部門体系　こうして、中山間地域型農村計画に関してとくに重要な計画部門は次の7つに整理できる。①地域農林業系計画、②地域非農林産業系計画、③地域農村観光産業系計画、④地域生活系計画、⑤地域環境系計画、⑥地域安全系計画、⑦地域土地利用計画。

5　都市隣接農村地域の農村計画

1950年代後半以降今日に及ぶ地方農村人口の都市への移動は、都市隣接農村地域の都市化を進め、この地域の土地利用や環境に多大の混乱をもたらした。とくに大都市隣接農村地域でそうであり、重要な現象が「市街化調整区域」の農地及び「里山区域」の林地の無秩序な転用とこれによる居住・自然・景観等環境の悪化である。種々の外圧（土地用役需要）のために、市街化調整区域では農家後継者用宅地や農業施設用地など法的に認められた転用に加えて、資材置場、簡易駐車場、廃車置場、産廃物捨場など農地法・農振

209

法に違反した農地転用が小面積単位で、分散的・無統制に進んだ。一方、市街化調整区域に連なる里山区域でも森林法の適用に限界があるため、施設用地、簡易駐車場、資材置場、廃車置場、産廃物捨場など林地の転用が無秩序に進んだ。このため、農業生産は種々の支障をきたし、居住環境、自然環境、景観環境は著しく損なわれた。そこで、都市隣接農村地域では最近、とくに農地と里山林地の適切な利用と保全をめざして農村計画が策定されている。

農村計画の対象地区、目標と計画側面 以上のような状況を踏まえると、都市隣接農村地域の農村計画では、その対象地域はやはり①市街化調整区域と②これに連なる里山区域とからなる、いわば「都市的農村地域」でなければならない。このような市町村のほとんどで実施されている「都市計画地域」のなかの「市街化区域」は市街化をめざす地区であり、農村計画が及ぶ地区ではすでにない。市街化調整区域だけがその対象になる。

そして、このような農村計画の目標はやはり次のように設定しなければならない。

〈人と自然との共生の確保・持続〉

具体的には、①隣接都市住民への供給を中心とする新鮮で安全な農産物による地域農業の確立（側面Ⅰ：地域農業系の確立）、②都市隣接農村らしい快適な居住環境の創造と維持（側面Ⅱ：地域居住環境系の創造）、③都市隣接農村らしい憩い、安らぎとレクリエーション、伝統文化、幅広い教育の場の創造と保全（側面Ⅲ：地域安らぎ・教育環境系の創造）、④豊かな自然環境の保全（側面Ⅳ：地域自然環境系の保全）、⑤都市隣接農村らしい景観環境の保全（側面Ⅴ：地域景観環境系の保全）、⑥都市隣接農村らしい公共的施設の整備（側面Ⅵ：地域公共施設系の整備）、⑦都市隣接農村らしい非農産業の振興（側面Ⅶ：地域非農産業系の振興）、⑧地域の安全性の確保（側面Ⅷ：地域安全系の確保）である。

以上の8つの側面（条件）がそれぞれ調和的に満たされるとき、総合目標である上述の目標「人と自然との共生」が順調に達成される。これら8つの側面を〈都市隣接農村地域の「人と自然との共生の確保・持続」のための8

つの地域系〉と呼ぼう。

ゾーニングと地域土地利用計画の重要性　そして、このような目標を実現するために第1に重要なのがゾーニングである。とくに次のようなゾーニングが重要である。①新鮮・安全な農産物による地域農業の確立ゾーン（農業系ゾーン）、②快適な都市隣接農村型居住環境の創造ゾーン（居住環境系ゾーン）、③都市隣接農村型の憩い・安らぎ・レクリエーション・文化・教育の場の保全ゾーン（安らぎ・教育環境系ゾーン）、④豊かな自然環境の保全ゾーン（自然環境系ゾーン）、⑤農村色豊かな景観環境の保全ゾーン（景観環境系ゾーン）、⑥都市隣接農村型公共的施設の整備ゾーン（公共施設系ゾーン）、⑦都市隣接農村型非農産業の振興ゾーン（非農産業系ゾーン）である。

このようなゾーニングを計画対象地域の図面上で、地域の安全性の確保によく配慮しながら具体的に進め、地域全体の土地利用計画を作成（策定）する。こうすることによって市街化調整区域の農地や里山区域の林地の無秩序な転用を防止でき、地域の快適な環境を保全することができる。

農村計画の計画部門体系　こうして、都市隣接地域型農村計画におけるとくに重要な計画部門は次の8つに整理できる。①地域農業系計画、②地域居住環境系計画、③地域安らぎ・教育環境系計画、④地域自然環境系計画、⑤地域景観環境系計画、⑥地域公共施設系計画、⑦地域非農産業系計画、⑧地域土地利用計画である。

6　農村計画の合意形成、実施、マネジメント

以上、「新時代」の農村計画の方向性について論じてきた。次に、これらの農村計画の実施について述べておかなければならない。

農村計画の合意形成　農村計画は、その計画作成が最も重要な課題であるが、いまひとつ、作成された計画（案）についての「合意形成」が重要な課題である。法令（国）や条例（市町村）によって策定される農村

計画は行政活動として実施される。とはいえ、これらの計画がスムーズに実施されるためにはやはり、その農村計画が関係者の間で十分に合意（自分たちの計画として認識）されていなければならない。ましてや多くの農村計画は法令や条例によるものではない。だから、このような農村計画は関係者の間における単なる「行動協定書」でしかない場合が多い。このような農村計画がスムーズに実施されるためには第1に、その計画（案）が関係者の間でよく「合意」されていなければならない。

農村計画（案）の合意形成とは次のように考えてよい。①いま合意形成が求められている計画（案）は、それが実行されると当該地域農民を中心とする関係者の全員にプラスの利益をもたらす。②しかし、その計画（案）について関係者の間に態度（認知、感情、行動的準備態勢）が相違しており、ために、この計画（案）をめぐって関係者の間で行動（意向表明）が相違する。③そこで、このような態度の相違を解消して、この計画（案）に向けて関係者全員の行動（意向表明）の一致を図る。

このような合意形成のための具体的な方法は対象地域によってまちまちである。しかし、程度の差はあれ、どの農村計画の場合にも作用している条件がある。①環境的条件と②操作的条件である。

環境的条件とは、農村計画（案）の合意形成にあたって短期的には操作・改変ができないような所与的条件である。インフォーマルな組織（集団）は「根まわし」といった方法で合意形成を促進できる。しかし、このようなインフォーマルな組織は早急には育成できない。また、当該地域にある種々のコミュニティは農村計画（案）の合意形成に大いに役立つ。しかし、これも短期に育成できるものでない。

一方、操作的条件とは、農村計画（案）の合意形成にあたって短期間に操作・改変が可能な条件である。農民を中心とする関係者の当該計画（案）に関わる態度は欲望、動機づけ、モラール（士気）によって規定される。したがって、計画（案）の作成と実施に向けて欲望を高め、動機づけを促進し、モラールを高めるならば、その農村計画（案）の合意形成は容易になる。

農村計画（案）の合意形成のためには、地域におけるインフォーマルな組織など環境的条件を適切に活用すると同時に、関係者の全員を対象として種々の講習会や学習会、種々の情報の提供など、的確な指導活動を展開し、関係者の欲望、動機づけ、モラールを常に高め、その農村計画への「参加意識」を高めることが重要である。このうえで、「ボトムアップ・システム」と「フィードバック・システム」を適切に活用することである。

農村計画の実施とマネジメント　とにかく、農村計画のスムーズな実施のためにはそれが関係者の間でよく合意されていることが重要である。関係者とは、①計画作成主体、②計画実施主体、③計画受益主体から構成され、しかもこのなかには①地域内関係者のほかに②地域外関係者が含まれる。しかし、地域内関係者が中心であることは当然である。

　ところで、策定された農村計画は一挙に実施されるものではない。時間をかけて段階的（計画的）に実施される。したがって、一旦策定された農村計画も時間の流れとともにその「見直し」が必要になってくる。つまり、農村計画はその実施完了までに常に「実施」―「評価」―「見直し」を繰り返さなければならない。こうすることによって、農村計画の最終実施効果は高く（大きく）なる。すなわち、「Plan‐Do‐See」の繰返しであり、この過程が農村計画の「マネジメント」である。

7　農村計画の経済学

　最後に、農村計画における種々の議論を支える経済学について述べておこう。

　農村計画における議論ではこれまでいわゆる「新古典派理論」を重視してきた。新古典派理論とは、資源（生産要素等）のすべてが私有され、これらの資源の利用が可逆性に富んでおり、個人の経済活動の成果が外部（他人）に影響を及ぼさないならば、安定した市場機構のもとで、個人がその主観的価値判断によって自由な行動をとるとき、個人の資源の利用配分は最適にな

り、その経済成果は最大になり、同時に社会全体でみた資源の利用配分と経済成果も最大になるという経済理論である。

　しかし、いわゆる「市場の失敗」が多く指摘される今日、新古典派理論だけに依拠していては農村計画における議論は不十分である。さらにいえば、農村計画は「市場の失敗」を避け、個人の行動を規制し、誘導する政策手法である。だから、農村計画は新古典派理論に依拠しつつも、「組織の経済学」や「公共経済学」に大いに依拠しなければならない。また、農村計画において重要な合意形成問題については「公共選択の理論」や「ソーシャル・キャピタル理論」に依拠しなければならない。いわば「セミマクロ・エコノミックス」としてくくることができる経済学分野である。

参考文献
1．相川哲夫（2000）「農村地域政策のパラダイム転換の計画手法」『広島県立大学論集』第4巻第1号。
2．植田和弘（2004）「農業・農村をめぐる環境と経済」『農業と経済』2004年4月号。
3．熊谷宏（1983）『地域農業計画論』明文書房。
4．熊谷宏（1994）『地域農業の確立』農林統計協会。
5．熊谷宏（2000）「大都市地域の市街化調整区域における共生的土地利用計画の方向性、作成手法と課題」『農村研究』第91号。
6．熊谷宏ほか（2004）『東蒲原地域の農村資源の活用に向けて』（広域農村総合整備基本調査報告書）北陸農政局農村計画部。
7．武内和彦（2003）『環境時代の構想』東京大学出版会。
8．日本学術会議農村計画学研究連絡委員会・神戸大学、国際シンポジウム（2003）「多様性の中に循環型社会の未来を探る」農村計画学会。

　　　　　　　　　　　　　　　　　　　　　　　　　　　　　　［熊谷　宏］

第4部
国際農業経済を学ぶ

第 *17* 章
立地論とグローバル経済

1 農業と工業の相違

減少する農山村の人口　日本は2005年から人口減少時代に突入した。しかし、地域によっては、すでに人口減少が継続しているところも少なくない。都道府県別にみると、2000年から2005年の間に人口が増加したのは15都府県にすぎず、東北、九州、山陰など農山村が広がる地域で人口減少が著しい。一方、**合計特殊出生率**の地域的相違をみると、むしろ東京などの大都市圏のほうが低い。地方の農山村のほうが、若くして結婚する人が多く、一人の女性が産む子どもの数も多い。

　地方の農村では、子どもは生まれているのに、どうして人口が減少しているのであろうか。1つは、若者をはじめとした大都市への人口流出が依然として続いているからである。だが、それだけではない。このような地域では、人口の自然減少も著しい。高度経済成長期以降、若者の流出が続いた結果、農山村ではお年寄りばかりとなった。そのため、人口の老齢化が著しく、子どもが生まれる以上に高齢者が亡くなっている。

　なぜ、地方の農村から人口が都市部へと流出したのであろうか。大学などの高等教育機関が大都市に立地していることとか、都会のほうが若者にとって刺激が多く魅力的な生活が期待できるとか、多くのことがあげられよう。だが、この理由だけでは不十分である。基本的な要因は、都市のほうが高所

得を得られた人が多かったからである。高度経済成長期には、地方の中学校を出たばかりの少年・少女は、大都市の工場などに集団就職した。雇用者にとっては、低賃金が魅力的な、まさに「金の卵」であったが、それでも農村に留まるよりは、仕事を得て収入を確保できたのである。

　現在、日本の第1次産業就業人口の割合は、4.7%である。ドイツやアメリカ合衆国では2.5%、イギリスでは1.4%しかない。一方、フィリピンでは37.4%、バングラデシュでは62.1%に達している。開発途上国では、農林業や水産業に携わる人が多く、先進国では製造業や商業・サービス業に従事する人が多い。無論、欧米諸国もかつては農業国であり、時代とともに農業人口は減少してきた。このように、経済発展に伴って、就業者や産業構造が第1次産業から第2次産業へ、さらに第3次産業へと推移していくことは、**ペティ=クラークの法則**として知られている。では、どうしてこの法則が成立するのか。農業と工業は、基本的な特性が相違しているからだと考えられる。

土地に依存 　農業は工業と比べると、広大な土地を必要とする。植物を
する農業 　育てる耕種農業はもちろん、動物を育てる畜産業でも、生産を増やすためには土地が必要である。もちろん、近年の畜産業はあまり土地を必要とせず、工業とあまり変わりがないように見えるものもある。例えば養鶏業では、窓のないウインドレス鶏舎で飼養され、外から見るとまさに工場で鶏肉や鶏卵が生産されている。しかし、飼料の生産を考慮に入れれば、やはり畜産業のほうが広大な農地が必要である。牛肉生産の場合、世界的にみれば、アメリカ合衆国をはじめ、ブラジル、アルゼンチン、オーストラリアといった新大陸の国々が上位を占めている。**飼料要求率**の高い牛肉生産には、広大な牧草地やとうもろこし畑が必要なのだ。

　地球上の土地資源には限りがある。また、土地は固定されて移動ができない。日本の土地が狭いからといって、外国から土地を輸入することは不可能だ。だから、日本の農業の経営規模をすぐに拡大することは非常に難しい。現在の食料消費構造が大きく変化しない限り、日本の食料自給率を劇的に改善することは容易ではない。一方、工業では、工場を建てる敷地は必要であ

るが、生産量は必ずしも土地の面積に比例しない。

生物学的特性に規定される農業　自動車工場に見学に行くと、数十秒に1台の割で自動車が生産されているという説明をよくきく。短時間にたくさん生産することができれば、それだけ生産効率が高いことになる。工業では、製品の注文を出してから納品されるまでの**リード・タイム**を短縮することが、経営改善の1つの方策である。

しかし、農業ではリード・タイムを劇的に短くすることは、今のところかなり難しい。稲の場合、播種から収穫まで半年程度は必要である。畜産の場合は、品種改良によって出荷できるまでの期間は短縮されてきているが、それでも、豚の場合で5カ月、和牛の場合は20カ月以上必要である。また、動物を繁殖させる場合も、たくさんの胎児を妊娠させることは難しい。とくに、牛のような単胎動物の場合、基本的には1回に1頭しか生まれない。つまり、栽培植物が生長したり、家畜が成長するのに時間がかかる。農業は工業と比べると、**資本回転率**が低い産業といえよう。今後、バイオ・テクノロジーを導入することで、こうした限界を超えて、効率的な生産が期待される。

自然環境に左右される農業　農業は、自然に直接働きかける産業である。そのため、植物の種類によって、生育できる環境に限界がある。関東地方では、熱帯果樹の生産はほとんど不可能である。もちろん、作ろうと思えば、バナナにしてもパパイヤにしても、できないことはない。しかし、熱帯地域と同等の品質・収量を安定的に得ようとすれば、多額のコストを必要とする。

植物の生育は、種子が発芽し、根・茎・葉といった栄養体が成長し、花芽が形成され、受粉・受精がなされて種子が発生するといったものである。この一連の過程で、植物は自然環境の影響を強く受ける。種子の発芽には、水と温度と酸素が必要であり、光合成を行うためには、二酸化炭素と水と太陽の光エネルギーが欠かせない。稲などの夏作物の場合、花芽の形成には、高温が必要である。一方、小麦などの冬作物の場合は、逆に低温になって、花芽の形成が開始される。また、昼間の時間が長くなるか短くなるかというこ

とも、開花の条件の1つである。

　温度（気温・地温・水温）、水（降水量）、日長、日照時間などの気候条件は、作物の生育と密接に関わっている。植物が十分生育するためには、窒素・リン・カリといった化学成分が必要であり、土壌の粒子構造や水素イオン濃度（ph）の相違も作物の収量に影響を与えている。土壌や水の供給は、土地の傾斜と関係しており、水田農業は平野でなければ行いにくい。また、病害虫等によって、経営体や産地は壊滅的な打撃を被ることがある。例えば、2004年に日本でも発生した鳥インフルエンザでは、感染した鶏だけではなく、発生が確認された養鶏場で飼育されていた家禽すべてが処分された。歴史的にも、人類は冷害や干害に悩まされてきた。農業は工業と比べると、自然環境の制約が大きく、またリスクも大きい産業である。

2　立地論の考え方

**農業立地論と　**　農業は自然の影響を強く受けるとはいえ、自然そのもの
チューネン圏　の植生や野生動物の分布とは異なる。農業の立地が気候などの自然によって規定されているという**環境決定論**的な考え方は、早計である。農業が経済活動である以上、儲からなければ存続しない。こうした点から、最初に農業の立地について理論的・実証的に示したのが、ドイツの農場経営者のチューネン（von Thünen, J. H.）であった。チューネンは、土壌条件など自然条件がまったく同一な平野が広がり、中心に市場である都市が1つだけ存在し、外国貿易を行わない国を想定した。チューネンは、この**孤立国**の中で、農法が都市からの距離によって異なることを示した。すなわち、都市に近い方から、自由式、林業、輪栽式、穀草式、三圃式、畜産が同心円状に広がるチューネン圏である。

　チューネン・モデルは、地力の維持をどのように図るかといった作物理論と、土地に対してどれくらい投入すればよいかといった集約度理論から説明される。とくに、重要なのは後者であり、チューネン圏では都市からの距離

第4部　国際農業経済を学ぶ

図17-1　チューネン圏モデル

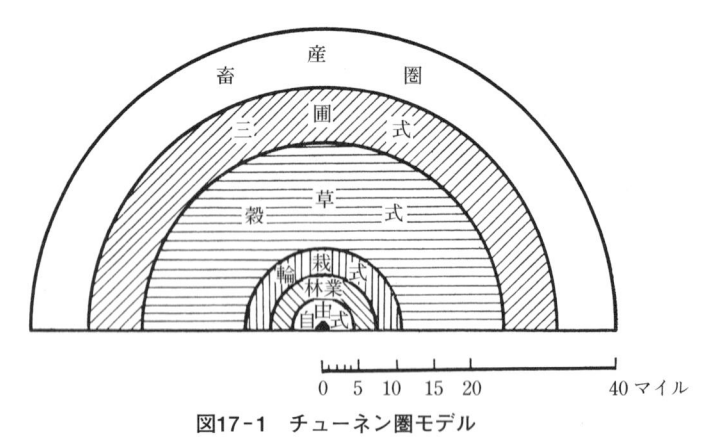

（圏内の表記：畜産圏／三圃式／穀草式／輪栽式／林業／自由式　目盛：0 5 10 15 20 40マイル）

出所：近藤（1994）。

が離れるほど粗放的農業が行われるとした（図17-1）。

　狭い土地に労働力、肥料、資本などをたくさん投入するのが、**集約的農業**である。一般に、投入を増やせば収量は増加する。したがって、集約的農業では土地生産性は高くなる。反対に、できるだけ投入を抑える形態が**粗放的農業**である。人類の食料不足の不安を無くすには、集約的農業を行うほうが、よさそうにもみえるが、個々の経営体にとっては、粗放的農業のほうが利益の多いことがあるのだ。

　単純化した例で示してみよう。10アールの農地で、ほとんど手間をかけず肥料や農薬も与えない粗放的農業では、200キログラムの農産物が収穫できるとする。この場合の生産費は2万円だとする。同じ農地に、施肥、農薬散布、肥培管理などを適正に行うことで、500キログラムの農産物が収穫できるとする。ただし、生産費は20万円が必要だとする。なお、コストを10倍かけても収量が10倍にならないのは、**収穫逓減の法則**がみられるからである。都市の市場で販売するためには、**輸送費**が必要である。一般に輸送費は、重量が多いほど、また距離が遠いほど高くなる。A地点から中心都市への輸送単価は100円／キログラムとする。それに対して、B地点からの輸送単価は、中心都市から離れているため500円／キログラム必要である。また、収穫さ

れた農産物は市場で1,000円／キログラムで販売されるとする。

　以上の前提条件をもとに、農業所得を計算してみる。A地点で粗放的農業を行う場合、1,000×200−20,000−100×200＝160,000と計算でき、所得は16万円得られる。A地点で集約的農業を行う場合の所得は、1,000×500−200,000−100×500＝250,000と計算でき、所得は25万円となる。したがって、この場合コストをかけても集約的農業を行ったほうが儲かることになる。一方、B地点で粗放的農業を行う場合、1,000×200−20,000−500×200＝80,000に対し、集約的農業では、1,000×500−200,000−500×500＝50,000となり、粗放的農業を行ったほうが有利である。

ビール工業の立地　東京の渋谷から山手線で1つ目の駅、恵比寿から歩いて15分ほどのところにエビスガーデンプレイスがある。マンション、ホテル、飲食店などの再開発ビルであり、若者にも人気のスポットだ。ここにかつて、ビール工場が操業していたことを知っている人も多いであろう。サッポロビール恵比寿工場である。1988年に閉鎖されたが、その機能は新設された船橋（千葉）工場に移された。ちなみに、恵比寿の地名はここで生産されていたエビスビールに由来している。

　また、ユーミンの「中央フリーウェイ」の歌詞に登場するビール工場が、現実に存在していることもよく知られている。東京都府中市のサントリー武蔵野ビール工場のことだ。

　このように、ビール工場は東京圏をはじめ、大阪圏、名古屋圏、札幌、仙台、福岡といった大都市圏に多く立地している。なぜ、ビール工場は大都市に立地する傾向があるのであろうか（図17−2）。

ウェーバーの工業立地論　工場の事業家が考えることは、いかにして儲けを多くするかということである。そのためには、2通りの方策が考えられよう。1つは、たくさん売って収入を増やすこと、もう1つは、できるだけコストを抑えて支出を減らすことである。完全競争が成立しているとすれば、価格は一定のところで均衡する。つまり、どこに立地していても同じ価格で同じ量だけ販売される。それゆえに、収入がどこでも同じならば、

第4部　国際農業経済を学ぶ

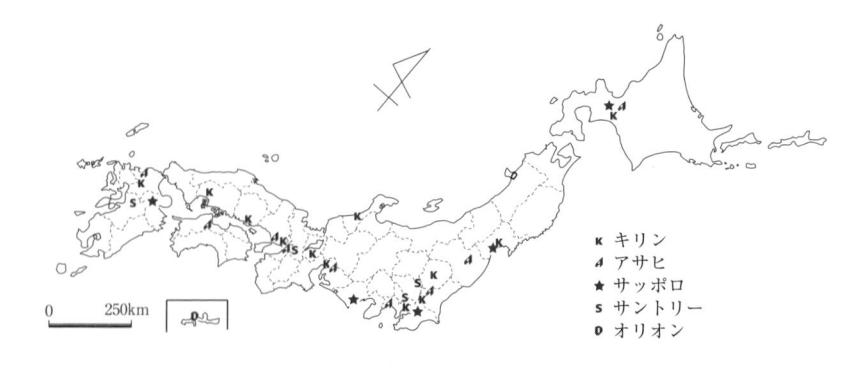

図17-2　ビール工場の分布（2007年2月）
出所：各社のWebページより作成。

費用を最小にする地点に立地すればよい。

　立地に影響を与える費用項目のことを**立地因子**という。その因子としては、輸送費や労働費などがあげられる。そこで、ウェーバー（Weber, A.）は、まず輸送費に着目して、輸送費が最小になる地点を求めた。そのために、原料について考察を加え、2つの視点からそれを次のように分類した。1つの視点は、原料の分布の形態であり、どこでも存在する普遍原料（例えば、空気や水）と、特定の場所にしか存在していない局地原料（例えば、原油や小麦）に分類した。もう1つは生産の過程における原料の重量変化であり、大きく減少するものを重量減損原料（例えば、鉄鉱石や石炭）とし、ほとんど変化のないものを純粋原料（例えば、機械類の部品）とした。

　ところで、ビールの原料は、麦芽（二条大麦）やホップ、コーン・スターチ（とうもろこしの澱粉）である。日本のビールには、日本人の嗜好に合うように米が加えられていることも多い。そして、忘れてはならないのは水である。水は砂漠では得にくいが、日本国内での立地に限定するのならば、離島など一部を除けば、どこにでも存在している普遍原料である。もっとも、水の質の良し悪しは、**立地条件**になるのではないかと思うかもしれない。確かに中国など基本的に生水が飲めない地域であると、ビールの味にも大きく

影響する。しかし、日本では、水質はあまり大きな問題ではないようだ。"天然水"で売り出している銘柄が、あまりみられないことを思い出していただければよいであろう。

　さて、話を単純化するために、都市（市場）と農村（原料産地）の２地点間のビール工場の立地について考えてみる。仮に、２地点間は1,000キロメートル離れており、この農村ではビールに必要なすべての農作物が栽培され、この都市ですべてのビールが消費されるとする。ビール１リットル（約１キログラム）生産するのに、麦芽、ホップ、副原料（米など）を合わせて約35グラムを投入する。それに、水が約10リットル必要である。この水は、醸造用としての純粋原料のほかに、ビンの洗浄や冷却に必要な重量減損原料でもある。

　輸送費を決める重要な変数は重量と距離である。そこで仮に、輸送費を１キログラム、1,000キロメートル当たり100円かかるとしよう。まず、農村にビール工場が立地するとする。水は普遍原料であり、農作物もすぐ近くでとれるので、原料の輸送費はゼロである（現実には、すぐ近くであっても輸送費はかかる）。製品１キログラムを市場である都市まで運ぶには100円が必要である。よって、この場合の輸送費は100円である。次に、都市にビール工場が立地するとしよう。農産物の輸送費は35÷1,000×100＝3.5円である。水は普遍原料であり、製品はすぐ近くで販売されるので、それらの輸送費はゼロである。よって、この場合の輸送費はわずか3.5円にしかならず、圧倒的に都市で生産したほうが、安くなるのである。

　現代では交通機関が発達している。荷車や馬車の時代と比べると、はるかに大量輸送が可能であり、相対的に安い輸送費で市場に運ぶことが可能になった。つまり、生産コスト全体に占める輸送費の割合は低下してきた。したがって、他の因子、とりわけ立地に影響を与える**労働費**の重要性が増している。例えば、日本では、近年アジア地域からの冷凍食品や加工食品が急増している。冷凍さといも、魚の切り身、焼き鳥などが、中国やタイなどで生産されている。これらの食品は、１つひとつ手作業で、皮をむいたり、殻を取

ったり、切ったりして調製する。とても手間がかかるので、大量に生産するためには、多くの従業員を雇わなければならない。そのため、企業は、できるだけ賃金水準の低い地域に工場を立地しようとするのだ。

産地の形成　市町村単位の小地域に、特定の作目の生産が集中していて、**産地**として名が知られている事例は多い。関東地方だけでも、三浦（だいこん）、銚子（キャベツ）、深谷（ねぎ）、岡部（ブロッコリー）、江戸崎（かぼちゃ）、下仁田（こんにゃく）、西方（いちご）、波崎（ピーマン）など、枚挙にいとまがない。

どうして、このような産地が形成されるのであろうか。日本全体や世界全体から生産分布を眺めれば、自然条件を生かした適地適作の結果だということもいえる。しかし、気候や土壌条件がほとんど同じである隣り合う町村で、生産されているものが違うこともあり、自然条件では説明がつかない。これは、地域的に特定の作目の生産が集中することによって、生産者がメリットを受けられるからである。これを**集積の利益**という。

規模の経済　同業者が空間的に集中することで、地域産業全体の生産規模が拡大する。それに伴って**平均生産費**が逓減し、経済主体は**規模の経済**による利益を得ることができる。例えば、農家の機械利用を考えてみよう。農業の場合、常に同じ機械を使用しているわけではない。田植機は稲の苗の移植しか使えないし、コンバインは収穫・脱穀を行う機械である。したがって、個々の農家が機械を1台ずつ所有しても、稼働しているのは年間で数日にとどまり、残りの日は格納庫に置いてあるだけである。地域内の農家が機械を共同で所有し、順番に利用すれば、導入や維持に関わるコストを節減できる。また、農薬、化学肥料、段ボール箱、ビニール・マルチ、園芸用支柱、防虫ネットなど様々な農業資材を購入するにしても、各自が一人ひとり取り寄せるよりは、農協による購買事業で大量に仕入れたほうが安くなることがある。販売する場合も、共同でトラックいっぱいに積んで輸送したほうが、個別に宅配便で送るより、重量当たりの単価は安くなる。

農業の場合、販路の確保ということも重要な要素である。出荷量が少ない

と、卸売市場での高い評価は望めない。しかも、現在日常的な食料品はスーパー・マーケットでの小売が一般化しているが、出荷量が少なかったり、スポット（単発）的な出荷では、取り扱ってももらえない。取引費用がかかるうえ、産地表示を間違えるリスクも増すからである。逆に、ある程度の量がまとまれば、産地ブランドを消費者にアピールすることもできる。また、種苗、農薬、肥料、機械なども、どれを使えば最も効果的かという情報も入りやすくなる。産地内で、生産者が互いに競争することによって、あるいは部会などを結成して協力しながら研究することによって、栽培技術も向上していく。新しいアイディアは、生産者どうしの日常的な交流から生まれることも少なくないのである。

分業による利益　生産規模が拡大することによる**分業**のメリットも重要である。専門化することで、能率的で確実な仕事の成果が期待できる。仮に生産性の低い労働者であったとしても、比較優位理論により、生産性の高い労働者がすべての作業を行うより、分業したほうが全体としての利益は大きくなる。農業の場合、生産の開始から商品として仕上げるまでの作業が長期にわたり、しかも季節性がみられるため、工業と比べると社会的分業が行われにくい。しかし、アメリカ合衆国では、農薬の散布や収穫作業などを、それぞれ専門化した農業サービス企業に委託している企業化した農場もみられる。日本では、地域内分業の程度は低いが、一部の作業を共同で行っている産地は多い。とくに野菜や果物などの収穫後に、決められた等級や階級ごとに選別する作業には、多大な労働力が必要である。共選を行うことで、規格の均一化を図るとともに、農家の労働負担を軽減することができるのも、多数の生産者が集まっているからである。このように、生産過程を作業ごとに分業することを**垂直分割**という。

　政策も、大型産地の育成を支援してきた。選果場、予冷施設、育苗施設、大型機械、加工施設などの建設・導入には、多額の費用がかかる。国や自治体の補助金を得て、農協が建設しているところが一般的だ。圃場整備、農道、灌漑などの事業も、産地化が進みつつある地域で重点的に行われてきた。野

菜などの場合、価格が暴落したときに一定の補償金が受けられる価格安定事業の恩恵も、大規模で系統出荷が中心の産地でなければ、得ることはできない。このように、小規模生産者にとって、集積の利益は大きく、産地化が形成されてきたのである。

3　フード・システムのグローバル化

フード・レジーム論　初めてアメリカ合衆国に旅行して、アメリカの食事は不味いと感じる日本人は少なくない。街のレストランで提供されるアメリカン料理より、食べ慣れたファーストフードのほうを好む若者は意外に多いようだ。個人の好みといってしまえばそれまでだが、何をどのように食べるのか、という人間の基本的な営みが、巨大な企業の戦略や、それを後押しするような国際的な関係によって支配されていると、みることもできる。

このように、食料の生産・流通・消費に関して、国際的な視野からフード・システムの主体間の関係と資本蓄積体制から考察しようとするのが、フード・レジーム論である。自給自足の時代とは異なり、近代以降になると、世界各地で生産された食料は、貿易によって産地から離れた地域で消費されるようになった。品目によって、それぞれ独特のフード・システムをもっているが、フード・レジーム論では、特定の時代には1つの**フード・レジーム**が支配的であると考えられている。3つのレジームが時代によって存在してきたとされ、19世紀後半以降から第1次世界大戦時までの植民地体制に基づく第1次フード・レジーム、第2次世界大戦以降から1970年代初頭までのフォーディズムによるアメリカ合衆国型食料生産が支配的になる第2次フード・レジーム、現代のグローバル化によって多国籍企業が主導するといわれる第3次フード・レジーム、がそれである。

植民地体制　イギリスを中心に、ヨーロッパ諸国は植民地システムを強化していくとともに、最初のフード・レジームが支配的

となった。産業革命がヨーロッパ各地で進行して経済が発達すると、死亡率が低下して人口転換が生じ、人口が増加することになった。その一部は工業労働者として都市で暮らすようになったが、十分な仕事が得られない人は、移民として新大陸に渡った。南北アメリカやオーストラリアなどの移民が、ヨーロッパの都市住民の胃袋を満たすために、小麦や牛肉の生産を担うことになったのである。冷凍船の発明は、南米からヨーロッパへの肉類の輸出を可能とし、移民がアルゼンチンなどにますます流入した。

　この体制が図られることで、産業革命後のヨーロッパ経済の発展基盤が形成された。一方、新大陸では、新たな階級が出現することになった。労働賃金を他者に支払う必要のない家族農業者は、ヨーロッパよりも相対的に安い生産コストを実現した。また、世界の農業貿易構造は、相互補完的交易から、比較優位に基づく交易へと転換することになった。その結果、農業生産のコスト志向が強まり、ヨーロッパでは農業生産システムの変更が迫られ、**農業の工業化（産業化）**が進展した。しかしながら、1930年代の世界大恐慌の中で、各国の保護主義が強まり、第1次フード・レジームの終焉に至った。

フォーディズム農業　　第2次世界大戦が終結し、ドルが世界の基軸通貨となるとともに、GATT（関税と貿易に関する一般協定）が発効し、アメリカ合衆国型の工業化された農業生産システムが支配的になった。小麦と畜産に加え、地力維持を図るために輪作体系の一環として、大豆の大量生産が行われるようになった。世界市場を制覇するために、とことんまで規模の経済と生産効率を追求するようになった。アメリカのみならず、このような農業形態が世界に広まった。

　大量生産を行うためには、大量に消費するための需要が必要である。所得が高くなければ、牛肉のように、カロリー当たりの単価が穀物と比べて高価な食料は、日常的に消費されない。戦後の先進国では、生産性の向上が賃金水準の上昇をもたらし、それによって消費が刺激され、大量消費は投資を呼び込むことで、好景気の循環が形成されるという**フォーディズム**による蓄積体制が確立された。フォーディズムは、自動車会社のフォード社にちなむも

のである。フォード社は、製品モデルを単純化し、部品を標準化して、大量生産によって大衆が購入できる価格で販売した。また、ベルト・コンベアによって、労働作業を単純化するとともに、労働者には比較的高賃金を支払った。ただし、フォーディズムは、単なる工場の生産システムにとどまらず、一国全体の経済成長の仕組みを表すものである。農業も国民経済の一部門として、フォーディズムの役割を担うことになった。しかし、これには、エネルギー、化学肥料、農薬、農業機械などアメリカを中心とする先進国の農業関連商品の購入が必須である。大量消費—大量生産のフード・システムの実現には、巨大な**アグリビジネス**の成長が背後にあった。

垂直統合と立地移動

その結果、生産・流通システムの垂直統合と労働過程の垂直分割が行われ、アグリビジネスによる農業部門の再編成が進展していった。**垂直統合**とは、生産・流通の川上部門から川下部門の全体にわたって、特定の企業が影響力を行使できるように支配することである。ブロイラー養鶏業はその典型的なものである。アグリビジネス企業が、養鶏農家に対して、雛、飼料、薬品などを提供して、マニュアルに沿って飼育することを求める。一方、養鶏業者は、土地と鶏舎を用意しなければならない。ほとんどの新規参入する農業者は、資金を持っていないので、借金する。前述した通り、病気で雛鳥が全滅するかもしれないリスクは、養鶏農家が負わなければならない。しかし、販売先を自由に選べるわけではなく、経営の自由度はほとんどない。雛鳥の体重の増加分に対して対価が支払われるのみで、工場労働者の賃金とほとんど変わらない。いや、借金を背負う分、サラリーマンより割が合わないかもしれない。第2次フード・レジームによって、家族農業階級は大きな打撃を受けることになった。

そうだとしたら、アグリビジネスは、どこで事業を行おうとするのであろうか。立地因子として、重要なものは労働費となる。実際、アメリカ合衆国のブロイラー産業は、1930年代にデルマーバ（デラウェア、メリーランド、バージニア州にまたがる半島部分）でスタートした。戦後になると、養鶏業は、より賃金水準の低いアメリカ南部に**立地移動**した（図17-3）。なお、

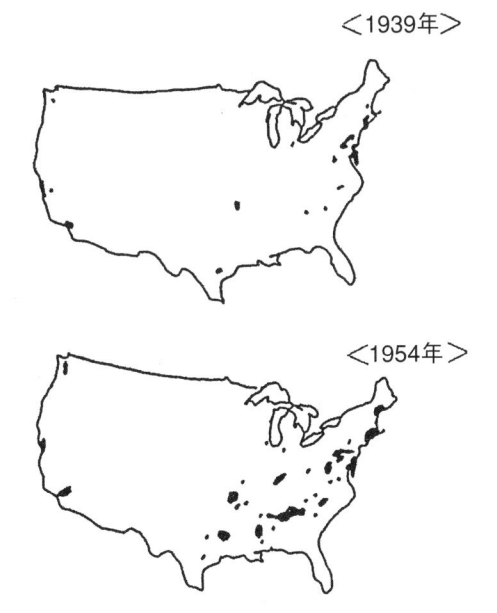

第17章　立地論とグローバル経済

<1939年>

<1954年>

図17-3　米国におけるブロイラー産業の立地移動

出所：斉藤（1984）。

「ケンタッキー・フライドチキン」として知られるように、鶏の唐揚げは、アメリカ南部でよく食べられている家庭料理である。日本でも、かつて養鶏は全国的に行われていたが、1970年ごろから、宮崎県・鹿児島県の南九州や青森県・岩手県の北東北に集中するようになった。高度成長期の中で、主要な工業地帯からはずれた遠隔地で、賃金水準の安いところが指向されたのだ。

食糧援助の周到な戦略　経済発展のためには、都市労働者へ安価な食料の供給が不可欠であるが、農業者にも一定の所得を保障しなければならない。そのため、農業に対する国家介入の役割が非常に大きくなった。生産性の向上は、生産過剰を引き起こし、農産物価格が低迷するのはもちろん、在庫を保管していくコストも必要である。とくに、戦禍を免れたアメリカは、生産過剰への対応が重要な政策課題となった。そこで、1954年にアメリカは**PL480**（余剰農産物処理法）を制定し、食糧援助によって在庫一掃処分を図

229

ろうとするようになった。敗戦国や開発途上国の援助受入れ国にとって、この食糧援助はまさに渡りに船であった。食糧難に喘いでいる中で、また、外貨が不足している中で、ハード・カレンシー（USドル）ではなく現地通貨払いで食糧を確保することができた。しかも、その援助物資を販売した代金は積み立てられて、一部は経済復興資金として活用できるというものであった。アメリカにとってのメリットは、余剰農産物を処理することで国内の農産物価格を上昇させることにとどまらない。食糧援助は、被援助国をアメリカにとっての将来の市場とするための先行投資でもあった。援助物資を販売した代金の一部は、アメリカの農産物を販売するための宣伝に使用されて、被援助国の食生活を大きく変えるとともに、事実上のダンピングによって、被援助国の農業の競争力を削ぐことにも成功した。さらに、人道主義的なやさしい態度をみせながら、冷戦の状況のもとでイデオロギー上の友好国を囲い込むことにも成功した。アメリカにとって、食糧援助は一石三鳥であった。

自由貿易体制への移行　1970年代のオイル・ショックやブレトンウッズ体制の崩壊といったことを契機として、世界のフード・システムは新たなステージに入ることになった。1973年には、イギリス、アイルランド、デンマークの3カ国がヨーロッパ共同体に加盟することで、西ヨーロッパの一体化が促進され、アメリカへの大きな対抗勢力となった。西ヨーロッパは、穀物の輸出地域に転換したが、過剰生産と農家の債務危機という農業危機が強まった。1980年代には柑橘類や乳製品などに関して、欧米間で貿易戦争が繰り広げられるようになった。

1990年代に入ると、NAFTA（北米自由貿易協定）やEU（ヨーロッパ連合）が設立され、ブロック内での食料流動性が高まった。さらに1995年にはWTO（世界貿易機関）が発足し、国内の農業支持政策の削減、関税化と関税率の引下げ、輸出補助金の削減といったことが取り決められ、自由貿易体制が強化されてきた。また、従来の穀物や肉類だけではなく、野菜・果物や魚介類など単価は高いものの鮮度が要求される高付加価値食品の貿易が拡大している。また、ブラジル産の大豆、チリ産のサケ、メキシコ産のアボカド、

タイ産のドリアンなど、日本の農産物輸入相手国も多様化している。これらの国は、NACs（new agricultural countries：新興農業国）とよばれ、農産物の輸出国として、近年急速に存在感を増している。

グローバル化と多国籍企業　**グローバル化**ということが、世界の社会・経済やわれわれの生活に大きな影響を及ぼすキーワードとして使用されるようになった。グローバルという形容詞のもとになる名詞は、グローブ（地球）である。グローバル化とよく似た言葉として国際化があるが、意味は少し異なる。国際化は、ヒト・モノ・カネ・情報の国と国との間の流動性が高まることである。外国からの観光客が増える、貿易が拡大する、外国への投資が活発化する、などの現象があげられる。この場合、あくまで国家が存在していることが前提である。それに対し、グローバル化は、地球的規模で「制度」が一体化することと捉えることができる。この「制度」とは、国際的な条約やルールだけではない。フード・システムの各側面に現れてくる統一化を含むものである。例えば、種子や農薬などの面で投入部門における生産方法が地球的な規模で統一化されようとしているし、**マクドナルド化**に代表されるように消費部門における食の画一化も、グローバル化の１つの側面である。このようなグローバル化は、多国籍企業主導で進められ、国家の利害や政策とは無関係に、さらには相反することも少なくない。例えば、日本の商社がオーストラリアで牛肉の開発輸入を進めることは、日本の食料自給率を低下させ、日本の畜産業に打撃を与えることにもなりかねない。

このようなグローバル化した中では、国と国との関係を捉える際に、貿易だけを扱っていては不十分である。青森生まれのりんごの品種「ふじ」は、今や世界的に生産されていて、全世界のりんご生産の４分の１を占めるようになった。アメリカ合衆国のワシントン州でも、近年、生産が拡大している。ただし、日本にはあまり輸出されておらず、台湾、香港、インドネシアなどのアジア地域が主要な市場である。また、りんごの収穫などの作業には多くの労働力を必要とするが、その多くはメキシコ系のヒスパニック（ラティーノ）などの移民・季節労働力に頼っている。土地や水はアメリカ合衆国であ

4　グローバル経済への対抗

ブランド化　日本にも多くの農産物や食料品が輸入される状況の中で、日本の農業はどのような対応をとっていく必要があるのであろうか。基本的には、生産・流通コストを削減して、低価格の輸入品に負けないような価格設定を行っていくか、高い価格でも売れる商品作りをしていくかしかない。前者の方向性も重要であるが、ここでは後者の方法として、**ブランド化**を検討してみよう。

　ブランドとは、もともと牛などの家畜を間違えないよう、区別するために押した烙印のことである。したがって、流通の過程で業者が商品を区別するために付けられた名称も、ブランドの1つである。しかし、消費者の支持を得て、輸入品に対抗することを目標とするので、ブランドとは差別化することによって市場で有利に販売することが可能な商品性とする。有利販売とは、競合商品よりもプレミアム価格が獲得できるケースや、消費者に対する認知が浸透したり信頼を得ることで、継続的に販売が可能となるケースがあげられる。ブランドは他の商品と識別できることで、ブランドとしての価値が高まるのであり、農産物の場合、品種、品質、消費者への訴求が重要である。

構築される品質　では、農産物や食品の**品質**とは何かということが問題である。例えば、メロンを取りあげてみよう。おそらく、甘さというのはメロンの品質を決める最も重要な要素の1つであろう。日本で最も有名なものとして「夕張メロン」がある。これは、たいへん美味しいメロンであるが、実は糖度は11〜12度くらいで、それほど高いわけではない。一般には、もっと高い糖度のメロンが出回っている。では、どうしてブランド化に成功したのであろうか。当初、品評会などで受賞したり、街頭配布などの販売促進を行うが、必ずしも販売増に結びつかなかった。権威に頼る形ではうまくいかず、むしろ産地内での地道な取組みが重要であった。

作柄に関わらず規格を厳格に運用するとともに、地区ごとにグループを組織し、協調と競争によって、市場価格も高くなった。それとともにマス・メディアも着目して、ますます人気が高まるようになった。また、夕張メロンの類似品や偽物あるいは流通上の品質管理に起因する問題に対する苦情にも誠意をもって説明し、「本物」の「夕張メロン」を再送して対応してきた。つまり、消費者との関係においても、丁寧な対応によって信頼を構築してきたのである。

近年、**地域団体商標**が認められるようになって、地域ブランドが着目されている。しかし、単なるネーミングではうまくいかないことは明白である。品質は、商品そのものに最初から内在しているのではなく、社会的な関係によって作られるのである。

参考文献
1．大塚茂ほか編（2004）『現代の食とアグリビジネス』有斐閣。
2．近藤康男（1994）『チウネン孤立国の研究』農山漁村文化協会。
3．斉藤修（1984）「アメリカにおけるブロイラー産業の展開と立地移動」『広島大学生物生産学部紀要』第23巻2号。
4．高柳長直（2006）『フードシステムの空間構造論──グローバル化の中の農産物産地振興──』筑波書房。
5．ディッケン、P. ほか（2001）『立地と空間──経済地理学の基礎理論──（改訂版）』（上・下）伊藤喜栄監訳、古今書院。
6．富田和暁（2004）『地域と産業──経済地理学の基礎──』原書房。
7．フリードマン、H.（2006）『フード・レジーム──食料の政治経済学──』渡辺雅男・記田路子訳、こぶし書房。
8．ボナンノ、A. ほか（1999）『農業と食料のグローバル化──コロンブスからコナグラへ──』上野重義・杉山道雄訳、筑波書房。
9．松原宏編（2002）『立地論入門』古今書院。
10．山田悦夫（1993）『レギュラシオン理論──経済学の再生──』講談社。

［高柳　長直］

第18章
WTOと農業貿易

1　はじめに
――経済のグローバル化と農業貿易の自由化――

　本章では、いわゆる「農業貿易」（agricultural trade）と呼ばれる領域で生じている諸問題を明らかにし、それらの問題を分析・検討するに当たって必要と考えられる基本的視点・事項を解説することとしたい。

農業貿易とは　ところで、まず最初に、この章の表題にもある「農業貿易」について、若干の説明を加えておきたい。というのも、「農産物貿易」という表現ならば理解できるものの、「農業貿易」という表現に対しては奇異の念を持つ人が多いのではないかと思われるからである。

　確かに、〈農産物の輸出入〉という意味での「農産物貿易」は具体的で分かり易い表現であるが、それはきわめて限定的で矮小な概念である。それに対して、「農業貿易」という表現は、単に農産物の輸出入のみでなく、農産物貿易をめぐっての貿易システム、さらには貿易当事国の農業そのものにも係わる問題領域を含んだより広範な概念である。

　本章で「農業貿易」という表現を用いるのは、後により詳しく論じることになるが、ここで取り上げようとする問題が単に国境を越えて移動する農産物の量的動向を把握するといったことではなく、その背後にある多様な問題

第18章　WTOと農業貿易

をも射程に入れているからであり、また近年、英語文献で一般的に"agricultural trade"という表現が使われているのもその意味で用いられている、と考えられるからである。

経済のグローバル化と農業貿易の自由化　以上のような意味での農業貿易に関して、現在生じている動きとして最も顕著なことがらを挙げるとすると、それは「農業貿易の自由化」であろう。周知のように、現代は、「**グローバル化**」あるいは「**グローバリゼーション**」（globalization）という言葉によって特徴づけられる時代であり、世界である。グローバル化という動きは、経済に限っていえば、モノ、カネ、ヒト、さらには情報などが国境を越えて行き交い、地球全体が1つの市場として、あるいは1つの経済システムとして同質化ないしは均質化していく動きである。

そのような意味での経済のグローバル化は、今日に始まったことではなく、少なくとも資本主義という経済システムの生成期、すなわち16世紀まで遡ることができる。しかし、現在進行している経済のグローバル化は、それが国民経済や各国の国民、さらには自然界に対して与えている影響が根本的に変化してきているという点において、かつてのグローバル化とは大きく異なるものである。

経済のグローバル化は、多様な側面から推し進められているが、その一翼を担っているのが国際貿易であり、国際貿易のより一層の自由化である。そして、そうした動きの一環として農業貿易の自由化が急速に進展しているのであるが、この農業貿易の自由化という動きないしは変化こそが、今日のグローバル化とかつてのグローバル化とが質的に大きく異なっていることの1つの証左でもある、ということができる。なぜならば、かつてのグローバル化のもとでは、現在推し進められているような、ほとんどすべての国々を包み込む形での農業貿易の自由化はほとんど問題になり得なかったからである。

ところで、農業貿易の自由化という問題を考えようとするとき、なによりもまず考慮しなければならないのは、1995年に設立された**WTO**（World

Trade Organization：**世界貿易機関**）である。というのは、農業貿易の自由化はWTOの設立と軌を一にしながら強力に推し進められることとなったからである。本章の標題を、「WTOと農業貿易」としたのも、そうした理由からである。

2　ウルグアイ・ラウンド貿易交渉とWTOの成立

1995年1月1日に発足したWTOは、第2次世界大戦後、アメリカを中心とする資本主義諸国が**GATT**（General Agreement on Tariffs and Trade：**関税および貿易に関する一般協定**）という多国間条約によって推し進めてきた自由貿易システムの維持・強化を目的として新設された国際機関である。

ITOの挫折とGATT　第2次世界大戦勃発後まもなく、アメリカやイギリスは、その大戦を引き起こした原因の1つが、1930年代の保護貿易主義的な政策にあったと考え、大戦終了後は、貿易を自由に行い、貿易拡大を通じて世界各国が相互に発展し、世界の平和と安定を図ろうと考えたのである。そのため、アメリカやイギリスは、当初、自由貿易システムの一翼を担うものとして、**ITO**（International Trade Organization：**国際貿易機関**）という国際機関の設立を計画したが、それは多くの国の反対によって実現せず、結果としてGATT（ガット）と呼ばれる国際協定が第2次世界大戦後の自由貿易システムを支えていくこととなったのである。

1947年に23カ国間で結ばれ、翌1948年に発効したGATTは、関税以外のあらゆる貿易制限を撤廃するという**関税主義**、締約国[1]が相互に譲り合って関税の引下げや非関税障壁の削減・撤廃を決めるという**互恵主義**、さらには取り決めた関税引下げについては締約国すべてに適用されるという**無条件最恵国待遇**、等を基本原則とし、それらの基本原則に則って貿易の自由化を図ろうとするものであるが、しかし、1947年に結ばれたGATTには、いくつかの例外も設けられている。例えば、農産物の輸入制限や輸出制限がそれである。

第18章　WTOと農業貿易

　本来、GATTはITOの成立とともにITOに吸収され、ITOという国際機関によって管理されていく国際貿易ルールとなるはずのものであった。しかし、ITOの挫折により、結局、GATTという国際協定が暫定的に国際機関に近いような役割を果たしながら、自由貿易システムを支えていくということになったのである。

GATT貿易交渉とウルグアイ・ラウンド　　GATTは、1947年の関税引下げ交渉を含めて、1990年代に至るまで合計8回の貿易交渉を行い、関税引下げや非関税障壁の削減・撤廃を図り、貿易の自由化を推進してきた。そのうちの第8回目の交渉（1986～94年）が、いわゆる「**ウルグアイ・ラウンド**」と呼ばれる多角的貿易交渉である。このウルグアイ・ラウンド貿易交渉は、交渉分野が一挙に15の分野にまで拡大したという点で、また最終的にWTOを成立させたという点で、それ以前のGATTの多角的貿易交渉とは様相を大きく異にしている。例えば、新たに付け加わった交渉分野の中には、今後の世界経済にきわめて大きな影響を与えると考えられる**サービス貿易**、**貿易関連知的所有権**（TRIPS）、**貿易関連投資措置**（TRIM）、等の問題が存在する。それに加えて、本章で取り上げた農業貿易の自由化が本格的な交渉議題となったこともウルグアイ・ラウンド貿易交渉のいま1つの大きな特徴である。

　周知のように、ウルグアイ・ラウンド貿易交渉は、農業貿易の自由化をめぐる交渉が難航をきわめたため7年余の歳月を要することとなったが、結果として、それまで残存していた農産物の非関税障壁は原則としてすべて関税化され、従来のGATTのもとでは特例的な扱いがなされていた農産物も工業製品と同じ扱いへと、農業貿易の自由化は大幅に進展した。

　農業貿易に関してウルグアイ・ラウンドにおいて合意に達したことがら、すなわち「**ウルグアイ・ラウンド農業合意**」は、ウルグアイ・ラウンドにおいて設立が決定されたWTOの協定としてまとめられ、「**WTO農業協定**」としてすべてのWTO加盟国に適用されている。WTOにはすでに150カ国が加盟しており（2007年2月現在）、世界の農産物貿易のほとんどがこのWTO農

業協定に従って行われていると言っても過言ではない。以下では、そのウルグアイ・ラウンド農業合意（＝WTO農業協定）の内容について概説しておくこととしよう。

3　ウルグアイ・ラウンド農業合意（WTO農業協定）の概要

ウルグアイ・ラウンド農業貿易交渉は、(1)市場アクセス、(2)輸出競争、(3)国内支持、の3つの分野に関して行われた。それぞれの分野における合意内容は、以下のとおりである。

市場アクセス　市場アクセス（market access）とは、いわゆる国境措置に関することがらで、①すべての非関税国境措置を関税に置き換える**関税化**（tariffication）、②関税化後の関税および既存の関税の引下げ、③**ミニマム・アクセス**（minimum access：最低輸入義務量）の実施、④**カレント・アクセス**（current access：現行輸入水準）の維持、がその合意内容である。

①に関しては、GATTの基本原則である関税主義が徹底化され、日本・韓国のコメのような一部の農産物に対して認められた「関税化の特例措置」を除いて、すべての非関税障壁の関税化が決定された（ただし、日本は1999年度から「関税化」に移行）。

②の関税化後の関税および既存の関税引下げについては、先進国に対して6年間で全品目の単純平均36％、1品目最低15％の引下げが、また開発途上国に対しては、10年間で全品目の単純平均24％、1品目最低10％の引下げが決定された。この関税引下げ率にみられるように、ウルグアイ・ラウンドの農業合意の内容は、先進国と開発途上国とでは異なり、表面上、先進国には市場開放度の高い取決めがなされ、一方、開発途上国には比較的緩やかな取決めとなっている。

また、ウルグアイ・ラウンド農業貿易交渉の結果、新たに関税化した品目については、実施1年目に基準期間（1986～88年）の国内消費量の3％の輸

入義務が、しかも実施期間（1995〜2000年）の最終年度までにそれを5％まで拡大することが義務づけられている（先進国の場合）。これが③のミニマム・アクセスの実施である。

さらには、関税化した品目のうち、基準期間の輸入量が国内消費量の5％以上であったものはその輸入実績を維持することが義務づけられている。これが④のカレント・アクセスの維持である。

輸出競争　輸出競争（export competition）とは、EU（ヨーロッパ連合）をはじめとし、一部の国々が設けている輸出競争力強化のための**輸出補助金**の削減に関する問題である。最終的に、先進国は金額ベース（財政支出）で36％、数量ベースで21％の削減を6年間で実施すること、また開発途上国の場合は金額ベースで24％、数量ベースで14％の削減を10年間で実施すること、が決定された。加えて、今後、新たな品目に輸出補助金を設けることも禁止された。

国内支持　国内支持（domestic support）とは、国内農業助成に用いられている補助金や価格支持などの政策のことであるが、この点に関しては、まず貿易を歪めるものであるか否かを基準として、①「**黄の政策**」（amber box）、②「**青の政策**」（blue box）、③「**緑の政策**」（green box）の3つに色分けされ、ウルグアイ・ラウンドにおいては①の「黄の政策」のみが削減対象とされた。

①の「黄の政策」とは、生産を刺激し、結果として貿易を歪める政策であって、例えば価格支持政策がそれであり、この政策に該当すると考えられる「**助成合計量**」（aggregate measurement of support：AMS）を計算し、先進国についてはその助成合計量を6年間で20％削減することが、開発途上国については10年間で13.3％削減することが決められた。ただし、「黄の政策」のうち、助成の額の小さいもの（品目非特定的な政策の場合は農業生産総額の5％以内、品目特定的な政策の場合は当該品目の生産総額の5％以内の国内支持）に関しては、「**デミニミス**」（de minimis：「最小限の政策」と訳される）と呼ばれ、削減対象から外されている。

一方、③の「緑の政策」は、貿易や生産に影響がないか、あるいはほとんどないと考えられる助成策で、具体的には研究・普及・教育・検査等の一般サービス、農業・農村基盤・市場等の整備、さらには環境対策等に関わる助成であり、これに該当する国内農業助成は削減対象外とされた。

②の「青の政策」とは、「黄の政策」と「緑の政策」の中間に位置する政策で、具体的には、生産調整を前提とする**直接支払い**の形態の国内農業助成策である。生産との結びつきはあるが、ウルグアイ・ラウンドでは「緑の政策」に準ずるものとして削減対象外とされた。

4　世界各国の食料自給と農業貿易の自由化

以上の概説から明らかなように、従来、各国政府が取っていた様々な農産物貿易上の規制が緩和・除去され、同時に多様な農業助成もまた削減され、結果として農業貿易の自由化が大幅に進展し、世界の農産物貿易も急速に拡大した。ちなみに、WTO農業協定の成立前と成立後の世界農産物輸出総額を比較してみると、1992～94年の3カ年平均が約3,600億ドルであるのに対して、2002～04年の3カ年平均は約5,200億ドルであって、WTO農業協定成立後のわずか10年間で世界の農産物貿易額は40％以上も拡大しているのである（FAOSTAT）。

そうした中で、WTOのもとではすでに新たな農業交渉が開始され、農業大国のアメリカや**ケアンズ・グループ**（Cairns Group）[2]と呼ばれる国々からは、さらに徹底した農業貿易の自由化が求められている。農業貿易の自由化は、今後さらに進展していくことが予想されるが、問題はそれが世界の食料問題や各国国民の「食」の問題に与える影響である。

途上国の食料自給を脅かすWTO　　周知のように、**FAO**（Food and Agriculture Organization：**国連食糧農業機関**）の推計によると、現在、世界人口約65億人のうち、十分な食料が与えられず、栄養不足に陥っている人口は8億人以上であるとされている。その栄養不足人口は、広くア

第18章　WTOと農業貿易

表18-1　世界の穀物貿易の推移（1934-2003年、年平均）

（単位：100万トン）

	1934-38	1948-52	1960	1970	1979-80	1988	1997	2004
北アメリカ	5	23	39	56	127	119	94	101
西ヨーロッパ	▲24	▲22	▲25	▲30	▲13	22	10	0.4
東欧・旧ソ連	5	n.a.	0	0	▲40	▲27	▲4	3
オセアニア	3	3	6	12	15	14	23	25
ラテンアメリカ	9	1	0	4	▲9	▲11	22	▲8
アフリカ	1	0	▲2	▲5	▲13	▲28	▲34	▲42
アジア	▲2	▲6	▲17	▲37	▲62	▲89	▲85	▲79

注：正の値は純輸出量、▲印の値は純輸入量。
出所：Rostow（1978）；グリッグ（1996）；FAOSTAT.

ジア、アフリカの開発途上国に存在するが、急速に進む農業貿易の自由化は、多くの栄養不足人口を抱える開発途上国の食料自給を促し、食料不足の解消に繋がるどころか、むしろそれらの国々の食料自給を脅かし、いっそうの社会不安をもたらす気配を見せている。

　人間にとって最も重要な食料であって、しばしばわが国で「**食糧**」と表現される穀物に関していうと、多くの栄養不足人口を抱えるアフリカやアジアの国々は、きわめて厳しい状況に置かれている。表18-1は、過去70年ほどの間の世界穀物貿易の推移を地域別に示したものである。この表によると、第2次世界大戦前後の時期に穀物が不足し、他の地域から輸入せざるを得なかった地域は西ヨーロッパとアジアのみであり、しかもその輸入の圧倒的な部分は西ヨーロッパが占めている。今日、膨大な数の栄養不足人口を抱えるアフリカは、この表のデータによる限り、第2次世界大戦前は穀物余剰を抱える地域であり、またアジア地域に関しても、当時は比較的わずかな他の地域からの輸入で済んだ状態である。しかし、そのような状況は20世紀が終わりに近づくにつれて大きく転換し、かつて膨大な量の穀物を輸入していた西ヨーロッパが穀物輸出地域に転じ、現在では、アフリカとアジアが突出した穀物輸入地域へ変わっているのである。

　これは、第2次世界大戦後、多くの開発途上国が貿易を通じて世界経済に深く組み込まれていく中で、できるだけ外貨の獲得しやすいコーヒー、バナナ、カカオ豆などの**換金作物**（cash crop）の栽培に傾斜し、基本的食料で

第4部　国際農業経済を学ぶ

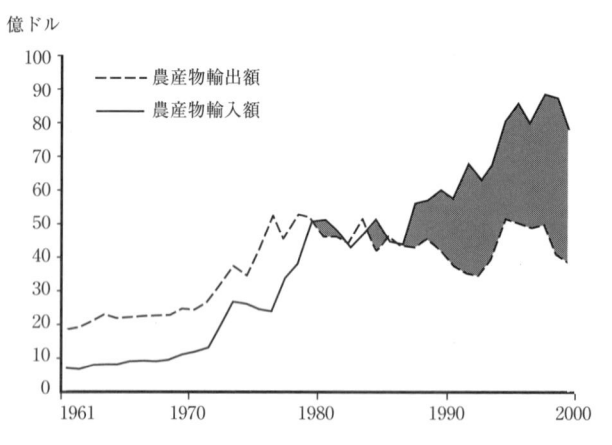

図18-1　後発開発途上国の農産物貿易の推移（1960-2000年）
注：2000年時点での後発開発途上国数は49カ国であったため、図は49カ国のデータに基づいたもの。
出所：Bruinsma（2003）.

ある穀物の生産をやめ、それをアメリカなどの先進国に依存するようになったからである。しかし、そのように換金作物へと**特化**（specialization）していったにもかかわらず、多くの開発途上国は農産物貿易を通じて外貨を獲得するのではなく、むしろ貿易赤字を拡大しつつある。

開発途上国の中でもとくに開発の遅れている国として国連開発計画委員会が指定する「**後発開発途上国**」（LDC: Least Developed Countries）は、2005年現在、50カ国である。この後発開発途上国に含まれる国の大部分が、いわゆるサブサハラ・アフリカに属する国々であり、いずれも多くの栄養不足人口を抱える国である。図18-1は、それらの後発開発途上国の過去40年間の農産物貿易の推移を示したものであるが、1960、70年代には全体として農産物純輸出地域であったこれらの国々は、1990年代以降、完全に農産物純輸入地域へと転化し、近年は輸入額が輸出額の約2倍に達する状況に陥っているのである。

図18-1、表18-1はきわめて大まかな、限られたデータであるが、それらと20世紀の末葉から急速に進んできた経済のグローバル化、そしてその一環

としての農業貿易の自由化を重ね合わせて考えるとき、農業貿易の自由化は開発途上国の食料自給を助長するのではなく、開発途上国の食料問題をいっそう困難なものにしていく、といわざるを得ないように思われる。

日本の食料自給とWTO農業協定　農業貿易の自由化が与える影響は、開発途上国の食料自給に関してだけではない。現在、世界最大の農産物純輸入国である日本の食料自給に関しても、きわめて大きな影響をすでに与えている。

日本の食料自給率の低下は、基本的には、第2次世界大戦後の高度経済成長に伴う経済構造の変容、特に一部の先端産業（電子機器、自動車）による異常なまでの輸出拡大と貿易不均衡、さらにはアメリカの膨大な貿易赤字とそれを背景とした**変動相場制**への移行に伴う急激な**円高**といった要因によって、日本の農産物の**国際競争力**が著しく低下していったことによるものであるが、そのことに加えて貿易の自由化の名のもとに国境措置が次々と取り外されたこともまたその一因である。WTO農業協定成立後のわずか4年間で日本の食料自給率（カロリーベース）が6ポイント低下——1994年の46%から1998年の40%へと低下——したことが端的にそのことを示している[3]。

日本人にとっての主食であるコメは、日本国内で十分に供給しうる状況であるにもかかわらず、WTO農業協定が定めるミニマム・アクセスという強制的な市場開放措置のため、国内的には生産調整を行いながらも国外からの輸入を余儀なくされている。これが、自由貿易を標榜するWTOの貿易ルールなのである。

5　食の安全性と農業貿易の自由化

農業貿易の自由化に伴い農産物貿易が拡大していく中でいま一つわれわれが考えなければならないことは、輸入飼料が原因とみられる**BSE**（牛海綿状脳症、通称「狂牛病」）の発生や輸入中国野菜の残留農薬問題等が教えてくれるように、「食の安全性」の問題である。

食品は人体に直接入っていくものであり、したがってその安全性の確保にはより注意深い配慮が必要であるが、しかし、その点に関してもWTOは貿易を優先し、食の安全性や健康を軽視している、といわざるをえない。

予防原則とSPS協定　例えば、EUが、健康に害を与えるおそれがあるとしてアメリカ及びカナダの「ホルモン剤投与の牛肉」を輸入禁止にしたことに対してWTOがとった態度がそれである。EUは、「疑わしきは市場に導入しない」との〈**予防原則**〉に則って輸入禁止措置をとったのであるが、この措置を「不当な貿易制限である」とするアメリカの提訴に対して、WTOはアメリカの主張を認め、EUに対して輸入禁止措置の撤回を命じている。しかも、期限までにEUがその裁定に従わなかったために、アメリカとカナダがEUに対してその損失額分として総額1億ドル以上の経済制裁を課すことができる、という裁定をも下している。

WTOのルールによると、人の健康を害するおそれがあることを理由に農産物等を輸入禁止にする場合には、輸入国側が科学的証拠をもってその危険性を示す必要があるとされている。それは、WTO協定を構成する協定の1つである「**衛生植物検疫措置の適用に関する協定**」（Agreement on the Application of Sanitary and Phytosanitary Measures：通称「SPS協定」）が定める〈十分な科学的証拠なしに衛生植物検疫措置を行ってはならない〉とする規定によるものであるが、しかしこれは、現在、すでに定着している公衆衛生政策の柱の1つといえる予防原則を否定するルールであって、時代に逆行したルールである。

コーデックス委員会と食の安全性　SPS協定はまた、いわゆる**コーデックス・アリメンタリウス委員会**（食品規格委員会）が定めた食品安全基準を厳守することを定めているが、この点にも食の安全性を脅かす要因が存在する。コーデックス委員会は、FAOとWHO（世界保健機関）とが合同で作った委員会で、食品安全に関する国際基準の作成をその任務としているが、この委員会はまた、WTOとの連携をとる形で、貿易を優先し、より低い食品安全基準を国際基準に採用しようとしていることが知られてい

る。

6 新たな貿易システムの模索と経済のローカル化の追求

　経済のグローバル化を背景として急速に進む農業貿易の自由化が、〈世界各国の食料自給〉や〈食の安全性〉を脅かしているということは、GATTやWTOの背後にある〈自由貿易こそが望ましい〉とする考え＝「**自由貿易主義**」の限界を示すものであり、そしてまたさらに言えば、貿易の自由化が一翼を担っているところの経済のグローバル化という方向そのものが問題とされていることを示している。すなわち、農業貿易の自由化がもたらしつつある現実に限ってみても、自由貿易に対するオルタナティブやグローバル化からの方向転換の必要性がいま求められているのである。
　もちろんそうした方向転換は決して容易なことではない。というのは、経済のグローバル化や貿易自由化を推し進めている中心勢力は、巨大な経済力と政治力を持つ**多国籍企業**にほかならないからである。しかし、抗しがたいような勢力が存在する中で、それに対抗する形での新たな貿易システムの模索や、グローバル化からの方向転換を求める動きが開始されていることも確かである。
　貿易システムの面での新たな挑戦として展開されてきているいわゆる「**フェアートレード**」（fair trade）運動は、現行のWTOシステムに風穴を明ける可能性を持っていると考えられるし、また新たに開始されたWTO貿易交渉が多くの開発途上国や世界中の**NGO**（non-governmental organization：**非政府組織**）からの批判によって頓挫していることを考えるならば、WTOの変革も決して不可能なことではない。
　一方、経済のグローバル化という動きに対しても世界的に批判の目が向けられつつあり、「**経済のローカル化**」（ゴールドスミス、E.）であるとか、「**脱グローバル化**」（ベロー、W.）と言う主張も広まりつつある。しかも、そうした主張を意識した実践的な取組みも世界的に展開されつつある。例え

ば、「食」や「農」、さらには「環境」といった面からの動きではあるが、欧米において開始された「**フード・マイレージ運動**」「**スローフード運動**」「**ローカルフード運動**」等がそれであり、しかもこれらの取組みは、日本のあちこちで展開されつつある「**地産地消**」と相通じる取組みである。そのような人々の世界的な広がりがある限り、グローバル化からローカル化への転換はけっして不可能なことではないのである。

注
1）「加盟国」とは言わないで、条約を結んだ国であるために「締約国」と呼ぶ。
2）ケアンズ・グループとは、ウルグアイ・ラウンド農業交渉に先立って、オーストラリアのケアンズに集まった農産物輸出国をさす。当初、13カ国で始まったが、現在は18カ国となっている。
3）農林水産省は、日本の食料自給率低下の主な原因として、「食生活の変化」をあげてきているが、これは真の原因を見誤った見解と言わざるを得ない。なぜならば、1994年から1998年までのわずか4年間で、日本の食料自給率が6ポイント下がったことは「食生活の変化」によっては到底説明できないからである。

参考文献
1．應和邦昭（1997）「WTOと貿易システム」岩田勝雄編『12世紀の国際経済』新評論。
2．應和邦昭（2003）「食料・環境とWTOシステム」板垣文夫ほか編『グローバル時代の貿易と投資』桜井書店。
3．應和邦昭（2004）「グローバリゼーションと食料・環境問題」東京農業大学農業経済学会編『農と食の現段階と展望』東京農業大学出版会。
4．應和邦昭編著（2005）『食と環境』東京農業大学出版会。
5．グリッグ，D.（1996）『新版 第三世界の食料問題』山本正三・村山祐司訳、農林統計協会。
6．コーテン，D.（1997）『グローバル経済という怪物』西川潤監訳、シュプリンガー東京。
7．パブリック・シティズン（2001）『誰のためのWTOか？』海外市民活動情報センター監訳、緑風出版。
8．ジョージ，S.（1984）『なぜ世界の半分が飢えるのか』小南祐一郎ほか訳、朝日新聞社。
9．ジョージ，S.（2002）『WTO徹底批判』杉村昌昭訳、作品社。

10. 中村靖彦（2001）『狂牛病』岩波新書。
11. ベロー、W．（2004）『脱グローバル化——新しい世界経済体制の構築へ向けて——』戸田清訳、明石書店。
12. マンダー、J．ほか編（2000）『グローバル経済が世界を破壊する』小南祐一郎ほか訳、朝日新聞社。
13. Bruinsma, J. (2003), *World Agriculture : toward 2015/2030 An FAO Perspective*, London, Earthscan.
14. Rostow, W. W.(1978), *The World Economy*, London, Macmillan.

［應和　邦昭］

第 *19* 章
世界の食料需給

1 どのような問題があるか

　読者のみなさんは「食料問題」と聞いて、何を思い浮かべるだろうか？
　例えば、アフリカなどの開発途上国には飢餓に苦しむ人びとがいる。FAO（Food and Agriculture Organization：**国連食糧農業機関**）によれば、世界の人口65億人のうち、今なお8億人が慢性的栄養不足に苦しんでいる。その一方で、われわれ日本人を含めた先進国の人びとは、食べたい物を好きなだけ食べ、大量の食料を残飯として捨てている。なぜこのような不平等が起こるのだろうか？　飢餓にあえぐ国に対しては、人道的理由による**食料援助**が他国から行われているが、それにもかかわらず飢餓は解消されていない。もっと援助を増やせばよいのではないか？　なぜそれができないのだろうか？
　食料不足は一部の貧しい途上国だけの問題ではない。世界的な食料不足が近づいている可能性が、しばしば話題となる。その代表的な論客は、レスター・ブラウンである（ブラウン、2005）。彼が「ジャパン・シンドローム」（日本症候群）と呼ぶ世界的食料不足のシナリオは、以下のようなものである。現在のように、中国やインドなどで高度経済成長が続くと、これらの国の農地は工場や住宅、道路、駐車場などに転用されて面積が減少する。このため、食料生産も減少する。この一方で、所得が上昇して経済的余裕ができ

たこれらの国の消費者は、穀物よりも高価だが美味な肉類など畜産物の消費を増やす。畜産物の生産には大量の穀物が必要とされるため、穀物需要は爆発的に増加する。このため穀物自給が不可能になったこれらの国が大規模な穀物輸入を開始し、世界はこれまでにない食料不足の時代に入る、というのである。この食料不足は、本当に起こりうるのだろうか？　もしそうだとしたら、それを防ぐにはどうすればよいだろうか？

飽食の日本においても、食料はやはり重要な問題である。よく知られているように、日本は大量の食料を輸入しており、**食料自給率**（food sufficiency rate）は極めて低い。現在、日本の供給熱量（カロリー）自給率は40％、穀物自給率は30％以下である。このように食料を海外に依存するのは、危険なことではないのだろうか？　なぜ、このような事態になってしまったのだろうか？

こうした食料にまつわる問題を考えるとき、それが１つの国のみの問題ではないことに注意しよう。世界各国での食料生産と食料消費は、国同士の貿易によって結びついている。このため、国際的な食料需給を抜きにしては、どの問題も考えることはできないのである。読者のみなさんは、以上の問題についてどのような意見を持っているだろうか。本章では、初歩的な経済学を用いて、こうした問題に簡単な考察を加えてみよう。

2　食料需給と貿易のモデル

本節では、以下の分析で用いられる**部分均衡分析**（partial equilibrium analysis）の基本的な枠組みを示そう。

需要と供給　　図19-1は、ある国における、ある農産物の市場をモデル化したものである。ここでのある国とは日本やアメリカ、タイなどどこでもよい。また、ある農産物も何でもよいが、以下では米や小麦、トウモロコシなどの穀物を主に考える。世界の食料需給を考える上で穀物が決定的に重要だからである。さしあたり、ここでは例として、日本の米

第4部　国際農業経済を学ぶ

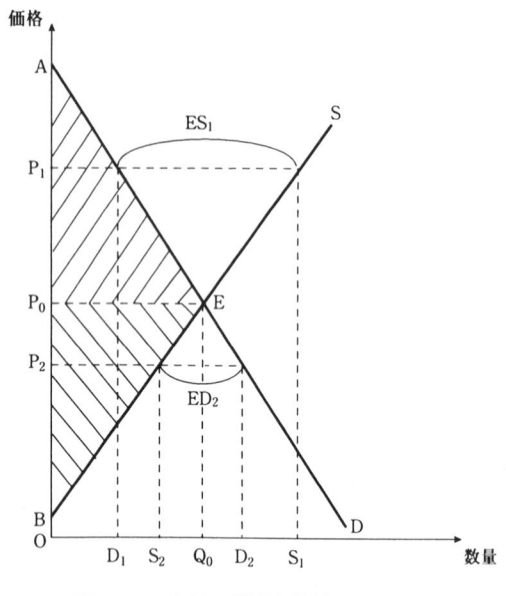

図19-1　食料の需要と供給

の需給について考えることにしよう。はじめに、日本が米を国内で自給しており、米の貿易がまったく行われていないケースを考える。

　図中のS線は全稲作農家による米の**供給曲線**（supply curve）である。米の価格が高くなるほど、農家は稲をより多く作付けて、米の販売量を増やそうとする。このため、S線は右上がりの曲線になる。一方、D線は全消費者の**需要曲線**（demand curve）である。D線が右下がりになっているのは、米の価格が高いときには消費者は買い控え、安いときにはより多く買おうとするためである。

　さて、この米市場では、米の価格と生産量はどのように決まるであろうか。

　仮に、市場において米にP_1の価格がついたとしよう。このとき供給量はS_1、需要量はD_1となる。供給のうち需要を上回る部分（S_1-D_1）は、**超過供給**（excess supply）と呼ばれる。図中ではこれをES_1と表している。このように超過供給が存在する場合、農家は過剰な米を売り切ろうと競争する。この

ため、価格はP_1の水準には維持されず、需要と供給が一致するP_0まで低下する。次に、当初の市場価格がP_2のような低水準にある場合を考えてみよう。この場合、供給量はS_2、需要量はD_2となり、D_2-S_2だけの**超過需要**（excess demand）が発生する。図中ではこれをED_2と表している。この場合には、消費者が競って米を買おうとする結果、市場価格はつり上がり、最終的には市場均衡価格P_0に達する。結局、米市場は需要と供給が一致するE点で**均衡**し、米の均衡供給量はQ_0、均衡価格はP_0となる。

ところで、供給曲線と需要曲線には、もう1つの重要な意味がある。すなわち、供給曲線の高さは米生産のコスト（**限界費用**：marginal cost）を表し、需要曲線の高さは消費者の米に対する**支払意志額**（willingness to pay）を表している。この事実を利用することで得られる重要な概念が、**生産者余剰**（producers' surplus）と**消費者余剰**（consumers' surplus）である。生産者余剰とは、米の取引により生産者が得る利得を金額で表したものである。稲作農家（米の生産者）は、米を市場に販売することで長方形OQ_0EP_0だけの収入を得る。その一方で、稲作農家が米を生産するためにかかったコスト（可変費用：variable cost）は、台形OQ_0EBである。したがって、稲作農家の利得である生産者余剰は、両者の差にあたる三角形P_0BEの面積となる。もう一方の消費者余剰とは、消費者が米の購入・消費によって得る満足（厚生）を金額で表したものである。消費者の米に対する支払意志額の総計は台形OQ_0EAで表されるのに対し、消費者が実際に支払った金額は長方形OQ_0EP_0だけであるから、差し引きで消費者が得る満足としての消費者余剰は三角形P_0EAの面積となる。結局、この市場での取引によって日本全体で得られる総余剰ないし経済厚生の総量は三角形ABEの面積となる。

国際貿易 次に、このモデルに国際貿易を導入しよう。貿易が行われるためには、モデル内に複数の国が存在する必要がある。ここでは国の数を2つに限定し、自国（home country）、外国（foreign country）と呼ぶことにする。図19-2には、左側に自国の市場、右側に外国の市場が描かれている。この図の例では、外国の供給曲線が自国のそれよりも低い位

第4部　国際農業経済を学ぶ

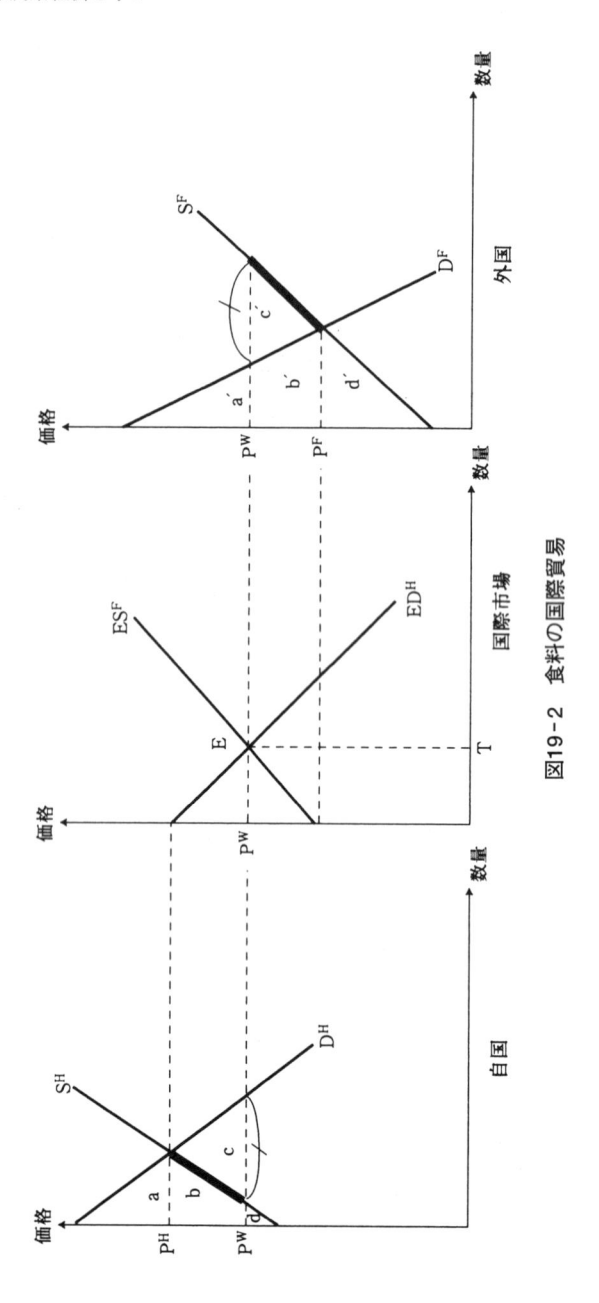

図19-2　食料の国際貿易

第19章　世界の食料需給

置に描かれていることに注意してほしい。これは、外国の方が米の生産コストが低いことを意味する。米の生産コストが低い国としては、例えばアメリカやタイを挙げることができる。アメリカのように広大な土地を持ち、大きな農場で大型機械を利用した大規模経営を行うことが可能な国では、米の生産コストは低い。また、タイのような賃金の安い開発途上国では労働のコストが低いため、やはり米の生産コストは低くなる。

　貿易が行われない場合、自国市場と外国市場はそれぞれ独立に均衡し、自国市場で成立する価格はP^H、外国市場で成立する価格はP^Fとなる。このとき自国の消費者余剰はa、自国の生産者余剰はb＋d、外国の消費者余剰はa'＋b'、外国の生産者余剰はd'である。したがって、自国の総余剰はa＋b＋d、外国の総余剰はa'＋b'＋d'となる。

　次に、両国の国境が開かれて貿易がまったく自由に行われたとしよう。このとき、**一物一価**の原則によって、どちらの国においても米の取引は世界共通の価格によって行われるようになる。この世界共通の国際価格は国際市場の需要と供給が均衡する水準に決まる。図の中央の国際市場には、供給曲線として外国の超過供給曲線ES^Fが、需要曲線として自国の超過需要曲線ED^Hが描かれている。需給はE点で均衡し、均衡貿易量はT、均衡国際価格はP^Wとなる。このとき自国の消費者余剰はa＋b＋c、自国の生産者余剰はd、外国の消費者余剰はa'、外国の生産者余剰はb'＋c'＋d'である。貿易前と比べて、自国の消費者余剰と外国の生産者余剰が増えていることに注意してほしい。これは、貿易の開始によって自国の消費者と外国の生産者とが利益を受けたことを示している。逆に、自国の生産者余剰と外国の消費者余剰は減少しており、自国の生産者と外国の消費者が不利益を被ったことがわかる。

　また、自国の総余剰はa＋b＋c＋d、外国の総余剰はa'＋b'＋c'＋d'であり、貿易前と比べるとそれぞれc、c'だけ増加している。すなわち、貿易が行われることによって、自国と外国はともに利益を得る。これはなぜであろうか。図19-2を改めて見れば、自国の供給は、国際価格P^Wよりコストが高い部分、すなわち供給曲線S^Hのうち太線の部分で減少していることがわかる。その一

方で、外国の供給は国際価格P^Wよりコストの低い部分、つまり供給曲線S^Fの太線部分で増加している。すなわち、貿易によって米の価格が国際的に均等化したことで、自国のコストの高い生産者は市場から閉め出され、代わりに外国のコストの低い生産者に生産の機会が与えられたことになる。この結果、世界全体の米生産は、より低コストなものへと効率化されているはずである。需要曲線についても同様に考えることで、外国の支払意志額の低い消費者が市場から閉め出され、自国の支払意志額のより高い消費者による消費が増えていることを確認できる。このように一物一価の原則が成り立つ市場経済においては、よりコストの低い生産者、より支払意志額の高い消費者を優先的に市場に参加させるメカニズムが自動的に働く。これが結果的に効率的な生産・消費を可能とし、両国の経済厚生を高めるのである。多くの経済学者が保護貿易に反対し、自由貿易を唱える基本的な理由がここにある。**WTO**（World Trade Organization：世界貿易機関）のような自由貿易を推進するための国際機関が存在するのも、自由貿易が世界全体の利益になると考えられているからである。

　一方、食料の需給をまったくの自由貿易にまかせることには問題がある、という主張もある。その1つは**食料安全保障**（food security）の問題であり、輸入国がこの国際貿易システムに頼りすぎると、凶作時などに食料が確保できなくなるかもしれない、というものである。2つ目は環境の問題であり、貿易によって各国の食料生産が現在よりも拡大したり縮小したりすることが、環境へ悪影響を与える可能性がある、というものである。3つ目は、経済的と言うよりは文化的な主張であり、例えば、上記の例の自国のように日本国内での米の生産が貿易によって減少すれば、米作を重要な一要素としてきた日本文化の一部が失われてしまう、というものである。こうした効率性以外の社会的要請と市場経済の効率性とをいかにミックスさせるかは、食料政策上の重要な問題である。

3　食料需給と貿易の変動

ここでは、前節で示した部分均衡分析を応用して、本章のはじめに挙げた3つの問題に簡単な分析を加えて見よう。

途上国への食料援助　はじめに、途上国の食料不足の問題を考えてみよう。

図19-3は、図19-2とほぼ同じものであるが、左側を食料不足の途上国、右側をアメリカのような食料を輸出する先進国としてある。分析を簡単にするため、両国の人口は等しいものと仮定し、またこれら2国以外の国は存在しないものと仮定する。途上国の供給曲線S_0^Hが縦軸に近い位置に描かれているのは、肥料投入の不足や、灌漑の普及が不十分であるなどの理由で、穀物生産が制約されているためである。一方、アメリカのような食料を輸出する先進国では農業生産技術も発達し、灌漑などの生産基盤が充実しているため、同じ価格でもより多くの穀物を生産できる。このため供給曲線S^Fは縦軸から右に離れたところに描かれている。

需要曲線も途上国の方が、縦軸に近く描かれている（D^H）。これは、途上国では1人当たり所得が低いために消費者が穀物を十分に買えないことを表している。逆に、所得の高い先進国では、贅沢品である畜産物の需要が大きいため、家畜の飼料として大量の穀物が需要される。このため、需要曲線D^Fは縦軸から右に離れたところにある。

前節で説明したとおり、国際需給均衡点はE_0点になる。この結果、穀物消費量は途上国よりも先進国の方がはるかに多い。つまり、先進国は畜産物を含めた豊かな食生活を享受しているのに、所得の低い途上国は少ない食料に甘んじなければならないのである。

ここで、途上国の食料消費を増やすべく**食料援助**（food aid）が行われた場合を考えてみよう。援助用の穀物は、備蓄されていたものを使用することとし、その量をAとする。このとき、途上国の農民による穀物生産は以前と

第4部　国際農業経済を学ぶ

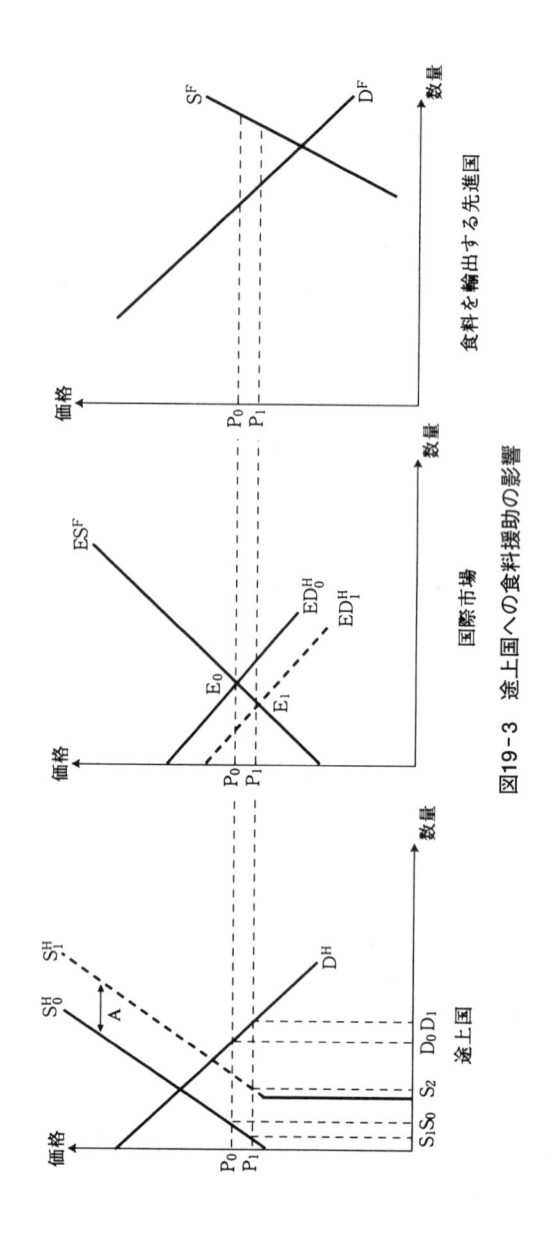

図19-3　途上国への食料援助の影響

同じS_0^H線にとどまるものの、途上国内の穀物供給全体はこれに援助量を加えたS_1^H線になる。この結果、超過需要はED_0^H線からED_1^H線へとシフトし、穀物価格はP_0からP_1へと下落する。途上国での穀物消費量はD_0からD_1へと援助の目的どおり増加したことがわかる。

問題は途上国での穀物生産である。穀物価格が下落したために穀物生産量はS_0からS_1へと低下している。つまり、この途上国の穀物自給率は低下している。食料援助が恒常的に行われるようになると、穀物価格が低いままにとどまり続ける結果、穀物生産もつねに低く抑えられてしまう。このため、この国には援助依存体質が染みついてしまうことになる。

このように食料援助は、途上国内の農業生産を抑圧してしまうという副作用を伴う。もちろん、突発的な飢饉などで多数の人びとの命が危険にさらされる場合には、人道的援助は必要である。しかしながら、食料援助は過度にならないよう慎重に行われなくてはならない。では、食料援助以外にどのような方策があるだろうか？

例えば、新しい農地を開発したり、品種改良を進めて作物の面積当たり収量を向上させたりすることが考えられる。これは供給曲線S_0^Hを右にシフトさせるので、食料援助と同じように途上国の穀物消費量を増加させることができる。この場合は途上国内の生産量も増大するので、食料援助のような副作用はない。実際に、1960年代にはIRRI（国際稲研究所）やCIMMYT（国際トウモロコシ・小麦改良センター）などの国際農業研究機関によって品種改良された稲・小麦・トウモロコシが多くの途上国に普及し、劇的な単収の向上をもたらした。これは**緑の革命**（green revolution）と呼ばれ、今日の東南アジア諸国の経済発展の一助になったとされる。

このように、途上国内での食料生産を促すことで食料消費量を増やすことができるが、さらに消費量を増やすためには、経済成長によって消費者の1人当たり所得を増加させる必要がある。これは需要曲線D^Hの右へのシフトとして表される（図には描かれていない）。ただし、国内での食料生産を振興せずに、つまり供給曲線を右にシフトさせないままで需要曲線のみを右に

シフトさせると、食料輸入が増加することに注意しよう。この食料輸入が可能であるためには、**外貨**の裏付けが必要である。一般に、途上国は外貨不足であることが多いので、食料輸入を増加させることは難しい場合が多い。

世界的食料不足　次に、中国やインドなどの急速な経済成長が世界の穀物需給に与える影響を図19-4で見てみよう。図の左側は穀物輸入国である中国、右側はアメリカのような穀物輸出国とする。いま中国で1人当たり所得が上昇すると、それに応じて1人当たり穀物需要も増加する。この需要の増加は、需要曲線D_0^Hの右へのシフトとして表される。ここでは、需要曲線がD_0^HからD_1^Hへとシフトした状況を考える。この時、国際市場の超過需要曲線はED_0^HからED_1^Hへとシフトする。この結果、もし穀物価格が当初の均衡価格P_0にとどまるのであれば、国際市場においてGだけの需給のギャップ、すなわち食料不足が生じる。しかしながら、この価格P_0がそのまま維持できないことは、本章を読んできた読者には容易に理解できるであろう。市場メカニズムが機能していれば、新しくE_1点が国際市場の均衡点となり、需給ギャップは消滅する。つまり最終的には、世界全体で需要と供給は必ず一致し、その代わりに価格がP_1へと上昇するのである。

以上から、世界的な需給ギャップは生じないことがわかった。それでは、何も問題はないのだろうか？　そうではない。穀物価格の上昇は消費者にとって不利である。これは購買力に余裕のある先進国の消費者にとってはそれほど大きな問題ではないが、いまでもギリギリの生活をしている途上国の貧困層にとっては死活問題である。

問題解決の1つの方法は、先の食料援助問題の例と同じく、農地開発、灌漑の普及、品種改良などによりS^H線を右にシフトさせることである。これにより穀物価格を低く保つことができることは、読者が各自で確認していただきたい。

日本の食料自給率　最後に、日本の食料自給率の低さについて考えてみよう。実は、日本の食料自給率は昔から低かったのではない。特に戦後の**高度経済成長**の過程で急激な自給率の低下が起こっ

第19章　世界の食料需給

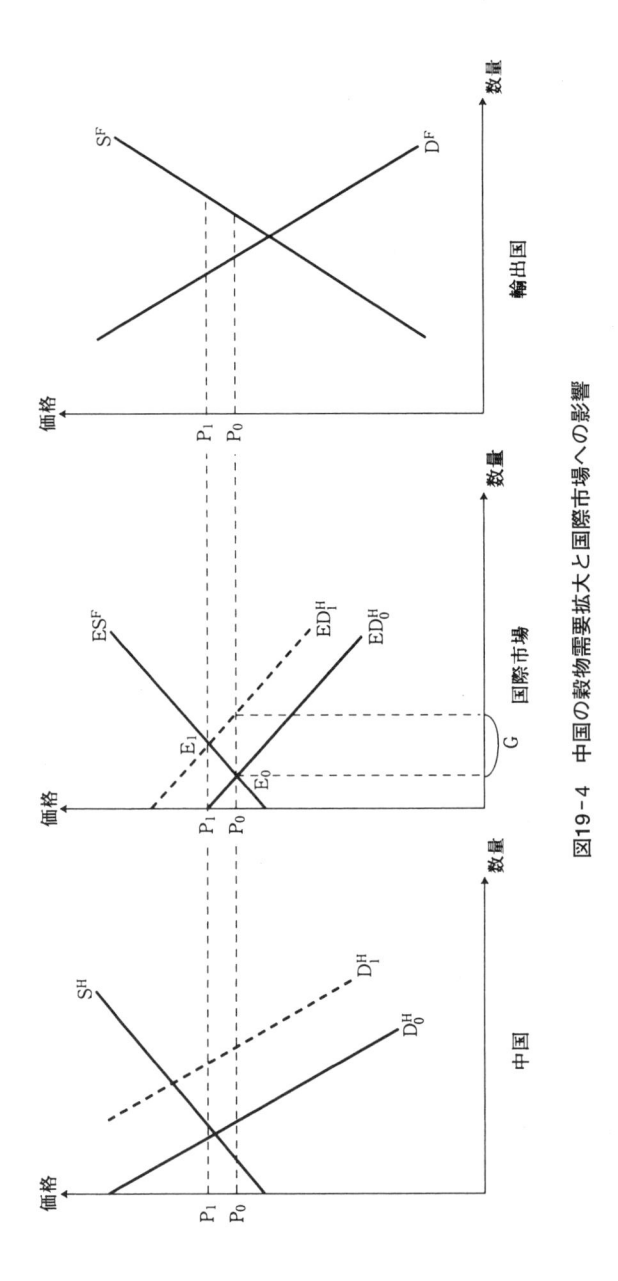

図19-4　中国の穀物需要拡大と国際市場への影響

たのである。これはなぜだろうか？

　日本の経済成長は、主として工業部門での急激な生産性向上によってもたらされた。工業部門で生産性が向上し輸出競争力が強くなると、国際収支（balance of payments）と**為替レート**（exchange rate）に影響を及ぼす。日本が変動相場制に移行した1973年以降、この工業部門の強い輸出競争力によって為替レートは大幅な**円高**となった。

　このような円高は、穀物市場にどのような影響を与えるであろうか？　図19-5は、為替レート変化の影響を図示したものである。図の左端のパネルは穀物輸入国である日本の穀物市場であり、右端のパネルはアメリカのような輸出国の穀物市場である。図19-5には、これまでの図と少し違うところがある。それは、日本での穀物価格が円建てで表示されているのに対し、輸出国の穀物価格はドル建てで表示されていることである。国際市場の穀物価格をドル建てで表示することにすると、日本市場での価格をドルに換算する必要が生じる。これを行うのが図のうち左から２つ目の「為替レート」と書かれたパネルである。日本で成立している価格P_0^Y円／キログラムは、直線ER_0によって、ドル換算したP_0^dドル／キログラムへと変換されている。

　さて、いま為替レートが円高になったとしよう。円高とは、例えば１ドル＝360円から１ドル＝100円へ変わるように、１ドルに対応する円の金額が減ることである。これは、直線ER_0の原点を中心とした時計回りの回転で表すことができる。ここでは、直線ER_0が直線ER_1まで回転した場合を考えよう。図からわかるように、国際市場の均衡点は、E_0点からE_1点へと変化する。この結果、日本の穀物輸入量は増加し、自給率は低下する。つまり、円高によって日本農業は競争力を失ったのである。

　日本の経済成長が農業に及ぼした影響は、為替レートの円高による競争力の低下のみにとどまらない。一般に経済成長の過程では賃金が上昇するが、これは生産コストを押し上げるため供給曲線S^Hを上へシフトさせる（図には描かれていない）。また、所得の向上に伴う需要の拡大は需要曲線D^Hを右にシフトさせる（これも図には描かれていない）。これらがいずれも輸入を増

第19章 世界の食料需給

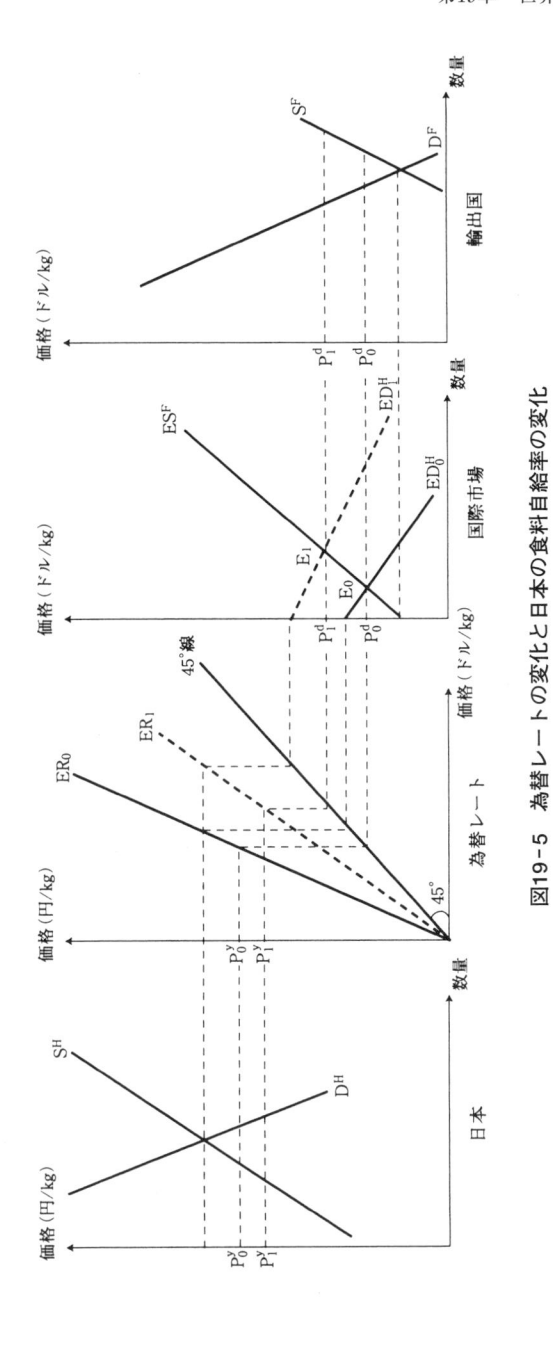

図19-5 為替レートの変化と日本の食料自給率の変化

加させ、自給率を低下させることは、読者自身で確認してほしい。

このように、日本における食料自給率低下は、いわば経済成長の必然の結果なのである。では、自給率の低下は食料安全保障上どの程度危険なのだろうか？　これはリスクの問題であり、残念ながら上のような簡単な分析方法では判断することはできない。しかし、日本の食料自給率低下が市場経済の必然の結果である以上、もしそれが危険であり防ぐ必要があると認められるのならば、防止策は政府の市場への介入によってしか講じることができない。ただし、この政策はWTOなどの国際貿易ルールに則ったものでなければならないところに難しさがある。

参考文献
1．荏開津典生（1994）『「飢餓」と「飽食」』講談社。
2．金田憲和（2004）「国際農産物貿易の基底」東京農業大学農業経済学会編『農と食の現段階と展望』東京農業大学出版会。
3．金田憲和（2005）「世界の食料問題と地球温暖化」應和邦昭編著『食と環境』東京農業大学出版会。
4．ブラウン、L.（2005）『フード・セキュリティー――だれが世界を養うのか――』ワールドウォッチジャパン。
5．森島賢ほか（1995）『世界は飢えるか』農山漁村文化協会。
6．藤田夏樹（1993）「国際貿易と農業」生源寺真一ほか『農業経済学』東京大学出版会。

［金田　憲和］

第20章
アメリカ・EUの農業と農業政策

1 はじめに

　先進国の中でもアメリカは、世界有数の豊かな国であるとともに国内の農業部門は大量の農産物を生産し世界有数の農産物輸出国である。そして複雑な農業政策により価格支持や輸出補助等の農業保護策を講じつつ、WTO等では農業分野における「**グローバリゼーション**」や「**リベラリゼーション**」を主張してもいる。

　またEUは、フランス等の輸出国と他の国々との農産物輸出に関する対立あるいは域内各地域の農業をめぐる対立も鮮明になっている。そのEUは、東ヨーロッパにまで圏域を拡大し、2007年1月現在27カ国が加盟している。さらに他の国々の加盟も予定・検討されているが、今後、農業部門の比重の高い国々が加盟すると、域内の農業をめぐる対立がさらに深刻化することも懸念されている。

　アメリカとEUは、工業部門の高い生産力を持って国際経済や政治に大きな影響力を発揮しているだけでなく、世界の農業・食料をめぐっても大きな影響を与えているのである。

　本章では、このようなアメリカの農業と農業政策そしてEUの農業政策を概観し、それぞれがどのような課題を抱えているのか、新たに問題となっていることは何かなどを考えてみよう。

第4部　国際農業経済を学ぶ

2　アメリカの農業と農政

適地適作の農業　アメリカは、広大な国土に農地が展開している国である。一般にアメリカ農業の特徴として、大規模経営で大型機械を利用し企業的経営として営まれ、市場指向型の対応がとられているというイメージがある。このようなイメージを検証するため、アメリカ農業の地帯区分やアメリカ農業の諸指標を概観してみよう。

2002年「**農業センサス**」によるとアメリカの農業地域の区分と農業の特徴は下記のようである。

図20－1、表20－1のようにアメリカ農業は生産物による地帯区分が比較的明確である。それは気候条件等にもとづいた農業生産が各地で行われていること、それぞれの地域では穀物単作経営や畜産、酪農の単作経営が行われていることなどを意味している。適地適作の代表的な例としては中西部のコーンベルトや小麦地帯、山岳部の畜産、デルタ地方の稲作等があげられる。も

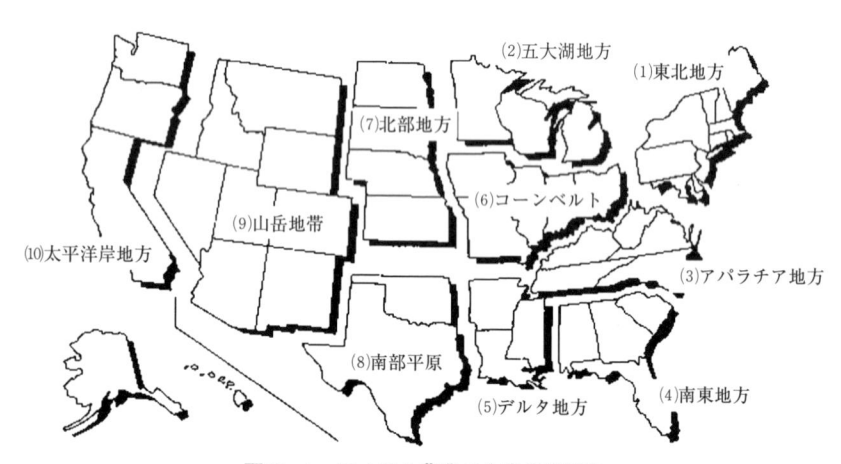

図20－1　アメリカ農業の生産地帯区分

出所：農林水産省資料「アメリカの農業概況」。

第20章 アメリカ・EUの農業と農業政策

表20-1 地帯別農業生産の特徴

(1)東北地方	酪農、ブロイラー、果実・野菜生産
(2)五大湖地方	主要酪農地帯
(3)アパラチア地方	たばこの主要産地。落花生、肉牛生産、酪農、その他
(4)南東地方	牛肉、ブロイラー、落花生、野菜、果実生産
(5)デルタ地方	ブロイラー、大豆、綿花、米、さとうきび生産
(6)コーンベルト	トウモロコシ、大豆の主要生産地帯。養豚、肉牛、酪農、小麦生産、その他
(7)北部地方、及び、(8)南部平原	冬小麦及び春小麦生産地帯(全国の5分の3に相当)飼料作物、牧草生産、畜産、その他。南部では綿花生産
(9)山岳地帯	牛及び羊飼育、小麦、干草、てんさい、ジャガイモ、野菜、果実生産
(10)太平洋岸地方	ワシントン州、オレゴン州：小麦、果実、ジャガイモ生産 カリフォルニア州：酪農、野菜、果実

出所：図20-1と同じ。

表20-2 アメリカ農業の諸指標

	1997年	2002年
農場数 (1,000戸)	2,216	2,129
農地面積 (1,000エーカー)	954,753	938,279
平均経営面積 (エーカー/戸)	431	441
経営面積別農場数 (1,000戸)		
1～9エーカー	205 (9.3%)	179 (8.4%)
10～49エーカー	531 (24.0%)	564 (26.5%)
50～179エーカー	694 (31.3%)	659 (30.8%)
180～499エーカー	428 (19.3%)	389 (18.3%)
500～999エーカー	179 (8.1%)	162 (7.6%)
1,000～1,999エーカー	103 (4.7%)	99 (4.6%)
2,000エーカー～	74 (3.3%)	78 (3.7%)
販売額別農場数 (1,000戸)		
～2,500ドル	693 (31.3%)	827 (38.8%)
2,500～4,999ドル	266 (12.0%)	213 (10.0%)
5,000～9,999ドル	268 (12.1%)	223 (10.5%)
10,000～24,999ドル	294 (13.3%)	256 (12.0%)
25,000～49,999ドル	180 (8.1%)	158 (7.4%)
50,000～99,999ドル	164 (7.4%)	140 (6.6%)
100,000～499,999ドル	282 (12.7%)	241 (11.3%)
500,000ドル～	70 (3.2%)	71 (3.3%)
経営形態別農場数 (1,000戸)		
個人・家族経営	1,920 (86.6%)	1,910 (89.7%)
パートナーシップ経営	186 (8.4%)	130 (6.1%)
企業経営	90 (4.1%)	74 (3.5%)
その他	20 (0.7%)	15 (0.7%)

出所：USDA, *Census of Agriculture*, 1997, 2002より作成。ただし1997年と2002年では調査方法が異なっている。本表の1997年の数値は2002年定義でのものである。

第4部　国際農業経済を学ぶ

ちろん各地帯でも、とくに太平洋岸地方のカリフォルニアでは多くの種類の作物が栽培されているが、経営としては単作経営が多いのである。

農場数の減少と規模拡大　次に農場レベルでアメリカ農業の特徴を考えてみよう。アメリカ全体の2002年の農場数は約213万戸であり、全体としては減少傾向をたどっている。総農地面積も約9億3,800万エーカーでこれまた減少している。しかし平均経営面積は441エーカーと拡大している。つまりアメリカでは、農場数も農地面積も減少しているが、農場1戸当たりの平均経営面積は依然として大規模化しているのである。441エーカーは約176.4ヘクタールであり、日本と比較した場合の経営面積規模の大きさがわかるであろう。

経営規模の拡大を続ける農場の経営面積別構成及び販売金額別構成を2002年でみると、経営面積別では、最も農場数の多い階層は50～179エーカー（約20～71.6ヘクタール）で全体の30.8％を占め、次いで10～49エーカー（約4～19.6ヘクタール）の26.5％となっている。この両者で全体の57.3％に達している。また179エーカーまでの経営規模の農場数は全農場数の65.7％を占めている。ヘクタールで換算すると約71.6ヘクタール以下の農場がほとんどであり、200ヘクタール以下の経営規模の農場数では全体の84％であることが判明する。

また販売金額別農場数では、最も多い階層は販売金額2,500ドル以下（1ドル120円で換算すると30万円以下）層であり全農場数の38.8％を占めている。当然のことながらこの販売金額層は専業的農場とはいえないであろう。また販売金額2万4,999ドル（同300万円）以下層は兼業的農場と考えられるが、それらの農場数は全体の71.3％に達している。つまり全農場の7割ほどは兼業的農場ということになる。残りの約3割の農場が専業経営としてアメリカ農業を支えているのである。

経営面積別構成及び販売金額別構成からみると、アメリカ農業では圧倒的な数の兼業的農場と71.6ヘクタール以下の経営規模を示す多くの農場が中心的な農場であることになろう。それは、私たちがアメリカ農業について想像

する姿とはやや異なる実態であることも示しているのである。

このような傾向は2002年だけのものではなく、それ以前からつづく傾向であることも知っておく必要があろう。つまりアメリカ農業も多くの兼業的農場が存在し、また国内の比較では小規模農場が多数を占めているということがわかるのである。

個人・家族経営が主流　では企業的な経営という点ではどうであろうか。2002年センサスによると（表20-2参照）、家族及び個人経営の農場数は約191万戸であり全農場数の89.7％がそれにあたる。つまり全農場のほぼ9割が個人・家族による経営なのである。一方、**企業形態**で経営される農場数は約7.4万戸で全体のわずかに3.5％でしかない。パートナーシップ経営は、家族や兄弟・親戚、信頼できる友人等が共同でいわゆるビジネス・パートナーとなり経営する形態の農場である。通常では家族メンバー、兄弟などによる共同経営がほとんどであり、そのためこのパートナーシップ経営も家族経営の一部と考えられるものが多い。このパートナーシップ経営も家族経営の一部と考えると、個人・家族的経営の農場数は全農場数の95.8％にのぼるのである。さらに企業形態の経営には株主が家族である経営も含まれていることを考慮すると、個人・家族経営農場の数と比率はさらに高まることになろう。

この数値からいえば、アメリカ農業でもいわゆる企業的経営は主流ではなく、日本と同じように個人及び家族による経営が圧倒的であるということになる。

ただし、アメリカ農業が「企業的に行われている」といわれるのは、高額の投資が必要でかつ資金調達が農業銀行あるいは市中銀行等からの融資により行われ、また投資利回りを考慮した経営が行われたり農地の所有権移転がスムーズだったりすること、さらには販売戦略を企業的に行っていること等々を理由としている。そのような経営が一般的だからこそアメリカ農業は「企業的経営」と呼ばれるが、しかし先にみたように農地所有の方法や経営形態という視点からは「企業的経営」はほんの少数なのである。

第4部　国際農業経済を学ぶ

手厚い農業保護政策　このようなアメリカ農業は、手厚い農業保護政策により守られていることも知っておく必要があろう。

　アメリカの農業政策は**1933年農業調整法**と**1949年農業法**を基本として改正されてきたが、最近では1985年、90年、96年と農業法が改正され農業政策も改正されている。その都度、アメリカ農業の経済環境や世界農産物市場の動向、国内環境問題等々に対応して改正されるのが、アメリカの農業政策である。現行農業政策は2002年に制定されたいわゆる「**2002年農業法**」（正式名称は、The Farm Security and Rural Investment Act of 2002：2002年農場安全保障・農村投資法）にもとづいて実施されており、同法は2007年まで5年間有効である。

　この2002年農業法は、価格支持、所得支持、輸出促進、環境政策（土壌保全、湿地保全、農地保全、野生動物生息地保護、環境改善等）等々多岐にわたるが、特徴的なことは、穀物を中心とした手厚い価格支持政策、農家の所得支持政策、輸出補助政策等である。図20－2を使ってそれを解説しておこう。

価格・所得支持政策　価格支持・所得支持政策ではまず、「**商品金融公社**」（**CCC**: Commodity Credit Corporation）による農産物を担保とした融資制度がある。CCCの融資価格より市場価格が低い場合は、農民は市場で生産物を販売せずCCCから農産物を担保に一定価格を受け取る。この価格を融資価格あるいは融資単価（**ローン・レート**）という。そのため、この融資価格が農民受取り価格の底値となるのである。市場価格が高い場合は市場で販売することになる。さらに一定の条件で市場価格あるいは融資価格に上乗せされる直接支払いもある。これは価格変動にかかわらず上乗せされる分であり、農家所得がそれだけ上昇する。また「目標価格」による価格支持もある。農産物ごとに「目標価格」が定められており、政府の保全プログラム等に参加して資格を得ると、①市場価格あるいはCCCの融資価格のどちらか高い方と直接固定支払いの合計額から計算し、

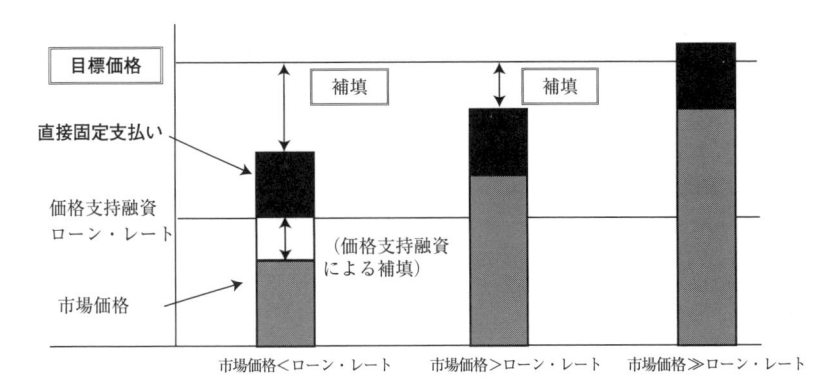

図20-2 アメリカ農政の価格支持・所得支持政策
出所：農林水産省国際政策課（2005b）。

目標価格との差額を受け取れる制度である。つまり農民の受取価格は、一定の条件を前提に、CCCの融資価格（市場価格が高い場合は市場価格）＋直接固定支払い＋目標価格との差額となる。この方法により、農産物価格の維持と農家所得の維持が図られているのである。

このような価格・所得支持政策により農家は生産増大を刺激されることになるが、保全計画等の生産制限を除けば、現状では生産調整は行われていない。そのため、輸出が重要になるが、その輸出にも手厚い補助が実施されている。具体的には**マーケティング・ローン**や**ローン・デフィシィット・ペイメント**（LDP）、開発途上国のアメリカ産農産物輸入に対する短中期の**輸出信用保証計画**（ECGP）、海外市場販促活動等の補助である**市場アクセス計画**（MAP）、不公平な貿易をしていると認定された特定国について輸出業者が購入価格以下で輸出する場合に差額を補助する**輸出奨励計画**（EEP等）、チーズ等の酪農品輸出を補助する**酪農品輸出計画**（DEIP）、PL480（余剰農産物処理法）による援助輸出等々、こちらも手厚い保護が行われている。

このようにアメリカの農業政策では、農産物の価格を支持し農民の所得を維持し、輸出を補助する政策が実施されているのであり、高い競争力を持つ

とされるアメリカ農業もけっして市場経済にゆだねられたあるいは「自由化」された産業ではなく、むしろ政府による「保護産業」たる性格を帯びているのである。

最近の諸問題　アメリカ農業の最近の問題としては、農場数の減少及び農地面積の減少がますます進行していること、農民の高齢化が進んでいること、農産物輸入が増大していること、1人当たり農産物消費が減少していること、大規模経営を指向する経営と消費者の食料の安全性に対する関心の高まりのギャップが拡大していること、環境問題・土壌侵食問題・地下水位低下問題等の自然環境問題が深刻化していること等々がある。とくに地下水位の低下と土壌侵食問題は将来のアメリカ農業に大きな課題をなげかけており、持続的で安定した生産の確保のための対策が早急に求められている。また農産物輸入ではNAFTA（北米自由貿易協定）のもとでの域内自由貿易によるカナダやメキシコからの野菜や穀物等の輸入増大、EUからの輸入増大がみられ、アメリカの貿易収支改善への農産物貿易の貢献が低下している。さらに政府の農業補助が大規模経営に集中し、アメリカの農村地域社会を支えてきたとされる家族農場や小規模農場にその恩恵が少なくしか届かないことも問題とされている。

反面、新たな動きとして注目できるのは、「**地域が支える農業**」（**CSA**：community supported agriculture）が各地で登場していることであろう。これは地域と生産者が生産量や価格等について取決めを作り、地域農業を維持しようとする試みである。大規模化と大量生産、単作経営、企業的経営等を追い求めてきたアメリカ農業の発展傾向にCSAが変更を迫ることになるかどうかは不明だが、地域にとっての農業・農村のもつ意味を従来とは異なる視点から考える動きとして注目できるのである。

3　EUの農業政策

EUとは「**ヨーロッパ連合**」（European Union）のことであり、加盟各国

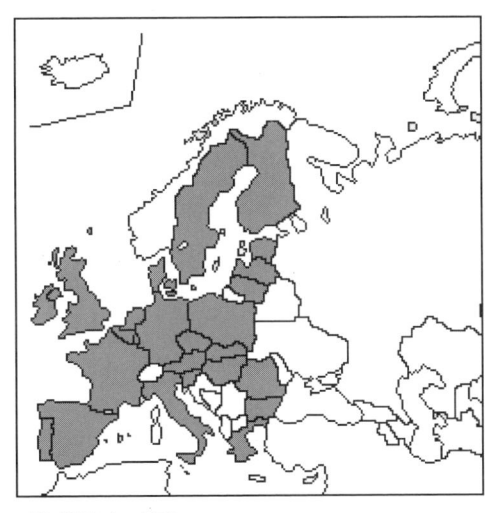

現加盟国（27カ国）
オーストリア　ベルギー　　キプロス　　チェコ
デンマーク　　エストニア　ドイツ　　　ギリシャ
フィンランド　フランス　　ハンガリー　アイルランド
イタリア　　　ラトビア　　リトアニア　ルクセンブルク
マルタ　　　　ポーランド　ポルトガル　スロバキア
スロベニア　　スペイン　　スウェーデン　オランダ
イギリス　　　ブルガリア　ルーマニア

図20-3　EUの加盟国
出所：外務省ホームページ「各国・地域情勢」より作成。

は国境を越えて「モノ」「カネ」「情報」「ヒト」が自由に行き来できる体制を作り出そうとしている。そのためにEUは、共通の政策を作り、加盟各国はそれに適合する国内政策を実施することになる。そのもっともよい例が農業政策であり、EU全体で「共通農業政策」を作り、加盟各国はそれに合わせて国内農業政策を実施しているのである。また2002年1月からはイギリス、スウェーデン、デンマーク等を除いて単一通貨「ユーロ」が使用されている。共通市場としてのEUの性格はますます強まっている。そしてこのEUは、次第に東ヨーロッパの国々に拡大し現在東西両ヨーロッパの27カ国が加盟しているが、今後さらにいくつかの国が加盟を検討している（図20-3参照）。

EUの拡大と農業をめぐる問題

このようなEUの拡大は、経済構造の異なる多くの国々の調整を必要とすることはいうまでもなく、調整が難しく各国の利害が対立して深刻な事態になる可能性もある。その1つの例が農業部門である。例えばフランスのワイン生産者たちはスペインからの安価なワインの流入により販売不振や価格低下に苦しみ共通市場に不満をつのらせているし、また東ヨーロッパからの穀物の流入で西ヨーロッパの穀物生産者は苦境に立たされる場合もある。野菜や果物の場合でも、ドイツやポーランド、ブルガリア等の生産者は地中海沿岸国からのそれらの流入で市場を失い、規制を求める動きも強まっている。

このようにEUの拡大は、それぞれの加盟国の農業部門にとっては市場の拡大というプラスの面だけではなく、共通市場内の競争が激しくなるというそのマイナスの面も明らかになっており、加盟国間の調整が求められているのである。

共通農業政策（CAP）

先に述べたようにEUでは、全体で共通の政策を作り加盟国がそれに合わせて国内政策を実施しているが、共通政策の1つが「**共通農業政策**」（common agricultural policy: **CAP**）である。

この共通農業政策は、EU域内の価格支持政策と域外に対する政策に大別される。

まず域内の価格支持政策だが、図20-4に示されるように、農家所得を維持することを目的に**支持価格**が決められている。域内の市場価格がこの支持価格を下回る場合は、各国の介入買入、機関（例えばドイツでは「連邦食料・農業事業団」、フランスでは「全国穀物局」、イギリスでは「介入委員会」等）が支持価格で農産物を買い入れ、農家はその価格を手にすることができるのである。また支持価格のほかに「**直接支払い**」が実施されており、支持価格に上乗せされて農家に支払われる。こうして農家は支持価格と直接支払いの両方により価格と所得を保障されることになる。

一方、域外からの輸入に対しては、域内の市場価格が支持価格より低い場

【EU域内】

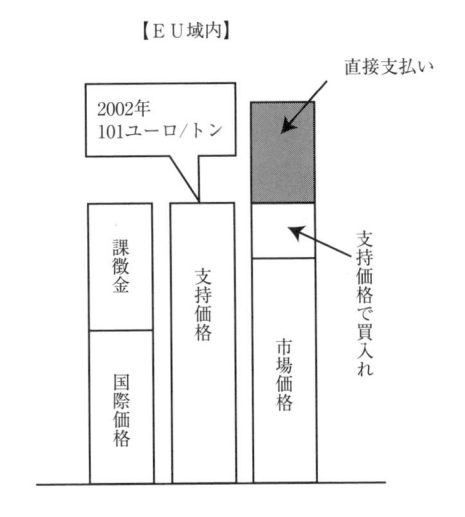

図20-4　EU域内価格支持制度の仕組み（小麦の例）

出所：農林水産省国際政策課（2005a）。

合は輸入価格と支持価格との差額が、域内の市場価格が支持価格より高い場合は輸入価格と市場価格との差額が**輸入課徴金**として課せられる。そのため輸入価格が低下すると課徴金は増加することになる。課徴金は域外産の安価な農産物の流入で域内価格が低下したり域内農業生産が苦境に立つことを防ぐために課せられている。

　また輸出に際しては国際価格と支持価格との差額が輸出補助金として輸出業者に支払われる。輸出業者はこの輸出補助金により国際価格より高い域内農産物を購入しても輸出が可能になるわけであり、フランスなど農産物輸出国とその農民にとっては無くてはならない政策となっている。しかし農産物輸入が多い国にとっては、域内価格が高いことは食料品価格が高いことを意味するため、この共通農業政策もむしろ不利なものとして考えられるのである。

　こうしてEUの共通農業政策は、域内価格の安定と輸出の促進を図っているのだが、それは経済構造や農業生産構造、農産物市場構造が異なる多くの

表20-3　Agenda2000に基づくEU予算の枠組み

(単位：100万ユーロ、%)

	2000年	2001年	2002年	2003年	2004年	2005年	2006年	合計	シェア
1．農業	40,920	42,800	43,900	43,770	42,760	41,930	41,660	297,740	46.2
CAP	36,620	38,480	39,570	39,430	38,410	37,570	37,290	267,370	41.5
農村開発	4,300	4,320	4,330	4,340	4,350	4,360	4,370	30,370	4.7
2．構造政策	32,045	31,455	30,865	30,285	29,595	29,595	29,170	213,010	33
3．域内政策	5,900	5,950	6,000	6,050	6,100	6,150	6,200	42,350	6.6
4．対外政策	4,550	4,560	4,570	4,580	4,590	4,600	4,610	32,060	5.0
5．行政経費	4,560	4,600	4,700	4,800	4,900	5,000	5,100	33,660	5.2
6．予備費	900	900	650	400	400	400	400	4,050	0.6
7．加盟前助成	3,120	3,120	3,120	3,120	3,120	3,120	3,120	21,840	3.4
合計額	91,995	93,385	93,805	93,005	91,465	90,795	90,260	644,710	100.0

出所：農林水産省国際政策課（2005a）。

国々をEUという枠組みに組み込むために必要な政策であり、仮にそれがなければEUへの加盟、単一市場の形成は農業部門に苦境をもたらすことになると考えられているのである。

CAPの課題　EUの共通農業政策をめぐっては現在、多くの問題・課題が指摘されている。上述した以外の域内の主要な問題・課題としては、農業部門および共通農業政策に要する費用が非常に大きいことである。表20-3に示したように、農業部門の予算はつねにEU予算の最大部門となっている。例えば2000年から2006年までの**農業予算**がEU全体の予算に占める比率を示すと、44.5%、45.8%、46.8%、47.1%、46.8%、46.2%、46.2%で7年間の平均は46.2%である。またその農業予算の大半は共通農業政策予算であり、EU予算に占める共通農業政策予算の7年間平均比率は41.5%で、農業予算の実に89.8%が共通農業政策に費やされていることになる。このことが「EUはAUである」（「ヨーロッパ連合」は「農業連合（agricultural union）」のためのものである）と揶揄されるゆえんであるが、今後、農業・農家保護と予算の削減をいかに実現するかが問われている。

対外的な問題・課題としては、共通農業政策による課徴金と輸出補助金がWTOのもとでの貿易自由化の障害的な政策であるという批判にいかに答えるかが問われている。WTOによる貿易を前提に考える限り、いかにEUの枠

組み維持のためとはいえ共通農業政策のような「域内優先」政策は毎回の交渉で問題として取り上げられることになろう。しかし、EUの維持のためには、CAPは無くてはならない政策なのである。

4 おわりに
――アメリカ・EUにおける農業と農政の課題――

以上、アメリカとEUの農業・農業政策を概観してきたが、大規模企業的経営、市場型経営といわれるアメリカ農業にしろ、同じく日本より遙かに大規模なEUの農業にしろ、政府による手厚い保護が行われている。農業をめぐる国際交渉では、「グローバリゼーション」や「リベラリゼーション」を主張するアメリカも、国内農業政策ではその主張とはかなり異なる政策をとり続けているのである。

このことは、農業部門にとって政策や市場の「自由化」は決して「**世界基準**」「**国際基準**」などではないことを意味しているといってもよいであろう。20世紀末の世界の政策や経済に関する潮流は「自由化」や「世界基準」「国際基準」への適合だったが、実はその考え方は、実際には、アメリカでもEUでも実現されていたのではなく、むしろそれとは異なる政策体系が維持されていたのである。換言すれば、農業部門の「グローバリゼーション」や「リベラリゼーション」「自由化」や「世界基準」「国際基準」への適合などという考え方そのものを再考せねばならないことをアメリカとEUの農業の現状、農業政策の実際は示していると考えられるのであり、21世紀に求められているものは、環境保護、社会的安定、食の安全、食料の安定的確保、飢餓からの解放等々を前提とした高い生産性の農業を実現する別の方向の農業のあり方、農業政策であろう。

参考文献
1．渋谷博ほか（2001）『アメリカ型経済社会の二面性』東京大学出版会。
2．渋谷博ほか（2001）『福祉国家システム構造変化』東京大学出版会。

第4部　国際農業経済を学ぶ

3．立岩寿一（2005）「アメリカにおける農業法人への出資及び経営形態の特徴——カリフォルニア州における事例調査——」全国農地保有合理化協会『土地と農業』No.35。
4．農林水産省国際政策課（2005a）「EUの農業政策」（資料）。
5．農林水産省国際政策課（2005b）「米国の農業政策」（資料）。
6．服部信司（2005）『アメリカ2002年農業法——国内保護増大とWTO農業交渉』農林統計協会。
7．ラス、D.ほか（2003）「アメリカのCSA：地域が支える農業」大山利男訳、農政調査委員会『のびゆく農業』944。

[立岩　寿一]

キーワード・索引

あ行

ITO……236-237
青空市場……36
青の政策……53, 157, 239-240
アグリビジネス……51, 143, 228
アジアの三角貿易……66
足尾銅山鉱毒事件……116
アメニティ……78, 95, 111
安中地区調査……118
EPA（経済連携協定）……53, 169
EPA/FTA交渉……52
家と村……189
家連合……190
意思決定過程……145
一物一価……253-254
EDI……48-49
入会原野……70-71
因子分析……21, 27
ウルグアイ・ラウンド……97, 151, 237-240, 246
ウルグアイ・ラウンド農業合意……237-238
衛生植物検疫措置の適用に関する協定……244
江戸ごみ……69, 72
江戸システム……72, 74-75
江戸のファースト・フード……68, 72
NGO……59, 245
FAO……3, 240, 244, 248
FTA（自由貿易協定）……53, 169
エンゲル係数……8-9
円高……44, 47-48, 61, 151, 243, 260

汚染者負担の原則……90
卸売業者介在型流通システム……36, 38-39

か行

海外市場販促活動……269
回帰分析……111, 148
外食……7, 19, 23, 26-28, 31, 56, 173
外食産業……7, 19, 43, 46-48, 50, 61
外部化……19, 31
外部経済……83-84
外部経済効果……15, 93-96, 99-101, 103, 105
外部性の存在……83, 89
外部不経済……83-84, 89
顔の見える流通……37
価格効果……11
価格弾力性……9-10
下級財……9
仮想状況評価法……98-99, 106
過疎化……184, 193
家族経営協定……166
家族農業経営……145, 150, 152, 166
GATT……53, 164, 167, 227, 236-238, 245
カレント・アクセス……238-239
為替レート……260
灌漑農業……132
環境影響評価（環境アセスメント）……87
環境経済評価……106, 113
環境決定論……219
環境社会学……115, 117-118

277

環境政策……78-79, 87, 268
環境評価……98-99, 106, 113
環境保全的機能……93, 95
環境問題……78-79, 83, 87, 89, 116-119, 122, 126-129, 144, 268, 270
換金作物……241-242
関税および貿易に関する一般協定……236
関税化……151, 230, 237-239
関税主義……236, 238
完全競争市場……83
管理の循環……145
起業活動……198
企業城下町……123-124, 127
機能集団……189
黄の政策……53, 239-240
規模の経済……157, 200, 224, 227
逆選択……86-87
CAP……272, 274-275
供給曲線……4, 82-83, 85, 250-251, 253-255, 257, 260
供給熱量……5, 11, 18, 165, 249
業種……43, 45-46
競争財……10
業態……45-47
共通農業政策……271-275
京都議定書……85
挙家離村……193
拠点開発方式……120
近代世界システム……64, 67-68
近代奴隷制……66
空間的へだたり……34, 41
下り物……69, 71
グーツヘルシャフト……67
グリーン・ツーリズム……103, 105, 178, 182, 184-185, 206

グローバリゼーション……204-205, 235, 263, 275
グローバル化……48, 52, 61, 226, 231, 235, 242, 245-246
ケアンズ・グループ……240, 246
経営形態……154-155, 267
経営者労働報酬……153
経営集約度論……148
経営費……153
経営方式論……148
経営目標……145, 148, 153-154, 166
経済主体……94-95, 144-146, 224
経済のローカル化……245
血縁……124, 189, 191, 196
限界効用……8, 80, 82, 88
限界効用逓減の法則……8, 80
限界費用……79-82, 85, 88-92, 251
限界費用逓増の法則……79-80
原基型流通システム……36, 39
兼業……138-140, 150, 178, 193
行為規制……87-88
公益的機能……94, 96-98, 100-101, 103, 200
公害……116-124, 126-127, 129, 177
高級財……9-10
公共財……83-85, 94
合計特殊出生率……216
交差弾力性……10
洪水防止機能……93, 96, 98, 100
構造分析……122
高度経済成長……5, 18-19, 72, 103, 116, 161, 168, 188, 193, 216-217, 243, 248, 258
後発開発途上国……242
効用……11, 80-82
コーデックス・アリメンタリウス委

員会……244
枯渇性資源……78
国際基準……244, 275
国際競争力……157, 243
国際貿易機関……236
国連食糧農業機関……240, 248
互恵主義……236
個別経営体……151, 166
コミュニティ……51, 196-198, 212
米の生産調整……164, 168
孤立国……219

さ行

サービス貿易……237
最恵国待遇……236
再生可能資源……78
再版農奴制……67
鎖国……68
里山……71, 73, 203-204, 209-211
産業革命……65-66, 148, 227
産業クラスター……185
産業公害……116, 127
産業公害「水俣病」……122
CSA……270
CVM……98-99, 106-108, 111, 113
時間的へだたり……34
私経済的利益……154
支持価格……272-273
CCC……268-269
市場アクセス計画……269
市場経済メカニズム……4
市場の失敗……83, 87, 214
辞書式選好……110
自然村……190
支払意志額……84, 108-113, 251, 254
資本回転率……218

下肥……69, 72
社会構造……121, 123, 189-190, 193
社会的純便益……80-83, 85, 87-88, 90
社会的連帯意識……194
収穫逓減の法則……220
集積の利益……224, 226
周辺……64-65, 67
自由貿易主義……245
住民参画……197
集約的農業……220-221
集落営農組織……58-60, 152, 155
需要関数分析……20
需要曲線……82-83, 85, 90, 250-251, 253-255, 257-258, 260
需要理論……20
準公共財……84
純粋公共財……84
条件不利地域……53, 97 167, 182, 197
消費者余剰……83, 98, 251, 253
商品金融公社……268
商物分離……38
情報の非対象性……86, 88
情報の不完全性……83, 86
情報流通……40
商流……35, 38, 40-41
食育……17, 21, 31-33
食育基本法……17, 25, 32-33
食事革命……65
食習慣……3, 7, 9, 24
食のグローバル・ネットワーク……63-64, 67
食品工業……7, 43-48, 143-144
食品産業……42-43, 48-49, 54-55, 57-59, 174, 180, 182
食品流通業……43, 45-46, 48
食糧……230, 241

食料安全保障……54, 95, 254, 262
食料援助……4, 248, 255, 257-258
食料自給率……11-12, 17, 33, 53-55, 63, 164-165, 168, 180, 217, 231, 243, 246, 249, 258, 262
食料・農業・農村基本計画……54, 152, 165, 179, 181
食料・農業・農村基本法……54, 61, 151, 165, 167, 169, 173, 178-181
食料問題……2-5, 240, 243, 248
助成合計量……239
所得効果……11
所得弾力性……9-10, 20
自立経営農家……150, 175
飼料要求率……217
人口転換……227
人的へだたり……34
新農政プラン……161, 164-166, 168
水資源涵養機能……93, 100
垂直統合……228
垂直分割……225, 228
スーパー産直……37
ストア・ブランド……37
スローフード……68
スローフード運動……246
生活の社会化……195
生協産直……37
生産・小売直結型流通システム……37
生産者直売店……36
生産者余剰……83-84, 91-92, 251, 253
生産費……12, 153, 220
性能（パフォーマンス）規制……87-88, 90
世界基準……275
世界経済……64, 237, 241

世界貿易機関……55, 165, 230, 236, 254
1933年農業調整法……268
1949年農業法……268
線形計画法……148
全国総合開発計画（全総）……120
雑木林……71
総効用……80
総費用……80
組織経営体……151, 166
粗放的農業……220-221
村落共同体……192

た行

大飢饉……67
大気浄化機能……100
大規模地域開発……118
大西洋の三角貿易……66
代替効果……11
代替法……98, 100, 103
第二社会地区……190
多国籍企業……128, 226, 231, 245
ただ乗り（フリーライダー）問題……84
脱グローバル化……245
棚田保全……97
WTO農業交渉……52-53, 61
WTO……53, 55, 60, 157, 165, 167, 169, 230, 235-237, 240, 243-245, 254, 262-263, 274
WTO農業協定……237-238, 240, 243
多変量解析……21, 27
多面的機能……15, 54, 56, 61, 95-96, 98, 105-106, 111-112, 167, 169
地域（国土）開発……119-120
地域開発政策……120, 140

地域格差……120, 138-139
地域資源……94, 99, 200-204, 207
地域社会学……115, 117, 122, 126
地域社会政策……196-197
地域団体商標……233
地域文化……95, 195
地縁……124, 137, 155, 191, 196
地球環境……15, 127-128
地球環境問題……14-15, 117, 128
地産地消……61, 169, 180, 182, 246
チッソ・水俣病……123
地廻り経済……69, 71
中央卸売市場……38
中核的農家……150
超過供給……250, 253
超過需要……251, 253, 257-258
直接固定支払い……268-269
直接支払い……53, 167, 240, 268, 272
直系家族……190
抵抗回答……110
手続規制……87
デミニミス……239
転換点……153
転作……164
伝統食……68, 73-75, 198
同族や講（組）……190
独立財……10
都市化……65, 103, 120, 195, 203, 209
都市の生活様式……195
土壌浄化機能……100
土壌浸食・土砂崩壊防止機能……100
土地改良……136-138, 160
土地純収益……153
土地利用型農業……150-151, 155, 157
特化……242

トラベルコスト法……98, 106, 113

な行

内食……7, 19 23
仲卸業者……38
中食……7, 19, 23, 26, 28
生業……73-74
2002年農業法……53, 268
担い手経営安定新法……157, 167
日本型社会の特質……142
日本型食生活……6, 17, 19, 24
日本人文科学会……118-119
日本ユネスコ国内委員会……118
認定農業者……59, 61, 151-152, 166-167
農間稼ぎ……74
農間余業……74
農基法農政……175-176, 179
農業関連産業……143, 173
農業関連事業……172-173
農業基本法……139, 150, 158, 161, 163, 175, 191, 199
農業協同組合……51, 58, 161
農業経営基盤強化促進法……151, 163, 165-166
農業経営政策……165
農業構造の改善……162
農業サービス事業体……155
農業集落……171-172, 178, 206-207
農業所得……150, 153, 175, 178, 199-200, 221
農業生産の選択的拡大……162, 168
農業生産の多面的機能……165
農業生産法人……155, 162, 173
農業センサス……264
農業の工業化（産業化）……227

農業保護政策……268
農業問題……4
農業・農村の多面的機能……105
農工間所得格差……138-139
農村景観・保健休養機能……100-101
農村工業化政策……138, 140-141
農村社会学……117, 121, 126, 191, 201
農村女性……198
農村政策……173-174, 176-182, 185
農村整備事業……138, 174, 176-177, 182-183
農村総合整備事業……137, 176-177, 182
農村組織……185
農地改革……134-135, 138, 150, 158, 160-161, 191
農地法……155, 161-163, 209
農民解放指令……158
農林業生産機能……93, 95

は行

バイオマス……16
排出権取引……89-91
半周辺……64-65, 67
PFC熱量比……6, 19
BSE……56, 62, 167-168, 243
PL480……229, 269
非競合性……84-85, 94-95
ピグー税……89-90
非政府組織……245
必需財……9
非農林業生産機能……93, 95
非排除性……84, 86, 94-95
品目横断的経営安定対策……152

風土……68, 73-75
フード・ビジネス……8
フード・マイレージ運動……246
フェアートレード……245
フォーディズム……226-228
複合生業……74-75
物質循環システム……72
物流……35, 38, 40-41
フード・レジーム……226-228
部分均衡分析……249, 255
プライベート・ブランド……37
ブランド化……232
分業……141, 225
平均生産費……224
ヘゲモニー国家……65
へだたり……34, 41
ヘドニック法……98-99, 101-102, 113
変動相場制……243, 260
貿易関連知的所有権……237
貿易関連投資措置……237
ボーモル・オーツ税……89-90
補完財……10
POSシステム……40-41

ま行

マクドナルド化……231
マーケティング・ローン……269
マニフェスト制度……87
マネジメント・サイクル……145
緑の革命……257
緑の政策……52, 157, 239-240
ミニマム・アクセス……167, 238-239, 243
目標価格……268-269
もやい直し……125

や行

焼畑……*73*
やっちゃ場……*70*
谷中村……*119*
ヤマ……*71*
有効需要……*4*
輸出奨励計画……*269*
輸出信用保証計画……*269*
輸出補助金……*230, 239, 273 – 274*
輸入課徴金……*167, 273*
洋風化……*18 – 19*
ヨーロッパ連合……*230, 239, 270, 274*
四つの口……*68*
予防原則……*244*
四大公害事件……*116*

ら・わ行

酪農品輸出計画……*269*
リース方式特区……*155*
立地移動……*228*
立地因子……*222, 228*
立地条件……*207, 222*
リード・タイム……*218*
リベラリゼーション……*263, 275*
流通システム……*35 – 40, 228*
流通主体……*35 – 36, 39 – 40*
利用権設定……*163*
労働生産性……*162, 175*
労働費……*222 – 223, 228*
ローカルフード運動……*246*
ローン・デフィシィット・ペイメント……*269*
ローン・レート……*268*
渡良瀬川流域……*119*

執筆者紹介

東京農業大学食料環境経済学科における研究室名および執筆担当章

第1章
清水 昂一（しみず・こういち）
食料経済学研究室・教授

第2章
上岡 美保＊（かみおか・みほ）
フードシステム研究室・准教授

第3章・第4章
藤島 廣二（ふじしま・ひろじ）
フードマーケティング研究室・教授

第5章
白石 正彦（しらいし・まさひこ）
東京農業大学名誉教授

第6章
友田 清彦＊（ともだ・きよひこ）
農業史研究室・教授

第7章
岩本 博幸＊（いわもと・ひろゆき）
環境政策研究室・准教授

第8章
寺内 光宏（てらうち・みつひろ）
資源経済学研究室・教授

第9章
田中 裕人＊（たなか・ひろと）
環境アメニティ研究室・准教授

第10章
大久保 武（おおくぼ・たけし）
環境コミュニティ研究室・教授

第11章
岡部 守（おかべ・まもる）
地域経済研究室・教授

第12章
北田 紀久雄（きただ・きくお）
農業経営学研究室・准教授

第13章
五條 満義（ごじょう・みよし）
農政学研究室・准教授

第14章
日暮 賢司（ひぐらし・けんじ）
農村政策研究室・教授

第15章
熊井 治男（くまい・はるお）
農村社会学研究室・准教授（執筆時）

第16章
熊谷 宏（くまがい・ひろし）
東京農業大学客員教授

第17章
高柳 長直＊（たかやなぎ・ながただ）
経済地理学研究室・准教授

第18章
應和 邦昭＊（おうわ・くにあき）
アグロトレード研究室・教授

第19章
金田 憲和（かなだ・のりかず）
環境経済学研究室・准教授

第20章
立岩 寿一（たていわ・としかず）
アメリカ・EU農業研究室・教授

（＊は編集委員）

食料環境経済学を学ぶ

| 2007年9月3日 | 第1版第1刷発行 |
| 2010年2月1日 | 第1版第2刷発行 |

編　者　東京農業大学食料環境経済学科
発行者　鶴見治彦
発行所　筑波書房
　　　　東京都新宿区神楽坂2－19 銀鈴会館
　　　　〒162－0825
　　　　電話03（3267）8599
　　　　郵便振替00150－3－39715
　　　　http://www.tsukuba-shobo.co.jp

定価は表紙に表示してあります

印刷／製本　平河工業社
©東京農業大学食料環境経済学科 2007 Printed in Japan
ISBN978-4-8119-0316-3 C3033